머 리 말

일반화학실험은 일반화학 강의와 더불어 화학을 전공하는 대학생에게는 물론이고 그 외 이공계 대학생에게도 화학과 기타 자연과학의 기초 과목으로 매우 중요한 교육내용이라고 생각합니다. 우리 대학에서는 지난 2005년에 편찬된 일반화학실험 교재를 그동안 사용하고 있었으나 이번에 추가적인 내용뿐만 아니라 기존의 내용에서 약간의 수정을 가하여 금번에 새로이 실험교재를 편찬하게 되었습니다.

대부분의 실험과제 내용이 그동안 사용하던 교재에서 선택하였지만 우리 생명나노화학과 교수 열한분이 자기 전공에 가까운 부분을 맡아 재검토하고 수정보완 하였습니다. 즉, 원소 및 화합물명을 가급적 개정된 명칭으로 바꾸었으며 실험 내용을 쉽게 이해할 수 있도록 1. 목적, 2. 원리, 3. 사용기구 및 시약, 4. 실험방법, 5. 주의 및 참고사항 등으로 나누어 재배열하였고 실험보고서의 과제 내용도 학생들이 쉽게 작성할 수 있도록 하였습니다. 그리고 이 교재에는 많은 수의 과제를 수록하여 지도 교수로 하여금 실정에 맞게 2학기(1년) 실험내용으로 선택할 수 있게 하였습니다. 아무쪼록 이번 개정된 교재가 대학에서 화학을 처음 접하는 학생들에게 조그마한 도움이 될 수 있기를 바라마지 않습니다.

2015년 12월

국민대학교 생명나노화학과

교수일동 편저

차 례

< 부 록 >

실험실에서 지켜야 할 일들

다음에서 제시하는 실험실에서 지켜야 할 안전 규칙과 지도 선생님께서 특별히 제시하시는 안전 규칙 및 응급처리 방법을 기억해두고 실행에 옮기도록 만반의 준비를 하자. 이들 지시사항은 여러분들의 안전을 위하여 필수적인 것이다.

1. 지도 선생님께서 소화기, 소화 담요, 샤워 및 구급약 등이 놓여 있는 장소와 사용법을 알려줄 것이다. 보안용 안경을 꼭 착용하도록 해야 한다.
2. 화학 실험실은 즐거움이 있는 곳이며, 새롭게 무엇인가를 발견하는 곳이고 또한 배움의 장소이다. 한편 절망과 위험도 도사리고 있는 곳이라는 것을 기억해 두기 바란다.
3. 물론 폭발, 맹독성 또는 발암성 물질에 관한 실험을 넣지 않으려고 노력하였으나 여러 가지 화학 약품과 유리 기구를 사용하기 때문에 위험한 상황에 가끔 노출되기도 한다. 위험이 따르는 실험에서는 실험 방법 뒤에 나오는 <참고 및 주의사항>에 자세하게 설명하여 놓았다. 실험을 시작하기 전에 이 부분을 미리 자세하게 읽도록 한다. 허가하지 않은 실험은 하지 않도록 한다. 실험이 진행되는 동안 항상 주의하여 관찰하고 실험대를 떠나서는 안 된다.
4. 여러분의 피부와 눈, 입 및 허파의 부드러운 세포막은 주로 단백질로 구성되어 있다. 따라서 6M 정도의 산과 염기도 단백질에 커다란 효과를 미친다는 것을 알아야 한다. 눈은 특히 산, 염기 및 산화제에 민감하게 반응하기 때문에 언제나 그들 화학 약품에 노출되지 않도록 눈을 보호해야 한다. 또한 분젠 버너에서 나오는 불꽃은 옷과 머리카락을 태울 염려가 있다.
5. 만약 여러분들이 미리 예습을 하지 않고 실험실에 오거나 중요한 데이터를 기록하는 것을 잊거나, 또는 미친듯이 보고서를 쓴다면 쉽게 절망을 경험하게 될 것

이다. 이러한 문제를 최소로 줄이기 위하여 사전에 실험 방법을 자세하게 읽으면서 기록해야 할 중요한 데이터들에는 어떠한 것이 있는가를 주의 깊게 적어놓고, 그들을 모으는 동안 그 데이터에 관해서 완전하게 생각하도록 해야 한다.

6. 다음에 보충하는 실험실 안전 규칙을 언제나 배우고 관찰하기를 부탁한다. 그렇게 함으로써 여러분은 위험과 실험실 작업의 절망을 최소로 줄일 수 있으며, 그래야 실험실의 기쁨을 최대로 누릴 수 있다.

1. 실험실에서의 안전 규칙

1) 실험실에서는 항상 실험복을 착용하여야 하고, 정숙한 몸가짐으로 다른 학생에게 방해가 되지 않도록 행동하여야 한다. 실험실에서 시약이 담겨진 기구를 들고 움직일 때에는 매우 조심하여야 하고, 실험실에서 뛰어 다녀서는 안 된다. 신발은 발등을 덮는 잘 미끄러지지 않는 운동화 또는 구두를 착용하는 것이 좋다.
2) 눈을 보호하기 위하여 가능하면 보안경을 착용하도록 한다. 콘택트렌즈는 착용하지 않는 것이 좋다. 눈에 시약이 들어갔을 경우에는 먼저 많은 양의 물로 씻은 후 적절한 치료를 받도록 한다.
3) 대부분의 시약은 유독하므로 맛을 보아서는 안 된다. 시약의 냄새를 맡고자 할 때에는 얼굴을 향하여 손으로 부채질을 하여 냄새를 맡도록 하고, 다량의 기체를 흡입하지 않도록 주의한다.
4) 실험실의 창문을 열고 후드를 작동시켜 통풍이 잘 되도록 유의한다.
5) 시약은 반드시 시약병의 표지를 확인한 후 사용하도록 하고, 기체가 발생하는 시약은 후드 밖으로 가지고 나오지 않아야 한다. 시약병을 반드시 두 손을 사용하여 병의 몸통 부분과 바닥을 받쳐 들어야 한다. 한 손으로 병의 마개를 잡고 옮기지 않는다.
6) 가스버너를 사용하는 경우에는 사전에 사용 방법을 충분히 알아준다. 유리 기구를 가열할 경우에는 반드시 석면판을 사용하여 유리 기구에 직접 가스 불꽃이 닿지 않도록 한다.
7) 액체를 가열할 때에는 끓임 쪽을 사용하여 액체가 튀어 오르지 않도록 하고, 시험관의 입구가 주위의 학생을 향하지 않도록 조심한다. 인화성이 있는 액체는 반드시 물중탕을 사용하여 가열한다.
8) 뜨거운 유리 기구는 반드시 집게를 사용하여 취급한다. 장갑을 준비하면 편리하다.
9) 공해 물질은 반드시 회수통을 이용하여 모두 회수하고, 싱크나 휴지통에 버려서는 안된다. 특히, 진한 산, 염기 또는 유기 용매를 싱크대에 버리지 않도록 한다.

10) 유리관을 취급하는 경우에는 장갑을 착용하거나 수건을 사용하도록 한다. 유리관을 자른 후에는 반드시 가스 불꽃으로 끝을 둥글게 하여야 한다. 유리관은 물을 묻혀 고무마개에 끼우도록 하고 무리한 힘을 사용하지 않도록 한다.
11) 진한 산을 묽힐 때에는 언제나 물을 천천히 저으면서 산을 가한다. 물을 산에 부으면 안 된다.
12) 독성이 있거나 냄새가 심한 기체가 발생할 때에는 항상 후드에서 실험하여야 한다. 후드를 사용할 때에는 후드 안에 머리를 넣지 않도록 한다.

2. 실험실에서의 사고 발생의 경우 응급 처리

실험실 내에서 화재, 폭발 또는 부상 등의 사고가 발생할 경우에는 당황하지 말고 침착하게 적절한 응급 처리를 하고, 반드시 담당 조교에게 안전 확인을 받은 후 실험을 계속 한다.

1) 화재가 발생하였을 때

버너, 전기 등의 열원을 모두 끄고 인화성 물질을 먼 곳으로 옮기며, 화학화재용 소화기 또는 모래를 사용하여 소화 작업을 한다. 물에 잘 섞이지 않는 유기용매에 불이 붙었을 경우에는 절대 물을 사용하여서는 안 된다.

2) 의복에 불이 붙었을 때

당황하여 뛰지 말고 담요나 실험복을 덮어 불을 끈다. 얼굴 부근의 불이 아닐 경우에는 화학화재용 소화기를 사용하여도 좋다. 또한, 물에 섞이지 않는 유기용매에 의한 불이 아닐 경우에는 물을 사용할 수도 있다.

3) 불에 의한 화상

물로 씻지 말고 우선 연고를 바른 후 적절한 치료를 받는다.

4) 시약에 의한 화상

즉시 다량의 깨끗한 물로 씻는다. 산에 의한 화상일 경우에는 묽은 탄산수소나트륨 용액으로, 염기성 시약에 의한 화상일 경우에는 묽은 아세트산 용액으로 씻은 후, 적절한 치료를 받는다.

5) 눈에 시약이 들어갔을 때

즉시 다량의 깨끗한 물로 세척한 후, 반드시 의사의 검진을 받도록 한다.

6) 시약을 마셨을 때

즉시 손에 입을 넣어 토하도록 하고 의사의 응급 처치를 받도록 한다.

7) 유독한 기체를 흡입하였을 때

즉시 통풍이 잘 되는 곳으로 옮기고, 앉거나 누워서 깊게 호흡을 한다. 다량의 기체를 흡입하였을 경우에는 즉시 의사의 치료를 받는다.

8) 베었을 때

에탄올로 소독하고, 거름종이 또는 깨끗한 수건을 사용하여 지혈이 되도록 한다.

9) 폭발이 발생하였을 때

일단 실험실에서 모든 학생을 대피시키고, 화재가 발생하였을 경우에는 방독면을 착용하고 화학화재용 소화기를 사용하여 소화한다. 실험실의 통풍이 잘 되도록 조처하고 유독성 기체가 없음을 확인한 후 뒷처리를 한다.

화학 실험의 기본 사항

1. 시약의 취급

화학 실험에서는 많은 종류의 액체 또는 고체 시약을 취급하게 된다. 대부분의 시약은 독성이 있으므로 직접 피부에 닿거나 흡입하여서는 안 되고, 시약들이 서로 섞이지 않도록 주의하여야 한다. 시약을 사용할 때에는 다음 사항들을 유의하여야 한다.

1) 시약을 사용할 때에는 항상 시약병의 표지를 확인하여야 한다.
2) 공동으로 사용하는 시약병은 절대 자신의 실험대로 옮겨가서는 안 된다.
3) 시약병에서 덜어낸 시약은 절대 시약병에 다시 넣어서는 안 된다. 그러므로, 필요 이상의 시약을 꺼내어 낭비하지 않도록 주의한다.
4) 시약병의 마개를 실험대에 함부로 놓으면 불순물이 묻어 시약병의 시약을 오염시킬 수 있으므로 주의한다.
5) 피펫이나 메디신드롭퍼가 시약 전용이 아닌 경우에는 액체 시약을 꺼내기 위하여 시약병에 넣어서는 안 된다. 전용 기구를 사용하는 경우에도 자신의 시험관이나 비커의 벽과 닿아서 다른 시약이 묻지 않도록 조심한다. 특히 비커의 바닥까지 넣으면 안 된다.
6) 액체시료를 따를 때에는 두 손으로 시약병을 안전하게 잡고, 시약병의 표지가 위로 향하도록 하여 표지가 흘러내린 시약으로 더럽혀지지 않도록 한다. 그리고 가능하면 유리막대를 사용하여 시약이 튀지 않도록 조심한다.
7) 시약병은 사용 후 반드시 마개를 막아 놓아야 한다.
8) 고체 시료는 약수저를 사용하여 덜어 낸다.
9) 저울이나 실험대 위에 시약을 흘리지 않도록 주의한다.

2. 저울 사용법

화학 실험실에서 무게 또는 질량을 측정하기 위하여 저울을 사용한다. 저울은 흔히 그 정밀도에 따라 어림저울과 화학저울로 구별한다. 어림저울은 0.01 g까지, 그리고 화학저울은 0.0001 g까지 측정할 수 있도록 제작되어 있다.

저울은 일정한 실험대 위에 수평이 되도록 놓은 후에 사용하고, 각자의 실험대로 옮기지 않도록 한다. 접시에 물이나 시약이 떨어지지 않도록 조심하여야 하고, 접시에 물이나 시약이 묻었을 때에는 즉시 닦아내어야 한다. 저울추를 사용할 때에는 절대 손으로 저울추를 만지지 않아야 한다. 저울은 매우 정교한 장치이므로 무리한 힘을 가하거나 함부로 다루지 않아야 하고, 특히 저울의 받침대에 손상이 가도록 해서는 안 된다.

저울을 사용할 때에는 먼저 저울이 수평으로 놓여져 있는가를 확인하고, 접시에 아무 것도 올려놓지 않은 상태에서 저울대를 아주 가볍게 진동시킨 다음에 지침이 정지하는 눈금판의 위치를 읽어 정지점을 결정한다. 정지점이 눈금판을 벗어나는 경우에는 저울대에 장치된 조절 나사를 사용하여 정지점을 조절한다.

무게를 측정하려는 물건을 접시에 조용히 올려놓고 저울추를 바꾸어 올려놓거나 이동추를 이동시켜 무게를 측정한다. 화학저울에서는 다이얼을 돌려 저울추를 바꾸도록 되어 있다. 저울추는 무거운 추부터 움직인다. 가장 가벼운 추를 움직여 지침이 처음 결정한 정지점에서 멈추었을 때의 무게를 기록한다. 저울대의 눈금은 가장 작은 눈금을 눈어림으로 10등분하여 읽는다.

용기에 담겨진 시약의 무게를 측정할 때에는 먼저 빈 용기의 무게를 측정한 다음 시약이 담겨진 용기의 무게를 측정하여, 두 무게의 차이로 시약의 무게를 결정한다.

저울을 사용하는 동안 추를 함부로 움직여서 저울에 무리한 진동이 생기도록 해서는 안 된다.

화학저울은 대단히 정밀한 장치이므로 특별히 조심하여 취급하여야 한다. 시료를 움직일 때 이외에는 항상 저울의 문을 닫도록 한다. 시료를 접시에 올리거나 내려놓을 때, 그리고 다이얼을 돌려 저울추를 바꿀 때에는 항상 손잡이를 돌려 저울대가 받침대에서 떨어져 있도록 하여야 한다.

저울의 자세한 사용법은 제작회사에 따라 조금씩 다르므로 실험실에서 사용하게 될 저울의 사용법을 자세히 읽고, 여러번 연습하여 익숙해지도록 한다.

(a)

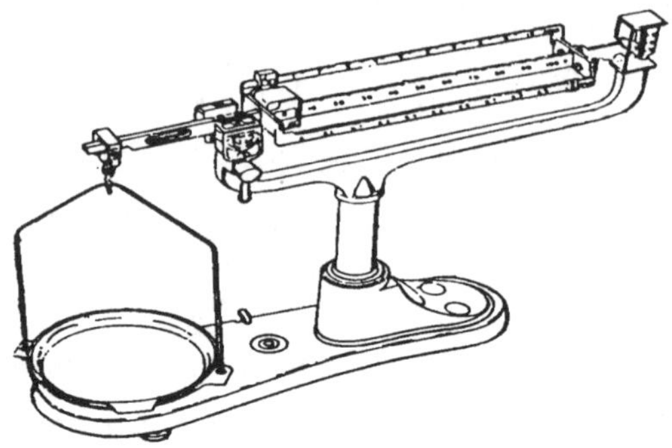

(b)

어림저울 (a)   외대저울   (b) 삼중대저울

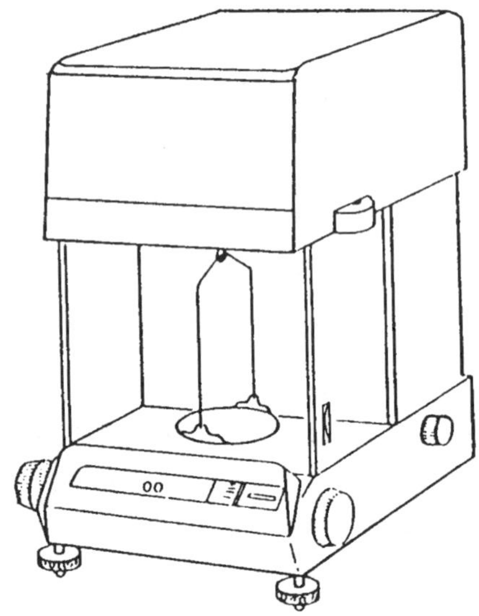

화학저울

3. 액체의 부피 측정

화학 실험실에서 액체의 부피는 눈금실린더, 뷰렛, 피펫 또는 부피측정용 플라스크를 사용하여 측정한다. 눈금이 새겨진 비커나 플라스크를 사용할 수도 있으나, 이러한 기구들로는 정확한 부피의 측정이 불가능하므로 어림측정을 할 경우에만 사용한다.

부피 측정에 사용되는 유리 기구들은 절대 가열하여서는 안 된다. 가열하면 유리가 팽창하여 정확한 부피를 측정할 수 없게 된다.

유리 기구는 먼저 비눗물이나 세척액과 세척솔로 씻은 후, 다량의 증류수로 여러 번 세척하고 완전히 건조시켜 사용하여야 한다. 유리 기구를 건조시킬 수 있는 장치가 없을 경우는 사용하려고 하는 액체로 두세 번 씻어낸 후에 사용할 수도 있다. 깨끗하지 않은 유리 기구는 벽에 묻은 액체가 균일하게 흘러내리지 않는다. 사용하는 액체를 바꿀 때에는 반드시 유리 기구를 다시 세척하여 사용하여야 한다.

유리 기구의 눈금이 새겨진 부분이 수직이 되도록 세운 후에 눈금을 읽어야 하고, 액체를 넣은 후 1분 이상 기다려서 유리벽에 묻은 액체가 모두 흘러내린 후에 눈금을 읽어야 한다.

눈금을 읽을 때에는 눈의 높이를 액체의 메니스커스와 같도록 해야하고, 메니스커스의 밑바닥 부분에 해당하는 위치를 가장 작은 눈금을 10등분하여 읽는다. 즉, 1 mL의 간격으로 눈금이 새겨진 유리 기구에서는 0.1 mL까지 읽어야 한다.

(1) 눈금실린더

눈금실린더는 액체의 부피를 어림으로 측정하는 경우에 사용된다. 눈금실린더는 측정하고자 하는 액체의 부피에 알맞은 것을 사용하여야 한다. 너무 큰 것을 사용하면 눈금이 커서 정확도가 떨어지고, 너무 작은 경우에도 역시 정확한 측정이 어렵다.

(2) 뷰렛

뷰렛은 일반적으로 눈금실린더를 사용할 때 보다 더 정확한 측정이 필요한 경우에 사용한다. 뷰렛은 일정한 양의 액체를 취하거나 반응 그릇에 들어가는 액체의 양을 측정하기에 편리하도록 위에서부터 눈금이 새겨져 있다.

뷰렛을 사용하기 전에 콕크의 옆으로 액체가 새어나오지 않는가를 확인하여야 한다. 뷰렛을 세척할 때에 콕크가 빠지지 않도록 조심하여야 한다. 뷰렛에 액체를 채울 때는 반드시 깔때기를 사용한다. 뷰렛에 처음 넣은 양을 측정하고, 콕크를 열어 필요한 양의 액체를 취한 후에 눈금을 다시 읽어서 그 차이로부터 취한 액체의 정확한 양을 알아낸다. 처음부터 특정한 눈금에 메니스커스를 맞추려고 노력할 필요는 없다. 액체를 취할 때에는 액체의 메니스커스가 뷰렛의 가장 아래쪽 눈금의 밑으로 내려가지 않도록 주의하여야 한다.

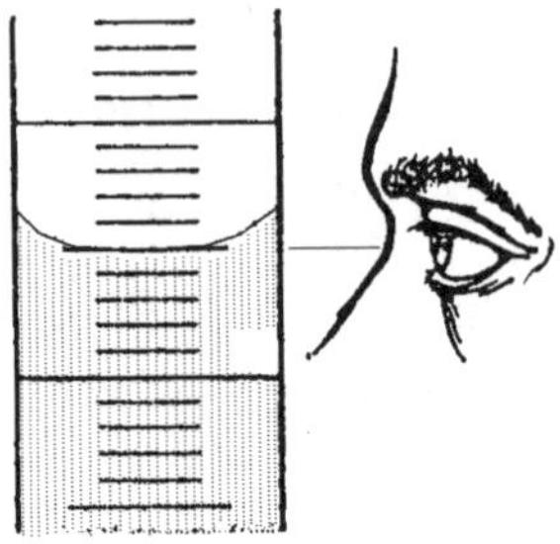

액체의 메니스커스 위치를 읽는 법

뷰렛의 콕크는 왼손으로 감아쥐고 손가락의 끝 부분으로 콕크의 끝 부분을 안쪽으로 조금씩 잡아당겨 콕크가 빠지지 않도록 주의하면서 돌린다. 콕크가 제자리에서 빠지면 세척하여 완전히 건조시킨 후에 다시 적당량의 그리스를 칠하여 뷰렛에 끼운다. 그리스를 너무 많이 사용하면 콕크의 구멍이 막힐 수 있다.

(3) 피펫

피펫은 일정한 양의 액체를 정확히 취하기 위하여 사용하는 유리 기구로, 일정한 양만을 취할 수 있는 홀피펫과 뷰렛과 같이 눈금이 새겨져 있는 눈금피펫이 있다.

피펫으로 액체를 취할 때에는 피펫용 고무빨개를 사용하도록 하고, 입으로 빨아들이지 않도록 한다. 입을 사용하는 경우에는 시약이 입으로 들어가지 않도록 각별히 조심하여야 한다.

액체를 취할 때에는 충분한 양의 액체가 담겨진 비커의 바닥 부분까지 피펫의 끝을 넣은 후, 피펫용 고무빨개를 피펫의 끝에 가볍게 대고 눈금의 위까지 액체가 올라오도록 한 후, 빨개를 떼어 내면서 빠른 동작으로 오른손 둘째 손가락을 사용하여 피펫을 좌우로 천천히 돌리면 액체가 조금씩 흘러나온다. 먼저 원하는 눈금에 액체의 메니스커스를 맞춘 후 반응용기로 옮겨서 원하는 양의 시약을 취한다. 피펫에 액체를 넣은 채 실험실을 돌아다녀서는 안 된다.

홀피펫의 경우에 피펫에 표시된 양을 정확히 얻기 위해서는 액체가 모두 흘러내린 후에 오른손 둘째 손가락으로 피펫의 윗구멍을 막고 왼손으로 피펫의 중앙 부분을 가볍게 쥐어 피펫의 끝에 남아 있는 액체를 떨어뜨려야 한다. 피펫을 입으로 불거나 털어서는 안 된다. 눈금피펫의 경우에는 피펫 끝의 액체를 취하지 않아야 한다.

(4) 부피측정용 플라스크(또는 메스플라스크)

부피측정용 플라스크는 일정한 양의 액체를 정확히 취할 수 있도록 눈금이 새겨진 플라스크로, 흔히 일정한 농도의 용액을 만들 때 사용된다.

먼저 용질의 양을 정확히 측정하여 소량의 용매에 녹인 후 플라스크에 넣고, 용매를 눈금까지 채운다. 메니스커스를 정확히 맞추기 위하여 메디신드롭퍼를 사용하여도 좋다.

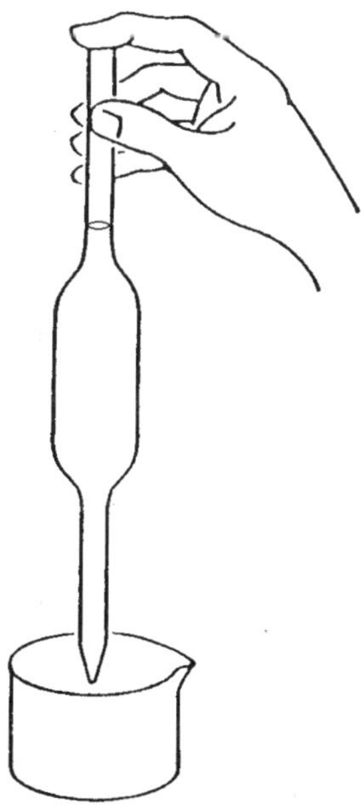

피펫의 올바른 사용법

마개를 막고 잘 흔들어서 균일한 용액이 되도록 섞는다. 측정한 용질은 모두 플라스크로 들어가도록 하여야 하므로, 용매로 플라스크를 채우기 전에 용질을 녹일 때 사용한 비커를 순수한 용매로 여러번 씻어서 모두 플라스크에 넣어야 한다.

플라스크는 일정한 온도에서 사용하도록 되어 있으므로, 용질을 녹이기 위하여 플라스크를 가열하여서는 안 된다.

4. 온도계의 종류와 사용법

화학 실험실에서 온도는 주로 온도에 따라 변화하는 액체의 부피로부터 측정한다. 붉은색으로 착색된 알코올을 사용하는 알코올 온도계와 수은을 사용하는 수은 온도계를 많이 사용한다. 정밀한 온도의 측정을 위해서는 금속의 전기저항 변화를 측정하는 열전기쌍이 있다.

화학 실험실의 온도계는 주로 섭씨온도로 표시되어 있다. 온도를 측정할 때에는 온도계의 밑부분이 측정하려는 시료와 충분한 시간 동안 접촉하여 온도계 내부의 액체와 열적 평형이 이루어진 후에 눈금을 읽어야 한다. 눈금을 읽는 방법은 뷰렛의 눈금을 읽을 때와 같은 방법을 사용한다. 온도계의 측정 범위를 벗어나는 온도를 측정하려고 하면 온도계가 파손될 가능성이 있으므로 유의하여야 한다.

온도계는 온도를 측정하는 기구이므로 젓개의 대용으로 사용하여서는 안 된다. 특히, 수은 온도계를 사용하는 경우에는 각별히 주의하여야 한다. 수은 온도계가 파손되어 수은이 실험대 위에 떨어졌을 때에는 즉시 충분한 양의 황 분말을 골고루 뿌려 24시간 이상 방치한 후에 황 분말과 함께 폐기통에 버린다. 수은은 매우 유독하므로 그냥 방치하거나 손으로 직접 만지지 않도록 한다.

5. 액체와 고체를 분리하는 법

액체와 고체를 분리하기 위해서는 비커를 기울여 액체를 따라 내거나 거름종이를 사용하여 고체를 분리하는 방법이 있다.

고체가 신속하게 가라앉는 경우에는 비커를 조용히 기울여서 용액을 분리할 수 있다. 이러한 기울여 따르기법은 알갱이가 큰 고체가 생성되는 경우에 유용하게 사용할 수 있다. 이와 유사한 방법으로 원심분리기를 사용하여 고체를 시험관 밑에 가라앉힌 후에 용액을 분리하는 방법도 있다.

고체가 잘 가라앉지 않는 경우에는 거름종이를 사용하여 고체를 분리한다. 거름종이는 그림과 같이 두 번 접은 후에 바깥쪽의 끝을 약간 잘라내고 깔때기 속에 넣고 용매로 적셔주어 깔때기의 벽에 완전히 밀착되도록 한다. 고체가 섞여 있는 용액을 잘 저어주면서 용액과 고체를 함께 깔때기에 붓는다. 이 때 용액이 거름종이 위로 넘치지 않도록 주의한다. 비커 벽에 묻은 고체는 소량의 거른액 또는 용매를 사용하여 씻어서 깔때기에 넣는다. 깔때기의 끝을 비커의 벽에 접촉시켜 거른액이 튀지 않도록 한다.

용매가 잘 빠지지 않을 경우에는 사기 또는 유리로 만든 뷰흐너깔때기를 사용한다. 거름종이를 뷰흐너깔때기의 내부에 놓고 용매로 적셔서 바닥과 벽에 밀착이 되도록 한다. 뷰흐너깔때기를 감압플라스크에 꽂은 후에 아스피레이터를 사용하여 용매를 빨아낸다. 고체를 분리하고 남은 용액을 사용하여야 할 경우에는 아스피레이터로부터 수도물이 역류하는 것을 막기 위하여 아스피레이터와 감압플라스크 사이에 포착기를 장치하여야 한다.

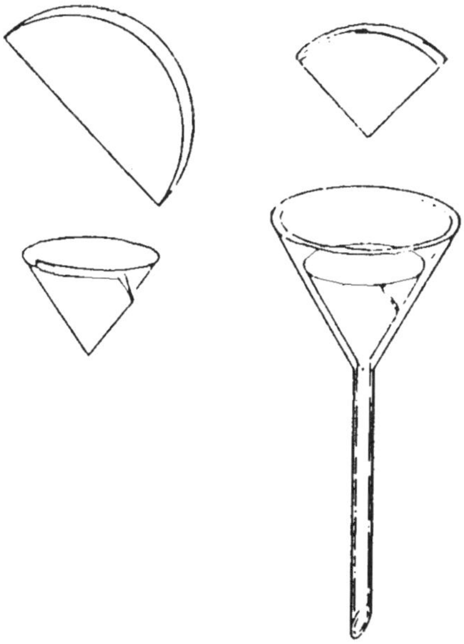

거름종이를 접는법

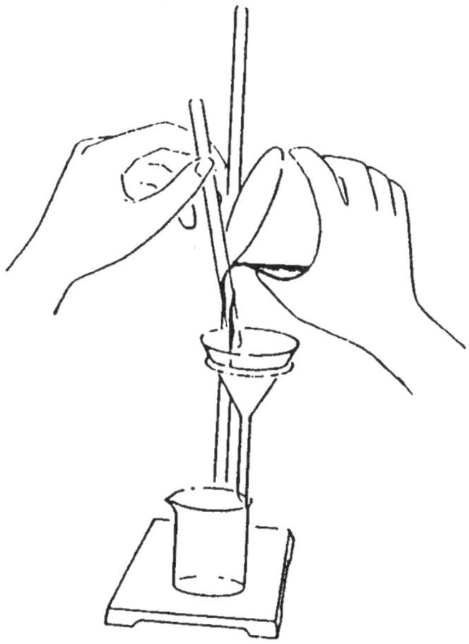

깔때기의 사용법

6. 가스버너의 사용법

화학 실험실에서 가스버너는 Bunsen형과 Tirrill형이 있다. 가스버너의 불꽃의 온도가 높아질수록 불꽃의 색이 붉은 색에서 연한 청색으로 바뀐다. 그러므로, 공기구멍을 조절하여 연한 청색의 불꽃을 얻을 수 있도록 하여야 한다. 불꽃의 온도는 불꽃의 중앙에서 약간 위쪽이 가장 높다.

가스버너에 불을 붙일 때에는 먼저 성냥의 불꽃을 버너에 댄 후에 가스밸브를 열어야 한다. 가스밸브를 연 후에 성냥 불꽃을 대면 방출된 가스가 폭발할 가능성이 있다.

버너를 사용하여 유리 기구를 가열할 경우에는 유리 기구가 직접 불꽃에 닿지 않도록 석면판을 사용하여야 한다. 가열하는 유리 기구는 직접 손으로 잡아서는 안되고 클램프 또는 집게를 사용하여야 한다. 스탠드를 사용할 경우에는 스탠드가 쓰러지지 않도록 스탠드의 받침대가 있는 부분으로 향하도록 하여야 넘어지지 않는다.

용액을 가열할 경우에는 유리나 사기 조각 등의 끓임쪽을 넣어 용액이 튀지 않도록 하고, 시험관의 용액을 가열할 경우에는 시험관의 입구가 다른 학생 쪽으로 향하지 않도록 각별히 주의한다. 실험 기구의 고무로 된 부분이 가열되지 않도록 하여야 한다.

7. 실험오차와 유효숫자

실험에서의 측정에는 항상 오차가 포함되어 있으므로 실험값을 나타낼 때에는 실험오차를 정확히 표현하여야 한다.

실험오차는 정확도의 부족과 정밀도의 부족에 의한 것으로 구별할 수 있다. 정확도는 주로 실험자의 측정 능력에 의하여 결정되는 오차로 실험자의 노력으로 줄일 수 있다. 그러나 정밀도는 실험에 사용하는 기구, 실험의 방법, 또는 실험 환경에 의하여 어쩔 수 없이 발생하는 오차로서 피할 수 없는 오차의 한계이다. 정밀도를 높이기 위해서는 보다 정밀한 실험 기구를 사용하고 실험방법을 바꾸어야 하기 때문에 많은 시간, 노력, 그리고 비용이 필요하다. 그러나 모든 실험에서 실험자의 주의로 줄일 수 있는 오차는 최대한으로 줄이도록 노력하여야 한다.
실험값의 정확도는 흔히 참된 값과의 차이를 %의 단위로 표시한다.

$$\text{오차}(\%) = \frac{[(\text{참값}) - (\text{측정값})]}{(\text{참값})} \times 100$$

그러나 참값을 알 수 없는 경우의 실험값의 정밀도는 같은 실험 방법으로 N번 반복하여 얻은 측정값 {xi}으로부터 얻은 표준편차를 사용하여 나타내기도 한다.

$$표준편차 = (1/N)\ 표준편차 = \frac{\sqrt{\sum\{x_1 - \langle x \rangle\}^2}}{N}$$

여기서 <x>는 측정값의 평균이다.

오차가 포함된 실험값을 나타낼 때에는 유효숫자를 정확히 표시하여야 한다. 유효숫자는 마지막 숫자만이 오차를 포함하는 불확실한 숫자로서 유효숫자의 개수는 실험의 정밀도를 나타낸다.

예를 들어 0.1 g까지 측정할 수 있는 어림저울을 사용하여 시료의 무게를 측정하였을 때에 소수점 아래 첫째자리는 오차가 포함된 자리라고, 둘째자리 아래는 아무런 의미도 없는 숫자이다. 따라서, 시료의 무게는 1.3 g이라도 적어야 하고, 1.3245 g 등으로 적어서는 안 된다. 이 경우에 측정값은 2개의 유효숫자를 가지고 있으며, 정확한 무게는 1.2 g과 1.4 g 사이에 있음을 나타낸다.

유효숫자를 늘이기 위해서는 정밀한 실험이 요구되므로 많은 시간과 비용이 필요하다. 그러므로, 실험에서 얻을 수 있는 유효숫자보다 더 많은 수의 유효숫자를 사용하는 것은 실험의 정밀도를 과장하여 표시하는 것이 되기 때문에 주의하여야 한다. 즉, 어림저울을 사용하여 얻은 시료의 무게를 1.3245 g이라고 적으면, 이것은 마치 화학저울을 사용한 결과를 나타내는 것으로 해석된다.

유효숫자의 처리에 흔히 사용되는 규칙들은 다음과 같다.

(1) 소수점의 위치를 나타내는 0은 유효숫자로 취급하지 않는다. 예를 들어, 0.00124 또는 124000에서 0은 유효숫자가 아니고, 이 경우의 유효숫자는 모두 3개이다. 유효숫자에 포함되는 0과 소수점의 위치를 나타내는 0을 구별하기 위하여 유효숫자와 소수점의 위치를 구별하여 1.24×10^{-3} 또는 1.24×10^{5} 등으로 표현하기도 한다. 1.240×10^{5}에서 0은 소수점의 위치를 나타내는 0이 아니므로, 이 경우의 유효숫자의 개수는 4개이다.

(2) 불확실한 숫자를 하나만 포함시키기 위하여 숫자를 줄일 때에는 마지막 자리를 반올림한다. 예를 들어, 1.3456은 1.346으로, 1.3452는 1.345로 적는다.

(3) 두 숫자를 더하거나 뺄 경우에 얻어진 결과의 유효숫자는 두 숫자 중에서 불확실한 숫자의 위치가 소수점에서 가장 왼쪽에 있는 숫자를 기준으로 결정한다. 즉, $10.3 + 0.236 = 10.5$이고, $10.3 - 0.236 = 10.1$이 된다. $10.3 + 0.236 = 10.536$이 되지만, 첫째 숫자의 0.3이 불확실하기 때문에 결과에서

마지막 3자리의 수는 모두 불확실한 숫자들이다. 유효숫자에는 불확실한 숫자 하나만을 포함시키므로 마지막 두 자리의 숫자들은 무시하여야 한다.

(4) 두 숫자를 곱하거나 나눌 때에는 유효숫자의 개수가 가장 작은 수의 유효숫자의 개수만큼만 취한다. 예를 들면, 유효숫자가 5개인 25.669를 유효숫자가 3개인 23.1로 나누면 그 결과는 유효숫자가 3개인 1.11로 표시하여야 한다.

이와 같은 규칙에서 볼 수 있듯이 정밀도가 높은 실험 결과를 얻기 위해서는 실험의 모든 단계에서의 측정이 모두 정밀하여야 한다. 액체의 밀도를 측정하는 실험에서 액체의 질량은 화학저울을 사용하여 10.3463 g과 같이 유효숫자 3개로 측정하였다면, 이 실험에서 얻은 액체의 밀도는 1.01 g/mL로 유효숫자는 3개뿐이다. 그러므로 이 실험에서 무게를 측정하기 위하여 화학저울을 사용하는 것은 불필요한 것으로, 어림저울을 사용하여 얻은 무게의 정밀도를 활용하기 위해서는 부피도 유효숫자 6개를 얻을 수 있는 정밀한 실험 기구와 방법을 사용하여야 한다.

또한, 같은 실험 기구와 방법을 사용하는 경우의 실험 결과의 정밀도는 시료의 크기에 따라서 달라지기도 한다. 위의 예에서 시료의 양을 반으로 줄인 후 실험을 하면 시료의 무게는 5.1732 g이 되고, 부피는 5.1 mL가 될 것이다. 따라서, 이 실험에서 얻어지는 액체의 밀도는 1.0 g/mL로 유효숫자가 2개뿐이다. 그러므로 최대의 정밀도를 얻기 위해서는 실험의 모든 단계에서의 측정을 정밀한 방법으로 하여야 할 뿐만 아니라, 시료의 크기도 적당히 선택하여야 한다.

8. 화학 실험에 쓰이는 기본 기구

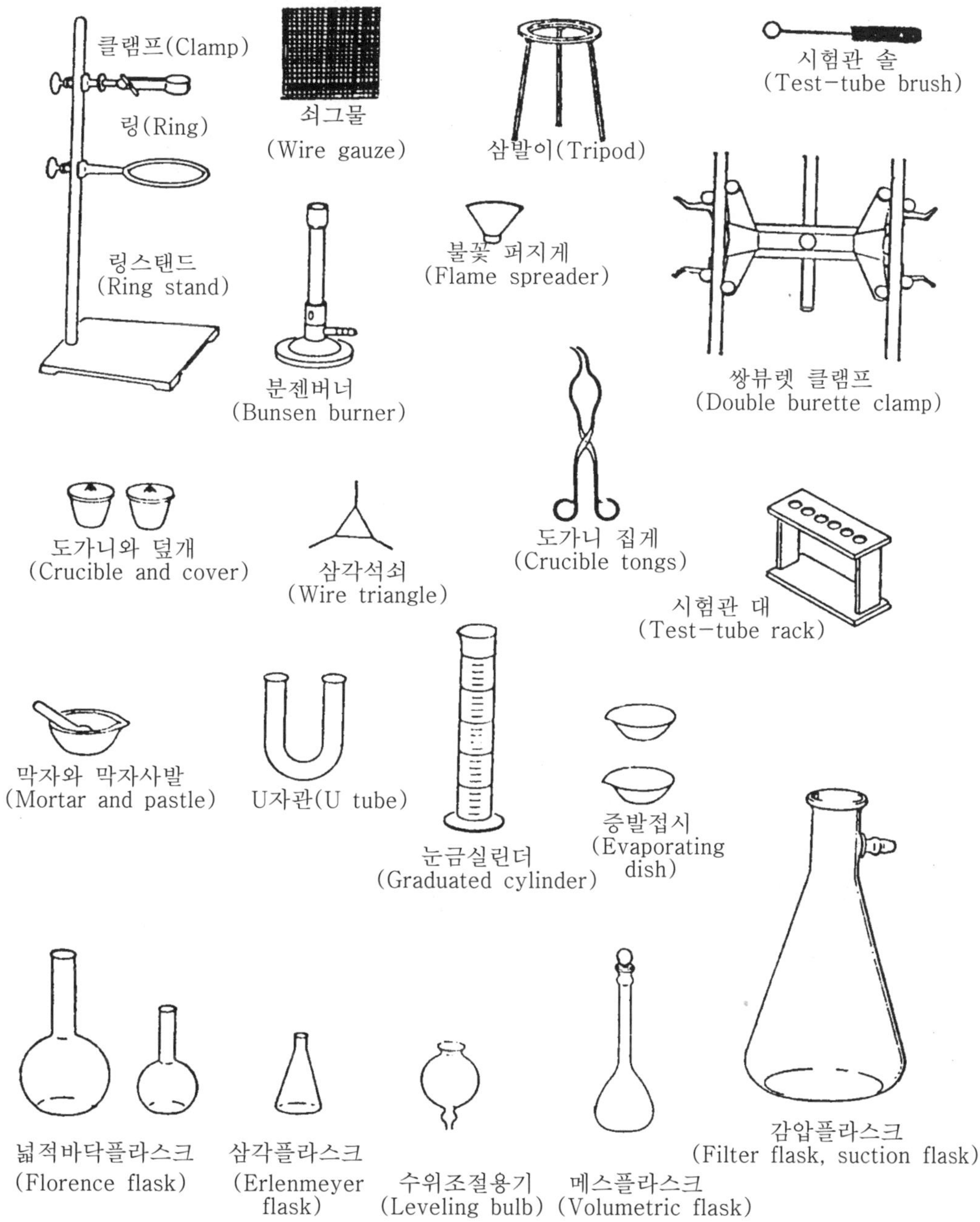

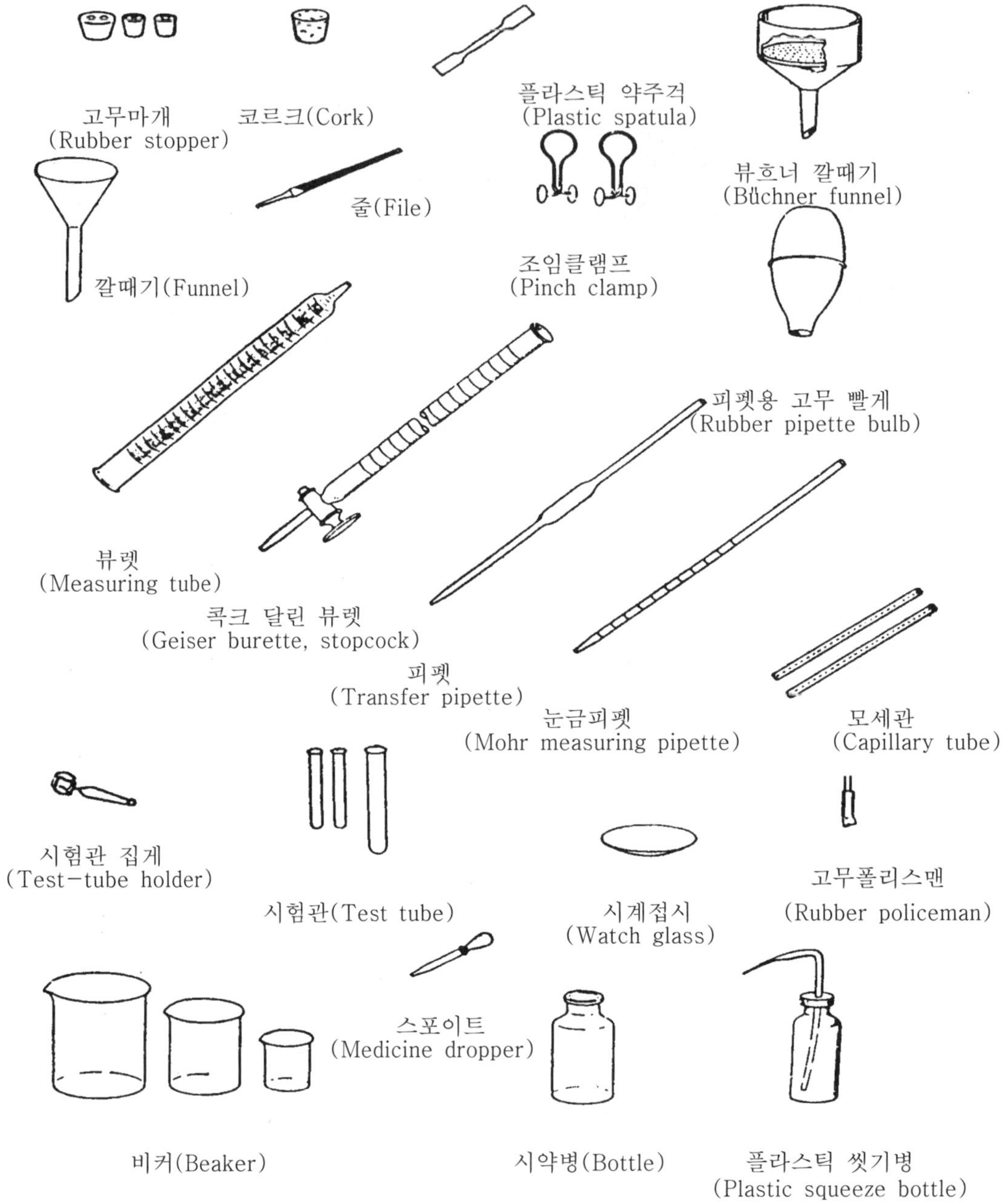
고무마개
(Rubber stopper)
코르크(Cork)
플라스틱 약주걱
(Plastic spatula)
뷰흐너 깔때기
(Bűchner funnel)
줄(File)
깔때기(Funnel)
조임클램프
(Pinch clamp)
피펫용 고무 빨게
(Rubber pipette bulb)
뷰렛
(Measuring tube)
콕크 달린 뷰렛
(Geiser burette, stopcock)
피펫
(Transfer pipette)
눈금피펫
(Mohr measuring pipette)
모세관
(Capillary tube)
시험관 집게
(Test-tube holder)
시험관(Test tube)
시계접시
(Watch glass)
고무폴리스맨
(Rubber policeman)
스포이트
(Medicine dropper)
비커(Beaker)
시약병(Bottle)
플라스틱 씻기병
(Plastic squeeze bottle)

실험 1
질량과 부피 측정

1. 목 적

질량, 길이 및 부피 등의 양을 측정하고 이에 대한 기본 단위에 익숙해지는 것은 화학에서 제일 기본이 되는 중요한 것이다. 이 실험에서는 저울을 이용하여 시료의 무게와 액체 및 고체의 부피를 측정하고, 측정치를 기본 단위로 표시하는 훈련을 한다. 또 측정 실험값의 오차 처리 방법에 유의하면서 액체와 고체의 밀도도 측정해 본다.

2. 원 리

1) 측정 단위

화학은 실험 과학이다. 그래서 자연에 관한 기본 법칙과 이론 및 물질의 행동은 여러 가지 양, 즉 질량, 부피, 길이, 온도, 시간, 전기적 성질 등을 정밀하게 측정하면서 정해진다.

미터법 기본 단위계는 10진법을 사용하기 때문에 대단히 편리하다. 표준 단위는 원래 자연의 어떤 특정 성질과 관련되어 있다. 이를테면 미터 단위는 처음에 프랑스 파리를 지나는 자오선을 따라 적도부터 북극까지 거리의 천만분의 일로 정한 것이다. 첫 국제 표준 미터는 파리 부근의 국제 도량형 사무국 지하실에 보관되고 있었던 백금-이리듐 합금으로 만든 원기에 그어진 두 선 사이의 거리로 정하였다. 1960년 새로운 국제 표준이 정해졌는데, 기체 크립톤-86이 내는 특정 주황-적색선인 1,650,763.73 파장을 이용하였다. 이 표준은 미터 원기보다 10배 정도 더 정밀하여, 미터 원기처럼 잃어버릴 염려도 없고 상하지도 않는 이점을 지니며 재현성이 훌륭하다.

빛의 속도는 관측자의 움직임이나 광원과는 무관하게 모든 관측자에 대해 동일하다. 이러한 범우주적 성질에서부터 상대성 이론이 나온 것이다. 따라서 빛의 속도는 자연의 상수이며, 시간의 단위와 함께 거리 단위를 정하는데 사용한다. 시간은 원자 시계로 매우 정확하게 측정될 수 있고, 또 빛의 속도도 매우 정확하게 알려져 있으므로 1983년 "1초의 1/299,792,458 시간 간격 동안에 진공을 통과한 경로의 길이"인 빛의 속력으로 미터를 다시 정의하였다.[1)]

미터의 배수와 10 분율을 나타내는 기호는 다음과 같다.

1km = 1 킬로미터 = 1000 미터

1dm = 1 데시미터 = 0.1 미터

1cm = 1 센티미터 = 0.01 미터

1mm = 1 밀리미터 = 0.001 미터

1μm = 1 마이크로미터 = 10^{-6} 미터

1nm = 1 나노미터 = 10^{-9} 미터

과학에서 자주 쓰이는 길이의 단위로 옹스트롱(1Å = 10^{-8}cm = 10^{-10}m)이라는 것도 있다.

질량의 기본 단위인 킬로그램은 처음에는 물 1입방미터(1000cm^3)의 질량으로 정하였다. 지금의 질량 표준은 역시 국제 도량형 사무국에 보관되어 있는 백금-이리듐 원기로 정하고 있다. 각국은 그들 자신의 미터법 표준을 정하고 있으나 프랑스에 보관되고 있는 원기에 근거하고 있다.

흔히 쓰는 킬로그램(kg)의 아래 단위로는 그램(g)과 밀리그램(mg)이 있다. 질량과 무게라는 술어를 혼돈해서 쓰는 경우가 흔한데, 그들의 정의는 다르다. 질량은 파리에 있는 표준 킬로그램으로 정의하며, 무게는 힘인데, 질량에다 중력에 기인한 가속도를 곱한 것과 같다. 화학에서는 주로 질량에만 관심이 있으나 실험실에서 물질을 다는 과정은 표준 질량과 미시 질량을 비교하기 때문에 무게를 다는 조작은 실제로 질량을 측정하는 것과 같다고 할 수 있다. 이러한 이중적인 의미의 술어 때문에 문제가 생기는 경우는 드물다.

부피 단위는 리터이다. 리터는 길이를 세제곱한 유도 단위로 1/1000 m^3이다. 1 데시미터 정육면체의 부피에 해당한다. 화학 실험에서는 밀리리터(mL)를 가장 흔히 사용한다. 밀리리터는 리터의 천분의 일이다. 최근 밀리리터를 약간 다르게 정

---

1). Pipkin, F. M., and Ritter, R. C., "Precision Measurements and Fundamental Constants," Science 219, 913(1983)

의하고 있는데, 1 mL ≡ 1 cm^3이다(여기서 삼중 동등 기호는 “정확히 똑같다”는 의미로 사용한 것이다.).

2) 밀도

중요한 물리 양인 밀도를 측정하려면 두 양, 즉 주어진 물질의 질량 M과 부피 V를 측정해야 한다. 이들 양의 비 또는 단위 부피당 질량을 밀도라 하고 D = M/V라고 쓴다. 미터 단위계로 이 비는 입방 센티미터당 그램(g/cm^3)으로 표시하거나 밀리미터당 그램(g/mL)으로 나타낸다.

액체와 고체는 기체보다 밀도가 대단히 크다는 것은 자명하다. 밀도는 온도의 영향을 크게 받는다. 액체와 고체는 물질의 온도 변화에 의해 영향을 덜 받으나 기체는 온도 변화에 대단히 민감하다.

화학 실험의 여러 중요한 과정에서 밀도 측정은 필수적이다. 이를테면 결정의 단위-세포로부터 아보가드로의 수의 계산, 기체 밀도 측정으로 물질의 분자량 결정, 원심분리로 생고분자의 밀도 측정 및 밀도 측정을 하여 용질의 농도 등을 측정할 때 꼭 필요한 물리 양이다.

밀도를 이해하는 것은 생활이나 산업분야에서 매우 중요하다. 이를테면 자동차 서비스 공장에서는 황산 용액의 밀도를 측정하여 축전지의 방전 여부를 검사한다. 포도주 공장에서는 포도즙의 밀도를 측정하여 발효에 적당한 당분을 포도즙이 함유하고 있는지의 여부를 결정한다.

3. 사용기구 및 시약

기 구

0.1 g 까지 측정할 수 있는 저울
0.1 mL 까지 읽을 수 있는 실린더
비커(150 mL, 50 mL)
시계접시

시 약

밀도를 알지 못하는 NaCl과 $CaCl_2$ 수용액
굵은 실리카 모래와 금속 조각
그 외 다른 고체(일정한 모양의 금속 시료)

4. 실험방법

1 액체의 밀도

① 깨끗하게 말린 150 mL 비커를 0.1 g까지 정밀하게 측정해서 실험보고서에 기록한다.

② 40～50 mL의 액체를 실린더로 재어 넣는다. 부피를 측정할 때 0.1 mL까지 정밀하게 읽고 비커에 가능한 한 완전하게 옮긴 다음 시계접시로 덮는다.

③ 시계접시로 덮은 내용물이 든 비커 전체를 다시 잰다. 이들 데이터를 가지고 액체의 밀도를 계산한다.

④ 동일한 액체를 위의 실험과 다른 부피를 취하여 똑같은 실험을 계속한다. (정확한 실험값을 얻으려면 여러번 실험해서 평균값을 얻어야 한다.)

2 고체의 밀도

① 시료 20～30 g을 작은 비커에 넣어 0.1 g의 정밀도로 무게를 측정한다.

② 30 mL의 물을 눈금이 매겨진 실린더에 넣고 0.1 mL까지 정밀하게 읽어 기록한다.

③ 시료를 약간 기울여 시료 조각을 미끄러지게 넣는다. 넣은 시료에 공기 방울이 붙어 있는지 여부를 조사하고, 만약 있으면 실린더를 가볍게 친 후 다시 부피를 읽는다. 증가한 부피가 바로 고체의 부피가 된다.

④ 위의 과정을 한 번 더 수행하여 평균값을 얻도록 한다.

5. 주의 및 참고사항

물리적 양을 측정할 때 측정기기는 원하는 정밀도를 일관성 있게 유지해야 한다. 따라서 50 g짜리 시료를 달 때 1 %의 정밀도를 지니려면 저울은 0.5 g (1 %×50 g = 0.5 g)까지 정확해야 한다. 1 g의 시료를 동일한 정밀도로 달려고 하면 저울은 0.01 g까지 정확해야 한다. 이 실험에서는 0.1 g까지 읽을 수 있는 저울과 0.2 mL까지 익을 수 있게 눈금이 매겨져 있는 실린더를 사용하기 때문에 계산한 밀도의 오차는 1 % 정도가 된다.

실험보고서 1. 질량과 부피 측정

실험일자 : 년 월 일 교시

__________ 대학 학과 __________ 학번 __________ 이름 __________

1. 실험 결과

1) 액체의 밀도

사용한 액체의 종류 __________ __________

비커, 시계접시 및 액체의 무게 __________ g __________ g

비커와 시계접시의 무게 __________ g __________ g

액체의 무게 __________ g __________ g

액체의 부피 __________ mL __________ mL

액체의 밀도 계산과정

__________ g/mL __________ g/mL

__________ 문헌값 __________ g/mL __________ g/mL

백분율 오차

$$\frac{d_{calc} - d_{lit}}{d_{lit}} \times 100$$

____________ % ____________ %

2) 고체의 밀도

사용한 고체의 종류

비커, 시계접시 및 고체의 무게 ______________ g ______________ g

비커와 시계접시의 무게 ______________ g ______________ g

고체의 무게 ______________ g ______________ g

고체의 부피 ______________mL ______________mL

고체의 밀도 계산과정

____________g/mL ____________g/mL

문헌값 ____________g/mL ____________g/mL

백분율 오차

$$\frac{d_{calc} - d_{lit}}{d_{lit}} \times 100$$

______________ % ________________%

2. 과 제

3. 고찰 및 의문점

실 험 2
녹는점 측정

1. 목 적

고체 물질의 녹는점은 그 물질의 고유한 물리적 성질로 시료의 순도 및 물질 확인에 유용하다. 본 실험에서는 화합물의 녹는점의 측정 방법을 알아본다.

2. 원 리

화합물의 녹는점은 고체와 액체가 평형을 이루게 될 때의 온도로 정의된다. 일반적으로 분자들 사이의 인력이 클수록 녹는점이 높다. 순수한 물질의 녹는점은 일정하며, 물질의 특성 중의 하나이므로 녹는점을 측정하여 고체 시료의 순도 및 고체 시료를 확인 할 수 있다.

녹는점을 측정하려면 미세한 분말로 만들어 모세관에 넣어서 온도계에 부착시키고 중탕냄비 속에 넣은 다음 잘 교반하면서 서서히 가열해야 한다. 일정한 속도로 가열할 때 모세관 벽에 붙어 있는 것이 약간 젖은 것처럼 된다. 이 온도를 습윤점이라 하는데, 이 점을 지나서 액화가 시작하여 마지막으로 고체가 없어진 온도를 녹는점으로 하며 습윤점에서 녹는점까지를 녹는점 범위 (melting point range) 라고 한다.

일반적으로 순수한 고체 시료는 녹는점 범위가 약 0.5℃정도밖에 되지 않으나 불순물이 들어 있는 시료인 경우에는 이 차가 크다. 이러한 차이로서 고체의 순도를 알 수가 있다.

녹는점 범위는 단순히 고체 시료의 순도에만 영향을 받는 것이 아니고, 결정의 크기, 사용량 및 가열온도 등에 의하여서도 영향을 받으므로 정확한 녹는점의 결과를 얻으려면 분당 약 2℃ 간격으로 균일한 속도로 가열하고 시료를 미세한 분말로 하고 조밀하게 소량의 시료를 충진 시켜야 한다. 충진 시킨 시료의 높이는 대략 2~3 mm 정도가 적당하다. 그리고 모세관의 반경은 될 수 있는 한 작아야 하고, 유리벽이 대단히 얇은 것을 선택하거나 세공하여 사용한다. 대부분의 경우에는 가열속도를 느리게 하여 주의 깊게 관찰함으로써 어떤 물질의 녹는 범위를 정확하게 결정할 수 있다. 그러나 때로는 연화 (softening)와 분해 (decomposition) 현상도 나타난다. 어떤 유기 화합물은 녹기 직전에 결정 구조가 바뀌게 되는데, 그것은 결정화할 때의 용매의 이탈 때문이다. 시료가 더 연한 모양, 즉 젖은 모양을 띠게 되면 관 안에서 시료가 줄어든다. 이러한 현상을 녹음이 시작되는 것으로 보아서는 안되며 작은 액체 방울이 나타날 때까지 기다려야 한다. 또한 어떤 화합물들은 녹으면서 분해가 된다. (이런 경우 흔히 시료의 색깔이 변화된다). 이럴 때는 녹는점을 "℃ (dec)"와 같이 표시한다.

한편, 혼합물의 녹는점을 측정함으로써 화합물의 순도결정에 이용되는데, 이것을 일반적으로 혼합녹는점(mixed melting point)이라고 한다.

가용성 불순물에 의한 순수한 고체 화합물의 녹는점 내림은 가용성 불순물에 의한 순수한 액체의 부분증기압 강하 현상과 유사하다. 일반적으로 불순물이 조금이라고 섞여 있는 고체 시료는 순물질 보다 녹는점의 범위가 증가한다.

표 2-1에서는 몇 가지 화합물의 녹는점을 보여 주고 있다.

표 2-1. 순물질의 녹는점

물　　질	녹는점 범위
Phthalic anhydride	131～132 ℃
Benzoic acid	123～125 ℃
Acetanilide	113～114 ℃
Succinic acid	186～188 ℃
Naphtalene	79～80 ℃
p-Dichlorobenzene	53～54 ℃
Biphenyl	69～70 ℃
Camphor	173～174 ℃
Acetamide	82～83 ℃
Benzamide	132～133 ℃
Salicylic acid	158～159 ℃
4-Chloroacetanilide	178～179 ℃
3, 5-Dinitrobenzoic acid	204～205 ℃

3. 사용기구 및 시약

기 구	시 약
녹는점 측정용 모세관과 고무줄	측정시료(benzoic acid와 oxalic acid)
온도계 (300 ℃)	황산 혹은 파라핀 기름
가스버너 또는 알콜 램프	
스탠드, 링, 클램프, 석면판	
Thiele관 혹은 비커	

4. 실험방법

1 순물질의 녹는점 측정

① 지름이 약 1~2 mm이고 길이가 약 8 cm 정도인 모세관의 한쪽 끝을 완전히 봉한다.

② 시료로는 벤조산 (benzoic acid) 또는 옥살산 (oxalic acid)을 미세한 분말로 만들고, 만약 습기나 수화물로 되어 있으면 서서히 가열하여 건조시킨다.

③ 위 모세관의 열려있는 쪽으로 시료를 소량씩 섞은 후에 모세관을 뒤집어 길이 50 cm 정도의 유리관을 통하여 몇 차례 반복하면서 떨어뜨려 잘 충진 시킨다. (충진 시킨 시료의 양은 모세관의 아래로부터 2~3 mm 정도가 되게 한다)

④ 측정 용기로 그림 2-1에서 나타낸 바와 같이 비커 (a)나 또는 Thiele관 (b) 등을 택하여 진한 황산을 약 2/3 정도 넣고 장치한다.

⑤ 작은 고무밴드 (보통 고무관을 자르면 됨)로 모세관을 검정된 온도계에 묶는다. (이때 고무줄이 황산이나 측정 용액에 담기지 않도록 해야 한다.)

⑥ 온도계의 수은부와 모세관의 시료가 든 쪽의 끝이 일치하도록 고정시킨 다음에 용기의 중안 (황산 내) 에 위치하도록 클램프로 조절한다. ((b)의 경우 마개(코르크)는 구멍을 뚫어서 장치가 열린계가 되어야 한다)

⑦ 이와 같은 실험 준비가 완료되면 서서히 가열하여 습윤점과 녹는점의 온도를 정확하게 관찰한다.

2 혼합물의 녹는점 측정

① 녹는점이 알려진 두 가지 화합물을 막자사발을 이용하여 잘 혼합한 다음 순물질의 경우와 동일하게 모세관법으로 측정한다. 정확한 값이 얻어질 때까지 몇 차례 반복한다.

② 동일한 방법으로 녹는점이 알려진 한 물질을 선정하고 다른 물질을 약 5~10 % 불순물로 넣어 잘 섞은 후에 녹는 온도 범위를 결정하여 불순물의 영향을 조사한다.

③ 마지막으로 미지시료를 지급받아서 녹는점 범위를 측정한다. 실험 후 남은 시료를 지도 교수에게 반환한다. 그냥 쓰레기통에 버리거나 하수구에 버리지 않도록 한다. 화학물질의 오염은 실험실에서부터 삼가 해야 한다.

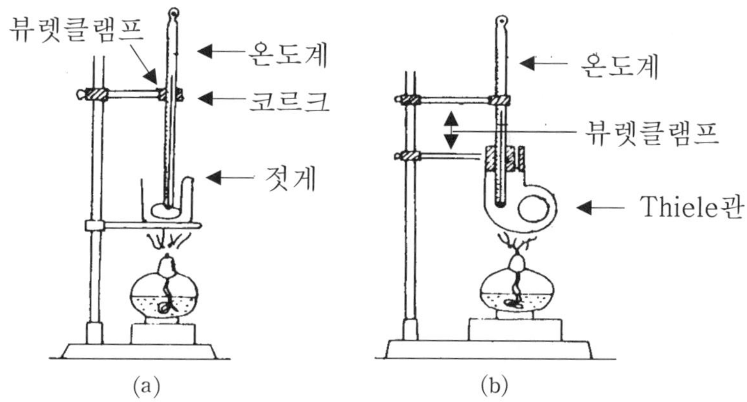

그림 2-1 몇 가지 녹는점 측정장치

5. 주의 및 참고사항

1. 황산 내신 기름(오일)을 사용할 경우 기름에 물이 포함되지 않도록 주의한다. 물이 있을 때 가열할 경우 튀게 된다.
2. 기름(오일)을 가열할 때 직접 불꽃이 닿으면 화재가 날 위험이 있다.
3. Thiele관을 가열하기 전 표면에 물기가 없도록 한다.
4. 미네랄 오일(비점이 높은 탄화수소의 혼합물)은 200 ℃ 이상 가열하면 자연발화할 위험이 있다. 실리콘 오일은 300 ℃ 정도까지 가열할 수 있다.

실험보고서 2. 녹는점 측정

실험일자 : 　　년 　월 　일 　교시

_______ 대학 　학과 _______ 학번 _______ 이름 _______

1. 실험 결과

1) 순물질의 녹는점 측정

· 기지시료(　　　)의 녹는점 범위 　(　)~(　)℃

< 표 2-1 >과의 차이 　(　)℃

· 미지시료의 녹는점 범위 　(　)~(　)℃

· 미지시료의 명칭 　(　　)

2) 혼합물의 녹는점 측정

· 기지시료의 녹는점 범위 　(　)~(　)℃

· 미지시료의 녹는점 범위 　(　)~(　)℃

2. 과 제

1) 고체 시료의 녹는점 측정 시 오차의 요인을 열거하라.

2) 불순물이 첨가되면 녹는점 범위가 달라진다. 그 이유를 설명하라.

3. 고찰 및 의문점

실 험 3
컬럼 크로마토그래피에 의한 물감의 분리

1. 목 적

크로마토그래피는 혼합물의 각 성분을 분리하는 방법으로 최근에는 분리, 검출 및 정량이 온라인으로 가능하게 되어 분석방법에서 중요한 위치에 있으며, 광물 속의 금속 이온으로부터 동·식물의 생체시료 및 미량의 환경시료까지 분리-분석이 가능하게 되었다. 이 실험에서는 물감용액을 시료로 하여 크로마토그래피의 기본 원리를 습득한다.

2. 원 리

1 크로마토그래피의 일반 원리

크로마토그래피는 여러 가지 방법이 있으나 이들은 모두 상분포 (phase distribution)의 일반 원리에 바탕을 두고 있다. 즉, 이동상이 그림 3-1과 같이 정지상으로 채워진 컬럼 (분리관)을 통과할 때 컬럼에 주입한 시료 성분들이 두 상에 대해서 서로 다른 분포를 갖는다. 이것은 성분들이 두 상 사이에 분포될 때의 평형상수가 다르기 때문이다.

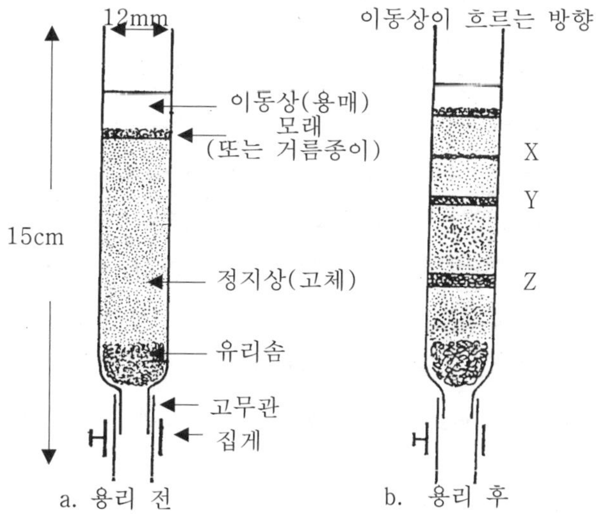

그림 3-1 컬럼 크로마토그래피 원리 설명

간단히 설명하면, 정지상에 의해서 세게 붙잡혀 있는 성분일수록 정지상에 큰 비율로 존재하고, 약하게 붙잡혀 있는 성분일수록 이동상 속의 존재비율이 클 것이다. 따라서 정지상에 의해서 약하게 흡착되는 성분들은 이동상의 흐르는 방향을 따라 더 흐르게 되어 결국은 서로 분리된다. 이와 같은 조작을 용리라고 부르는데, 용리시간에 따른 각 성분의 농도의 그래프를 크로마토그램이라고 한다.

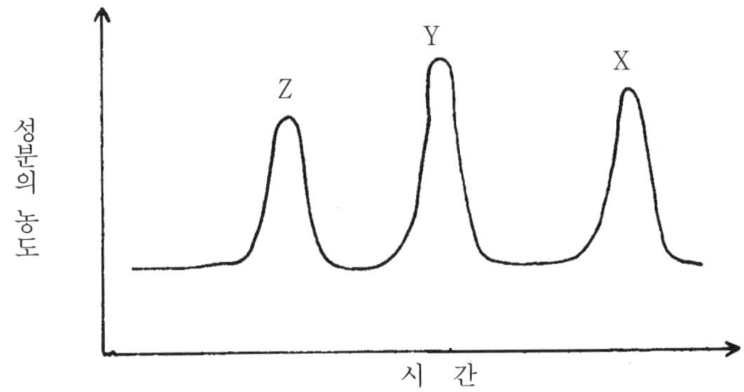

그림 3-2 크로마토그램

크로마토그래피는 이동상의 상태에 따라 보통 크게 GC와 LC로 나누고, 정지상의 상태와 종류에 따라 나눠지며, 또 정지상을 컬럼에 넣고 용리시키는 컬럼법과 정지상을 얇은 판위에 묻히거나 거름종이를 사용하는 판법으로 나눠진다. 이와 같이 크로마토그래피는 여러 방법이 가능한데, 간단히 정리하면 그림 3-3과 같다.

2 컬럼 크로마토그래피의 원리

컬럼 크로마토그래피는 액체상과 고체상 사이에서 시료성분의 분포의 차이를 근거로 한 분리법이므로 이것은 액체-고체 크로마토그래피(LSC)이다. 정지상은 고체 흡착제로서 통과하는 시료성분들이 그 표면에 흡착함으로써 분리된다. 흡착을 일으키는 원인으로서는 분자들 사이의 인력, 예를 들면 정전기적 인력, 쌍극자-쌍극자 인력, 수소 결합, 반데르발스의 힘 따위를 들 수 있다.

분리하려는 고체들의 혼합용액을 알루미나 또는 실리카겔과 같은 고체가 들어 있는 컬럼을 통하여 흘려준다. 여기서 고체는 흡착제로 작용한다. 컬럼의 상부에서 흘려주는 이동상인 용매를 용리액이라 부른다. 용리액을 절 선택하면 혼합물이 분리되어 그 성분들이 한 가지씩 연달아 따로 따로 컬럼을 빠져나온다.

용질들이 색깔을 띠고 있으면 이들이 관을 지나 내려오는 것을 관찰할 수 있지만, 용질이 무색일 경우에는 자외선을 쬐거나 형광을 내게 하는 등의 물리적 성질을 이용함으로써, 원래의 혼합물 중에 들어 있던 각 성분물질들이 컬럼을 따라 이동하여 내려오는 것을 관찰하게 된다. 혼합물 중의 물질들이 분리되는 것은 이 물질들이 고체에 흡착되는 상대적인 경향과, 그리고 이들의 용리액에 대한 용해도가 다른 데 원인이 있다.

각 물질이 용출되어 나올 때에는 여러 개의 용기에 일정량씩 받아 모아서 적당한 방법으로 분석하거나 검출기를 연결하여 자동으로 분석할 수 있다.

용출되어 나온 물질의 성분은 그의 물리적 성질 또는 스펙트럼 등을 조사하여 이미 알고 있는 표준물질과 비교하여 확인한다.

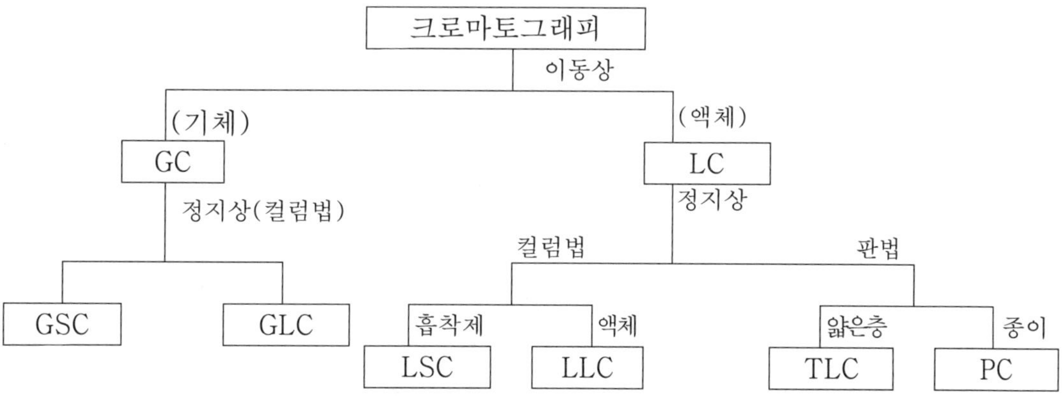

GC : 기체 크로마토그래피　　LC : 액체 크로마토그래피

GSC : 기체-고체 크로마토그래피　　GLC : 기체-액체 크로마토그래피

LSC : 액체-고체 크로마토그래피　　LLC : 액체-액체 크로마토그래피

TLC : 얇은 층 크로마토그래피　　PC : 종이 크로마토그래피

그림 3-3 크로마토그래피의 종류와 분류

3. 사용기구 및 시약

기 구	시 약
컬럼(15 cm × 12 mm ∅)	산화알루미늄(Alumina : 50~100 메쉬)
시험관(120 × 15 mm ∅)	1-부탄올
코르크 마개(시험관용)	2 M NH_3
스포이트	물감용액 – 알리자린 노랑, 메틸렌 파랑, 에리오크롬 검정 T } 1%/에탄올
비커(150 mL)	
눈금실린더(100 mL)	모래
삼각플라스크(25 mL)	유리솜
스탠드와 클램프	거름종이

4. 실험방법

① 그림 3-1과 같이 컬럼 (분리관)을 수직으로 장치하고, 긴 유리봉을 이용하여 바닥에는 유리솜 (또는 솜)을 깔고 그 위에 소량의 고운 모래를 채운다.

② 1-부탄올과 암모니아수 (2 M)를 60:20으로 잘 섞어서 분별깔때기에 넣고 5분간 잘 흔들어 섞은 후 두 층으로 갈라지게 두었다가 윗 층의 용액을 용리액으로 사용한다.

③ 용리액을 관 속으로 부어서 3/4 쯤 채운다. 연필에 고무관을 끼워 컬럼을 가볍게 두드리면서 컬럼의 상부로부터 산화알루미늄을 조금씩 천천히 넣어 3/4 쯤 채운다.

④ 이 때, 콕크를 열어 용리액이 흘러내리게 하면서 액면의 높이가 일정하도록 조절한다.

⑤ 끝으로 소량의 고운 모래를 산화알루미늄 윗 부분에 깔되 용매는 언제나 컬럼속의 고체 윗 부분까지 채워져 있어야 한다.

⑥ 콕크를 열어서 용리액을 흘려주면서 물감의 혼합용액 1 mL를 조심스럽게 모

래위로 가한다.

⑦ 콕크를 열어서 용리액을 흘려주면 물감이 차차 분리되어 내려가는데, 첫번째 물감이 분리되어 컬럼을 빠져나오기 시작할 때까지 계속해서 용리액을 조금 (2～3 mL) 씩 가하여 보충하여 준다.

⑧ 첫번째 물감이 모두 분리되어 내려가면 다시 더 많은 양의 용매를 가하여 차례로 물감을 분리해 내고, 그 때마다 다른 용기에 받아 모은다.

5. 주의 및 참고사항

[1] 짧은 뷰렛을 크로마토그래피용 컬럼으로 사용하여도 좋다. 흡착제의 충진 (packing)이 잘 되도록 하여야 한다.

실험보고서 3. 컬럼크로마토그래피에 의한 물감의 분리

실험일자 : 년 월 일 교시

__________대학 학과 __________ 학번 __________ 이름 __________

1. 실험 결과

컬럼 속의 각 물감의 위치를 그림 3-2와 같은 방법으로 기록하여라.

2. 과 제

1) 컬럼 크로마토그래피용 뷰렛의 콕크에는 그리스를 바르는 것보다 바르지 않는 것이 좋다.
그 이유는?

2) 액체-고체 흡착 크로마토그래피의 분리 원리를 설명하라.

3) 관을 충진할 때 솜 위에 모래를 넣는 이유와 알루미나를 채운 뒤에 모래를 넣는 이유는?

3. 고찰 및 의문점

실 험 4

얇은 층 크로마토그래피에 의한 물감의 분리

1. 목 적

얇은 층 크로마토그래피는 정지상으로 흡착제인 실리카겔이나 알루미나를 유리판 위에 얇게 입힌 정지상판과 이 판 위를 흐르는 용매를 이동상으로 하였을 때 시료 성분들이 두상에 대한 서로 다른 분배의 차이를 이용하여 혼합물을 분리하는 방법이다. 몇 가지 빛깔이 다른 물감용액을 시료로 하여 그 원리를 이해하고자 한다.

2. 원 리

앞에서의 크로마토그래피 일반 원리에서 기술한 바와 같이 얇은 층 크로마토그래피 (TLC)는 종이 크로마토그래피 (PC) 와 더불어 판 크로마토그래피 (plane chromatography) 의 일종으로서 정지상으로 미세한 흡착제 입자를 얇게 입힌 정지상 판 (TLC)을 사용한다. 즉, TLC 판은 입자 직경이 5~50 μm 정도 되는 실리카겔이나 알루미나 등을 유리판, 알루미늄판 및 플라스틱 판에 0.1~0.3 mm 정도 두께의 얇은 층으로 부착시켜 제조한 것이다.

실리카겔은 표면에 실란올기를 가지고 있어서 극성 화합물과 수소결합을 하게 되어 아미노산, 당류 등의 분리에 적합하고, 알루미나도 표면에 실란올기와 산소원자가 분포되어 있어서 약한 극성을 가진 화합물의 분리에 적당하다. 마그네슘 실리케이트, 칼슘 실리케이트, 활성탄 등도 흡착제로 이용된다. 이들의 표면은 물분자들의 흡착으로 활성을 잃게 되는데, 가열에 의해 다시 활성을 되찾을 수 있다.

그 외에도 시료의 분리 목적상 실리카겔에 적당한 액체상을 입혀서 비극성 정지상으로 하여 사용하기도 하고, 이온교환체를 흡착시켜 사용하기도 한다.

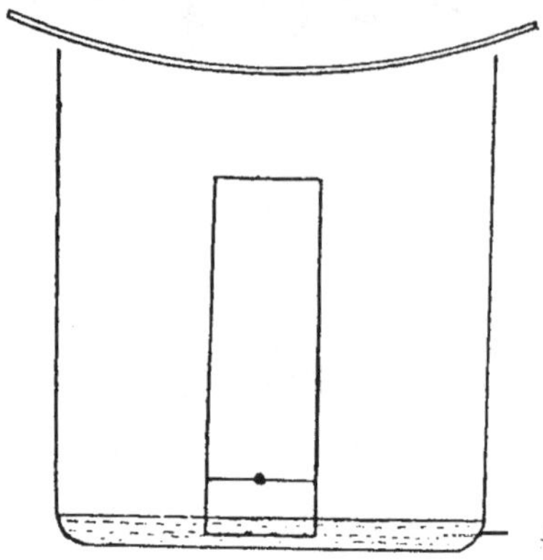

그림 4-1 TLC 실험기구

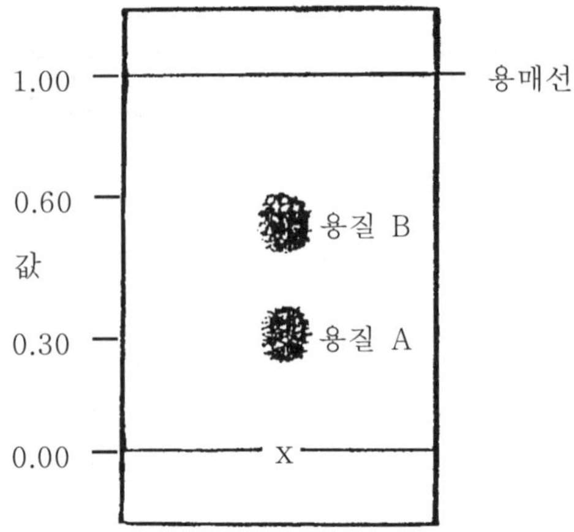

그림 4-2 크로마토그램과 R_f값의 계산

TLC에서는 이동상을 보통 전개액이라고 부르는데, 예를 들면 헥산에 다소 극성을 띤 용매들을 혼합하여 사용하게 된다. 모세관 현상으로 전개액이 TLC판 윗쪽으로 전개될 때에 시료 분자들도 함께 전개되는데, 시료 분자들과 정지상의 실란올기와의 상호작용의 차이에 의해 분리속도가 달라져 시료 분자들이 분리된다.

분리하고자 하는 물질의 용액을 모세관에 묻혀서 TLC판의 한쪽 끝 가까이에 찍어 반점을 만든다. 이 판을 용매가 들어 있는 용기 (전개실)에 담그는데, 그림 4-1과 같이 용매의 액면이 반점 바로 아래쪽에 오도록 한다.

실험에 사용되는 용매와 흡착제는 분리효과가 좋은 것을 선택해야 한다. 이렇게 전개하면 판 위에는 혼합물의 각 성분이 분리되어 생긴 일련의 반점들이 용매 액면에 수직한 일직선상에 늘어선다.

원래의 출발점 X로부터 용매선 (solvent front) 까지의 거리 및 각 반점들까지의 거리를 잰다. X로부터 성분 반점들까지의 거리를 용매선까지의 거리로 나누어 준 값을 R_f값이라 부른다.

$$R_f = \frac{\text{성분물질이 이동한 거리}}{\text{용매가 이동한 거리}}$$

그림 4-2에서는 용질A와 B의 R_f값은 각각 0.30 및 0.60이다. R_f값은 각 물질의 성질, 용매의 종류 및 온도에 따라 다르다. 그렇지만 흡착제, 용매, 층의 두께, 균일성, 온도 등이 정해진 조건에서의 R_f값은 일정하다.

색깔이 있는 물질은 크로마토그램 위의 반점으로 알아보기 쉽지만 무색의 물질일 경우에는 반점의 위치를 확인하기 위해서 발색제를 뿜어준다든가 황산을 뿌려서 유기물을 탄화시켜 나타난 흑색반점으로도 확인할 수 있다. 또한 자외선램프를 조사시켜 TLC 판으로부터 나오는 형광을 시료 분자가 흡착된 반점에서는 소광되어 어두운 반점이 되는 것을 이용하여 확인하기도 한다. TLC의 장점은 아주 적은 양의 시료라도 분석이 가능하다는 데 있다. 특수한 경우에는 10-9 g 까지도 검출이 가능하지만 보통은 500 μg 정도는 써야 한다.

3. 사용기구 및 시약

기 구	시 약
현미경용 슬라이드	실리카겔
비커(150 mL)	클로로포름($CHCl_3$)
시계접시	아세톤
눈금실린더(100 mL)	물감용액 – 알리자린 노랑, 메틸렌 파랑, 에리오크롬 검정 T } 1%/에탄올
분별깔때기(100 mL)	
젓게	
유리관(∅ 6 mm)	1-부테인올
시험관(150 × 16 mm∅)	에테인올
스포이트	아세트산
거름종이	2M NH_3

4. 실험방법

[1] 얇은 층 크로마토그래피판 및 모세관 만들기

① 약 30 g의 실리카겔을 어림저울로 달아 250 mL 비커에 넣고 약 100 mL의 클

로로포름을 가하여 잘 저어 준 다음 시계접시로 덮어 놓는다.

② 현미경용 슬라이드 6장을 먼저 세제로 씻고 증류수로 헹군 후에 클로로포름으로 닦고 아세톤으로 씻은 후 용매는 모두 날려 보낸다.

③ 슬라이드판을 다룰 때는 모서리 외에는 손이 닿지 않도록 조심하면서 2장을 포갠다. 이것을 실리카겔의 반죽물에 담그어 상하로 6번쯤 움직여 층을 만드는데, 슬라이드의 한쪽 모서리에서 약 1 cm 정도는 남겨둔다.

④ 슬라이드 가장자리에 묻어 있는 실리카겔을 휴지로 닦아내고, 포개어진 2장의 판을 갈라낸 다음 용매를 모두 날려 보낸 후 100 ℃ 오븐에서 1시간 정도 건조시킨다. 이렇게 해서 6장의 얇은 판을 만든다.

2 물감 혼합물의 분리

① 세 가지 물감 X, Y, Z(재료의 물감)의 용액 5방울씩을 시험관에 넣고 잘 흔들어서 혼합물을 만든다.

② 용매는 다음과 같이 만든다. 1-부테인올과 에테인올 및 2 M 암모니아 용액(60:20:20)을 섞어서 분별깔때기에 넣고 약 5분 동안 잘 흔든 후 두 층으로 갈라지게 방치한 다음, 맨 윗 층의 용액을 사용한다.

③ TLC 판을 하나 택하여 하단에서 약 1 cm의 거리에 연필이나 바늘 끝으로 실리카겔 위에 하단과 평행한 선을 긋는다.

④ 모세관을 사용하여 이 선상에 각 물감용액(기준 용액) 1방울씩과 물감의 혼합용액 1방울씩을 각각 묻혀서 판 하나에 지름이 약 1～2 mm 정도 되는 반점 2개를 만든다. 반점은 소량으로 두 번 찍어 만드는데, 반점이 너무 크면 전개된 후 각 성분들(X, Y, Z)이 겹칠 우려가 있다. 2개의 반점 (기준 반점과 혼합물의 반점) 이 있는 판 3개를 만든다.

⑤ 물감용액에 들어 있던 용매가 모두 증발하도록 약 1-2분간 방치한 다음, 이 판을 용매가 약 0.5 cm 길이로 들어있는 비커에 세워서 담그어 놓고 시계접시로 비커를 덮어둔다.

⑥ 용매가 판을 따라 올라가서 판의 상단 근처에 다다르면 판을 꺼내어 말리고, 용매선을 그린다.

⑦ 이 실험조건 하에서의 X, Y, Z의 R_f값을 구하고, 이것들이 물감들의 기준 반점에서 얻은 R_f값과 일치하는가 보라(판을 말린 다음 센 암모니아 용액의 증기를 쐬면 반점들이 더 선명해질 것이다.)
이러한 실험을 같은 물감과 그 혼합물을 아래의 용매를 사용하여 반복하여라.
1-부탄올, 아세트산, 물(60:15:25) (혼합물을 분별깔때기를 사용하여 잘 섞어서 맨 윗층의 용액을 사용하여라).

5. 주의 및 참고사항

1 실험 (1)의 TLC 판 및 모세관은 준비실에서 미리 준비하여 공급하면 2시간에 실험을 끝낼 수 있다. 준비실에서 만들 때 접착제(binder)가 석고인 경우에는 실리카겔을 물로 반죽하여 만든다. 사용 전에 오븐에서 활성화시켜서 써야 한다.

실험보고서 4. 얇은 층 크로마토그래피에 의한 물감의 분리

실험일자 : 년 월 일 교시

_______ 대학 학과 _______ 학번 _______ 이름 _______

1. 실험 결과

1) 물감들의 R_f값을 적어 넣어라.

온도( )℃

시료 / 용매	X	Y	Z
	순수한 것, 혼합물	순수한 것, 혼합물	순수한 것, 혼합물
1-부탄올 에탄올 암모니아 용액, 2M (60:20:20)			
1-부탄올 아세트산 물 (60:15:25)			

2) 서로 다른 용매를 써서 분리하였을 때의 유사점과 차이점은 무엇인가?

2. 과 제

1) TLC 실험에서 반점이 전개용기 내에 있는 용매 속에 잠기게 되면 안 되는 이유는 무엇인가?

2) TLC 실험에서 전개도중에는 판으로부터 용매가 증발하지 않도록 해야 하는 이유가 무엇인가?

3) TLC 실험에서 분리시킨 후 각 시료는 어떻게 회수가 가능한지 생각하여 보아라.

4) 두 물질의 R_f값이 서로 같다고 하는 것은 무엇을 뜻하는가?

3. 고찰 및 의문점

실 험 5
종이 크로마토그래피에 의한 금속이온의 분리

1. 목 적

거름종이에 흡수된 물이 정지상이 되고 염산이 포함된 아세톤이 전개액 이동상이 되어 두 상 사이에서 분포의 차이로 시료 성분이 분리되는 일종의 액체-액체 크로마토그래피 (LLC) 이다. 시료가 염산과 음이온 착물을 형성하는 정도의 차이에 근거하여 분리되는 원리를 이해하고자 한다.

2. 원 리

TLC에서 사용되는 정지상판 대신 기름종이를 사용하는 종이 크로마토그래피 (PC) 에서는 거름종이가 정지상인 것 같으나 그렇지 않다. 종이는 그림 5-1에서 보듯이 수많은 하이드록시기 (-OH) 를 가진 셀룰로오스로 이루어져 있어서 물에 대한 친화력이 대단히 크다.

PC에 사용되는 전개액은 종이를 적시면서 모세관 작용으로 종이 섬유소를 통하여 이동한다. 어느 정도의 물을 포함시킨 유기 용매를 전개액으로 사용하게 되면 물이 셀룰로오스 표면의 하이드록시기와의 수소결합으로 부착되어 물 자체가 새로운 액체 정지상으로서의 물층과 전개액 중의 유기용매 간에 분배되며 이러한 분배 정도의 차이에 따라 시료의 분리가 이루어지게 된다.

이것은 TLC나 컬럼 크로마토그래피에서 실리카겔 또는 알루미나 표면에서 전개액과 시료가 상호 작용하는 현상과는 차이가 있다. 이들을 일종의 고체-액체 크로마토그래피 (LSC) 의 분리 메카니즘이라 하면, 종이 크로마토그래피는 일종의 액체-액체 크로마토그래피 (LLC) 의 분리 메카니즘이라고 할 수 있다. 화합물들은 그 R_f값을 비교함으로써 확인된다. R_f값의 재현성은 TLC보다도 종이 크로마토그래피의 경우가 더 크므로 이런 점에서는 더 유용하다.

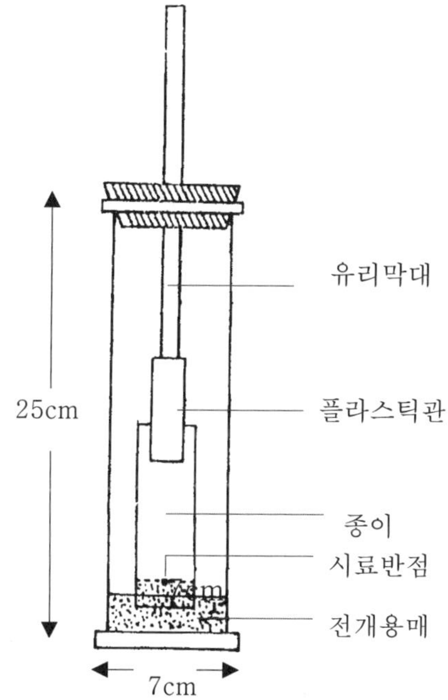

그림 5-1 종이크로마토그래피 실험장치

종이 크로마토그래피는 TLC의 경우와 마찬가지로 혼합물 중에서 어떤 화합물을 분리하여 많은 양을 얻으려는 정제용이라기보다는 반응화합물을 신속하게 정성 분석할 수 있다는 것이 장점이다. 적은 양의 시료를 써서도 쉽고 빠르게 반응혼합물을 정성적으로 분석할 수 있는 까닭에 종이 크로마토그래피는 TLC와 같이 유기화학자나 특히 생화학자들에게는 값진 방법으로 이용되고 있다. 이 실험에서는 코발트, 니켈 및 구리이온들을 분리하여 종이 크로마토그래피의 원리를 알아보고자 한다.

세 가지 전이금속인 Ni(II), Co(II) 및 Fe(III)이온을 분리하기 위하여 전개액으로 물, 에틸메틸케톤 및 HCl을 이용한다. 정지상은 전개액 중에 포함된 물분자들이 먼저 하이드록시 수소결합에 의해 도포되고, 전개액은 HCl과 비교적 극성이 적은 에틸메틸케톤의 혼합액으로 이루어지게 된다. 양이온들이 전개되면서 중성이온의 특성에 따라 염화이온과 서로 다른 형태의 착화합물을 이루게 된다. 따라서 이들이 물층과 HCl을 포함한 유기용매층 간의 분배 차이에 의해 이동속도가 달라져 분리된다. 진한 염산 농도에서 양이온은 다음과 같은 형태의 착이온을 이룰 것으로 예상

된다.

$$Ni^{2+} + Cl^- \rightleftharpoons NiCl^+ \quad (1)$$

$$Cu^{2+} + 4Cl^- \rightleftharpoons CuCl_4^{2-} \quad (2)$$

$$Fe^{3+} + 6Cl^- \rightleftharpoons FeCl_6^{3-} \quad (3)$$

이 실험에서는 금속이온들로서는 Ni(II), Co(II) 및 Fe(II)이온들의 혼합용액을 분리함으로써 PC의 유용성을 밝혀 본다.

3. 사용기구 및 시약

기 구	시 약
실린더(약 25×7cm)	$CoCl_2 \cdot 6H_2O$
유리막대	$NiCl_2 \cdot 6H_2O$
고무마개	$CuCl_2 \cdot 2H_2O$
플라스틱관(이것을 유리관에 끼우고 한쪽 끝에 슬리트를 만들어 종이를 끼운다.)	진한 HCl
	진한 HNO_3
모세관	에틸메틸케톤
헤어드라이어	크로마토그래피용 종이(Whatman No. 1 거름종이, 10×5cm)
접시	
핀셋	싸이오사이안산암모늄의 아세톤 포화용액
비커	1% 다이메틸글라이옥심-에탄올

4. 실험방법

① $CoCl_2 \cdot 6H_2O$, $NiCl_2 \cdot 6H_2O$와 $CuCl_2 \cdot 2H_2O$를 약 0.2 g씩 무게를 달아 소량의 물에 녹이고, 진한 HCl 500 mL와 HNO_3 50 mL를 가한 후, 증류수로 1 L되게 묽혀 금속 이온 혼합용액(각 금속 이온의 농도가 약 100 ppm)을 만든다. 같은 방법으로 각각의 금속이온 기준용액(약 200 ppm)을 만든다.

긴 네모꼴(10×5 cm) 거름종이의 한쪽 끝에서 1 cm 정도 떨어진 거리에 하단과 나란하게 연필로 금을 긋고 그 중간 위치에 모세관을 사용하여 시료 용액을 몇방울 묻혀서 반점을 만든다. 이 때 시료용액이 퍼지는 것을 막기 위하여 헤어드라이어로 재빨리 반점을 말리고 반점의 중앙에 연필로 표시를 한다.

이 실험에서는 이온들의 혼합용액과 기준용액(한 가지 이온만의 용액)의 반점을 동시에 만든다. 전개실로 쓸 실린더에 꼭 맞는 고무마개에 유리막대를 끼우고, 유리막대 끝에는 짧은(1～2 cm) 플라스틱관을 연결한 다음 그 끝을 면도칼로 베어서 슬리트를 만든다. 슬리트에 거름종이를 끼우게 된다.

② 에틸메틸케톤 35 mL, 7.0 M HCl 10 mL를 혼합하여 전개 용매를 만들어 실린더에 적당량 붓고, 마개를 막을 때 종이 끝의 1/2 cm 정도가 용매에 충분히 잠기도록 한다. 즉, 용매의 액면이 종이 끝과 연필로 그은 금의 중간에 위치하도록 용매의 양을 조절한다. 용매의 양이 조절되면 고무마개를 막아서 전개실을 완성한다. 모세관작용에 의해서 용매가 종이를 따라 올라가 종이 높이의 약 3/4의 위치에 다다르면 조용히 마개를 열어서 종이를 용매에서 꺼낸 다음에 연필로 용매선의 위치를 표시한다. 이것을 건조시키는데, 필요하면 더운 공기를 보내어 건조시킨다. 전개하는 도중에 각 반점의 위치를 관찰하고 기록하여라. 전개시간과 전개실의 온도도 기록하여라.

③ 10 mL 정도의 진한 암모니아수가 들어 있는 비커 위에 건조된 종이를 매달아 암모니아 증기를 쐬며 종이의 산성이 중화될 때까지 방치한다. 이 크로마토그램을 깨끗한 거름종이 위에 놓고 용매를 날려 보낸 다음, 시계접시에 NH_4SCN 포화용액을 담고 거름종이를 살짝 넣었다가 꺼내어 건조시키고 나타난 점과 색깔을 기록하여라. 다시 다이메틸글라이옥심 용액에 통과시켜 건조시키고 나타난 점과 색깔을 기록하여라. R_f값을 계산하고 보관하여라.

5. 주의 및 참고사항

1 아세톤, 에틸메틸케톤이 가연성 용매이므로 실험실 내에 화염의 발생이 없도록 주의하여라.

2 전개액 중의 HCl이나 암모니아는 폐에 자극을 주고 유독하므로 종이를 건조시킬 때에 후드 안에서 하도록 하고 실험실의 환기를 철저히 하도록 한다.

실험보고서 5. 종이 크로마토그래피에 의한 금속이온의 분리

실험일자 : 　　년　　월　　일　　교시

__________ 대학　학과 __________ 학번 __________ 이름 __________

1. 실험 결과

1) 실험에서 얻은 결과로부터 다음 R_f값을 구하여라.

온도 (　　　)℃

시료이온	단독 이온의 반점에서의 R_f	혼합물에서의 R_f
Co^{2+}		
Ni^{2+}		
Fe^{3+}		

2) 종이를 검출 시약으로 처리하였을 때에 관찰된 색깔의 변화를 써라.

· Co^{2+}

· Ni^{2+}

· Fe^{3+}

2. 과 제

1) 전개할 때 종이 위에 찍은 반점이 용매의 액면 밑에 잠기게 되면 안 되는 이유는 무엇인가?

2) 종이 위에 시료의 반점을 크게 만들 경우에는 어떠한 결과가 나타나겠는가?

3) 전개실을 가능한 한 꼭 막아두는 이유는 무엇인가?

4) TLC와 종이 크로마토그리피의 원리상의 차이점은 무엇인가?

3. 고찰 및 의문점

실 험 6
용해도와 분별결정

1. 목 적

용해도 차이를 이용하여 $K_2Cr_2O_7$과 NaCl을 석출시킴으로써 혼합물로부터 물질을 분리하는 방법을 익힌다. 재결정법으로 순수한 결정을 얻는 과정을 실험하고 결정의 순도를 확인해 본다.

2. 원 리

화합물의 용해도 (solubility) 는 용매 (solvent) 100 g에 녹는 용질 (solute) 의 최대량을 그램 (g)수로 표시한 것이며 온도에 따라서 다른 값을 갖는다. 이와 같이 용해도가 온도에 따라 변화하는 모양을 그래프로 표시한 것을 용해도곡선 (solubility curve) 이라 한다. 일반적으로 고체의 용해도는 고온에서 크고 저온에서 작다. 고체에 함유되어 있는 불순물을 제거하려면 그 고체를 고온에서 용해하여 진한 용액을 만들어 그것을 다시 냉각하면 원래의 고체에 함유되어 있던 불순물은 용액 중에 녹은 채로 남기 때문에 순수한 결정을 얻을 수 있다. 이런 과정을 재결정 (recrystallization) 이라고 한다. 불순물의 양이 많을 경우에는 한번의 재결정으로 순수하게 할 수 없으므로 재결정을 여러 번 반복하여 점차로 불순물의 양을 줄여나가야 한다. 용해도가 온도에 따라 별로 변하지 않는 고체는 진한 용액을 냉각에 의해서 재결정할 수 없다. 그러한 고체는 소량의 용매에 녹이고 그 용액을 증발 농축하여 결정을 석출시킨다. 이 방법은 서서히 결정이 생기므로 큰 결정이 생성되어 그 속에 불순물이 들어가기 쉬우므로 냉각에 의한 방법보다 순수한 것을 얻기 어렵다. 따라서 정제할 고체 시료는 되도록 소량의 용매에 녹이고 농축할 때 불순물이 결정에 들어가지 않도록 유리막대로 잘 저어야 한다.

한 예로서 그림 6-1은 NaCl 및 KCl 수용액의 용해도를 온도의 함수로서 도식한 것이다. 선상의 점은 그 온도에서 포화상태인 용해도를 나타내며 선 밑 부분은 불포화 상태를, 그 윗부분은 과포화 상태를 각각 나타낸다. KCl은 온도에 따른 용해도 변화가 크고 NaCl은 온도에 따른 용해도 변화가 작다. 이러한 관계를 이용하여 섞인 두 염을 분리하고 정제할 수 있다. 예컨대 50 g의 KCl과 30 g의 NaCl이 물 100 g에 녹아있는 100 ℃의 용액을 서서히 냉각하면 약 70 ℃ 부근에서 KCl이 결정으로 석출되기 시작해서 0 ℃에서 (용해도 27.6 g/100 g물) 약 20 g의 KCl을 얻을 수 있으며 이때 NaCl은 불포화 상태 (용해도 35.7 g/100 g물) 이므로 그대로 용액 속에 남아 있다. 따라서 석출된 결정을 기르면 순수한 KCl을 얻을 수 있다.

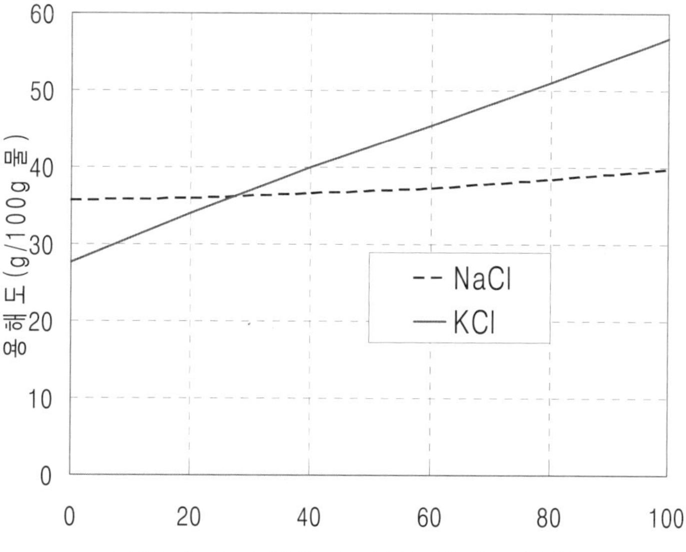

그림 6-1 KCl과 NaCl의 용해도곡선

이와 같이 용해도 차이를 이용한 혼합물의 분리를 분별결정 (fractional crystallization) 이라고 한다. 용액에 남은 NaCl은 이 용액을 끓여서 농축하면 NaCl이 과포화 상태로 되어 결정이 석출된다. 용액을 지나치게 농축하면 용액에 남아 있는 KCl의 잔재도 함께 석출되므로 용해도표를 참고하여야 한다. NaCl을 재결정할 때는 용액을 농축한 후에 식히고 진한 HCl을 가하면 공통이온 효과에 의해서 NaCl의 재결정 효율을 높일 수 있다. 이 실험에서는 $Na_2Cr_2O_7$과 KCl을 물에 녹여서 K^+, Na^+, Cl^- 및 $Cr_2O_7^{2-}$ 이온을 포함하는 용액을 만들고 (표 6-1 참고), 용해도 차이를 이용하여 $K_2Cr_2O_7$과 NaCl을 분별결정법으로 분리시키고 각각의 염을 재결정법으로 정제한다. 실험을 시작하기 전에 표 6-1의 값을 그래프용지에 도시하여 그래프를 만들면 실험절차를 이해하는데 도움이 될 것이다.

표 6-1 여러 온도에서 염의 용해도 (g/100g H_2O)

온 도 (℃)	NaCl	KCl	$Na_2Cr_2O_7 \cdot 2H_2O$	$K_2Cr_2O_7$
0	35.7	27.6	143	5
20	36.0	34	178	12
40	36.6	40	223	26
60	37.3	45.5	280	43
80	38.4	51.1	376	61
100	39.8	56.7		80

3. 사용기구 및 시약

기 구	시 약
아스피레이터	$Na_2Cr_2O_7 \cdot 2H_2O$
감압플라스크	KCl
Büchner 깔때기	6 N HNO_3
비커 (100 mL, 250 mL)	20% $AgNO_3$ 용액
거름종이	아세톤

4. 실험방법

① Büchner 깔때기와 감압플라스크로 감압 거름장치를 그림 6-2와 같이 꾸민다. 100 mL들이 비커에 $Na_2Cr_2O_7 \cdot 2H_2O$ 18 g을 넣고 물 13 mL를 가하고 고체가 완전히 녹을 때까지 유리막대로 젓고 가열한다.

② 또 다른 250 mL들이 비커에 10 g의 KCl을 넣고 25 mL의 물을 넣어 가열해서 고체를 완전히 녹인 후 이 두 용액을 Bűchner 깔때기를 써서 감압플라스크에 받은 다음, 플라스크 속의 용액을 수돗물로 냉각한다.

③ 침전이 생기기 시작하면 약 3-4분간 계속 플라스크를 흔들어서 냉각한다.

④ 석출된 $K_2Cr_2O_7$ 결정을 감압장치를 써서 걸러내고 이 결정을 보관하였다가 나중에 재결정한다. 감압플라스크 내의 용액은 NaCl과 미량의 $K_2Cr_2O_7$을 포함하고 있다(용해도표를 참고하여 거른 액에 $K_2Cr_2O_7$이 대략 몇 g 남아 있는가를 계산하여 기록한다.).

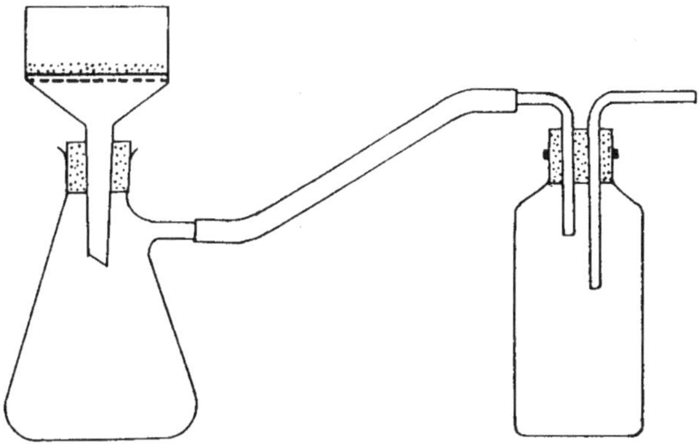

그림 6-2 감압거름장치

⑤ 이 용액을 250 mL 비커에 옮기고 약 2~3 cm 길이의 유리관 두 조각을 넣고 가열하여 원래 부피의 1/4 정도 농축하면 NaCl 결정이 석출된다. (이때 용액이 튀지 않도록 잘 저어 준다.)

⑥ 이 뜨거운 용액을 거르면 NaCl의 침전을 얻을 수 있고 플라스크에 침전이 생기면 다시 걸러서 거름종이와 함께 모아서 아세톤으로 씻는다. 이렇게 하여 얻은 NaCl을 시험관에 넣고 마개를 막은 다음 라벨을 붙인다.

⑦ 플라스크 속의 용액을 수돗물로 식히면 다시 $K_2Cr_2O_7$의 침전이 생긴다. 위와 같은 방법으로 걸러서 먼저 보관한 $K_2Cr_2O_7$과 합친다. 완전히 마르지 않은 상태에서 그대로 무게를 잰다.

(이때 물의 무게를 5 %로 가정, 전체무게에서 5 % 뺀 값을 시료무게로 하여 결과를 기록한다)

⑧ $K_2Cr_2O_7$의 재결정은 용해도 곡선을 참고하여 100 ℃에서 녹이는 데 필요한 최소한의 물의 양을 계산한다.

⑨ 계산된 양의 물을 100 mL들이 플라스크에 넣고 완전히 녹을 때까지 가열한 후 플라스크에 마개를 막고 냉각하여 결정을 석출시킨다.

정제된 결정의 순도는 다음과 같이 조사한다.

(1) NaCl : 노란색의 $K_2Cr_2O_7$ 불순물은 눈으로 보아 알 수 있다.

(2) $K_2Cr_2O_7$: 실험에서 얻은 결정소량을 10 mL의 증류수에 녹이고 6 N HNO_3 1 mL을 가하고 섞은 다음, $AgNO_3$ 용액 4−5 방울 가하여 흰색의 AgCl 침전이 생기면 Cl^-이 들어 있다는 증거이다.

실험보고서 6. 용해도와 분별결정

실험일자 : 　　년 　　월 　　일 　　교시

__________ 대학 　학과 __________ 학번 __________ 이름 __________

1. 실험 결과

사용한 KCl의 무게 __________ g

사용한 $Na_2Cr_2O_7 \cdot 2H_2O$의 무게 __________ g

용액 A를 거르고 남은 $K_2Cr_2O_7$의 무게 __________ g

재결정하기 전의 $K_2Cr_2O_7$의 무게 __________ g

$K_2Cr_2O_7$ 무게의 계산값 (반응식으로부터 계산함) __________ g

$K_2Cr_2O_7$의 수득률 __________ %

2. 과 제

1) NaCl은 찬물보다 더운물에 좀 더 잘 녹는다. 그러나 이 실험에서 얻은 NaCl은 더운물로 씻으면 정제할 수 있다. 그 이유를 설명하여라.

2) NaCl과 $K_2Cr_2O_7$을 같은 양 씩 포함하고 있는 용액을 다음의 온도에서 증발시킨다면 어떤 고체가 처음 결정화 될 것인가? (표 6-1을 참조할 것)

(a) 100 ℃ :

(b) 60 ℃

(c) 20 ℃ :

3. 고찰 및 의문점

실험 7
기체의 부피와 절대온도 사이의 관계

1. 목 적

온도에 따른 기체부피의 변화를 정량적으로 측정하여 이상기체법칙 중 "압력을 일정하게 유지하면서 온도를 변화시킬 때 일정량의 기체의 부피는 절대온도에 정비례한다."라는 샤를의 법칙을 유도한다.

2. 원 리

기체는 용기의 총 부피 중에서 아주 적은 부분만을 차지하며, 용기의 대부분은 분자들 사이의 빈 공간이므로 액체나 고체와는 달리 구성입자 (원자나 분자)들 사이의 상호작용이 비교적 작으며 낮은 압력에서는 거의 무시할 수 있다. 기체 분자 운동론에 의하면 기체는 작은 입자로 구성되며, 끊임없이 움직이면서 서로 충돌하며 용기의 벽과도 부딪힌다. 분자의 크기와 모양과는 관계없이 기체 분자의 운동에너지는 온도가 일정하면 일정하다(에너지 등분배의 법칙).

샤를의 실험적 법칙에 따르면 일정한 압력 하에서 기체 일정량이 차지하는 부피는 절대온도에 정비례한다. 기체를 가열하면 분자는 더 많은 운동에너지를 얻게 되어 서로 멀리 떨어지려고 하며, 따라서 기체의 부피는 증가한다. 예를 들어서 기체의 절대온도가 두 배가 되면 같은 압력 하에서 기체의 부피도 역시 두 배가 되며, 이 법칙을 수학적으로 표현하면 다음과 같다.

$$V = kT \text{ (일정압력)}$$

여기서 V는 부피, T는 절대온도, k는 비례상수이다. 이 관계를 그림으로 도시하면 그림 7-1 과 같다.

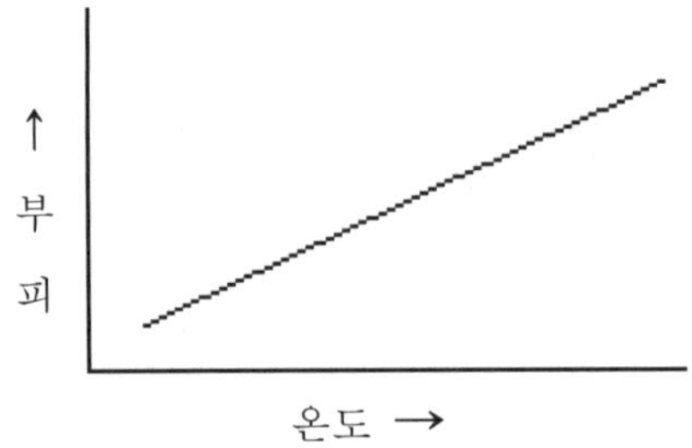

그림 7-1 일정압력하에서의 부피-온도 관계

이 법칙은 비례관계로 다음과 같이 나타낼 수도 있다. 즉,

$$\frac{V_i}{V_f} = \frac{T_i}{T_f}$$

또는

$$V_f = V_i \times \frac{T_f}{T_i}$$

여기서 V_i, T_i는 초기의 부피와 온도이고, V_f, T_f는 최종부피와 온도를 나타낸다.

샤를의 법칙은 기체가 참여하는 화학변화를 연구하고 분자량을 측정하는 데 대단히 유용하다. 실험을 통하여 학생들은 기체의 부피와 온도와의 관계에 대한 샤를의 법칙을 유도하고 기체분자운동론에 대한 이해를 깊게 한다.

3. 사용기구 및 시약

기 구

삼각플라스크 (125 mL)
구멍이 2개 뚫린 고무마개
실린더 (50 mL)
고무관
끝이 구부러진 유리관
비커 (1 L)
온도계

4. 실험방법

① 그림 7-2와 같이 실험 장치를 꾸민다. 기체 유도관의 한쪽 끝이 삼각플라스크밑에서 약 3 cm 떨어지게 한다. 플라스크와 기체 유도관이 모두 1 L 비커에 쏙 들어가고 유도관의 출구에 실린더가 거꾸로 채워지도록 그림 7-3과 같이 설치해야 한다.

② 1 L 비커에 물을 채우고 플라스크를 담가본다. 물이 넘칠 것인데, 플라스크를 꺼 낸 후 물을 더 첨가해선 안 된다.

③ 플라스크를 낮은 불에서 말린 후 실온까지 서서히 식힌다. 유도관과 온도계가 꽂혀 있는 고무마개로 삼각플라스크를 막고 전체를 그림 7-2와 같이 스탠드에 고정시킨다.

④ 플라스크가 실온까지 식는 동안 비커의 물을 75 ℃까지 가열한다. 50 mL 실린더에 물을 가득 붓고 가열되고 있는 비커의 물 속에서 거꾸로 세워 실린더 속의 물이 동시에 가열되도록 한다. 삼각플라스크 속의 공기의 온도를 읽을 수 있는 한까지 정밀하게 읽고 실험보고서의 데이터를 적는 란에 기록한다.

⑤ 뜨거운 물이 들어 있으면 플라스크를 즉시 실린더가 거꾸로 세워져 있는 1 L 비커 속으로 낮추어 넣되 유도관의 끝이 실린더 속으로 약 2 cm 정도 들어가 자리잡게 한다. 유도관 끝에서 나오는 공기가 꼭 실린더 속으로만 들어가게 해야 한다. 가능한 깊게 플라스크를 낮추어 전체 장치 모양이 그림 7-3과 같이 되게 한다. 플라스크 속의 공기가 뜨거운 물에 의해 가열되기 때문에 그 속의 공기는 급격하게 팽창하여 삼각플라스크에서 밀려나면서 모두 실린더에 포집된다. 공기 일부가 밖으로 새었다면 실험을 다시 반복한다.

⑥ 뜨거운 물의 온도를 재고 그 값을 최종 온도로 보고서에 기록한다.

⑦ 공기가 더 이상 나오지 않으면 실린더에서 공기 유도관을 뺀다. 거꾸로 세운 실린더를 올리거나 낮추어서 실린더 속의 수면이 비커의 수면과 같게 하고 실린더를 이 위치에서 고정시킨 후 실린더 속의 공기의 부피를 읽은 후 이 값을 보고서에 기록한다.

⑧ 원래의 공기 부피는 삼각플라스크에 고무마개를 막고 그 끝에 눈금을 표시하고 그곳까지 물을 부어 실린더로 물의 부피를 재면 된다. 이 값을 보고서에 기록한다.

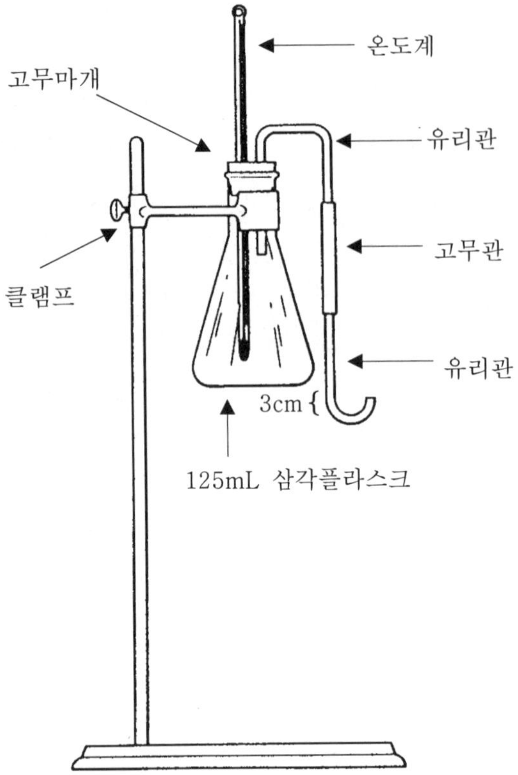

그림 7-2

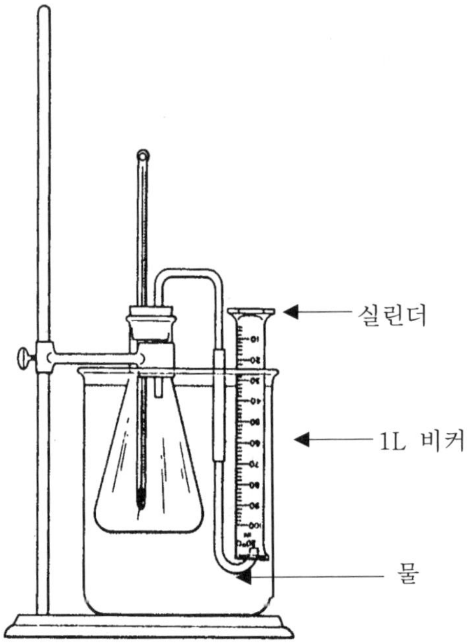

그림 7-3

⑨ 실린더에 포집된 기체는 공기와 증기 혼합물이기 때문에 공기만에 의해 점유되는 부피를 계산해야 한다. 여러 온도에서의 물의 증기압을 부록 5에 수록하여 놓았다. 실험을 시작하기 전에 플라스크에 들어 있던 원래 공기 부피에 팽창한 부피를 더한 총 부피는 높은 온도에서의 최종부피와 동일하다. 샤를의 법칙에 맞는다고 가정하고 원래의 부피와 온도로부터 높은 온도에서의 마른 공기의 부피를 계산한다. 이 계산 값이 실험에서 구한 값과 3 mL 내에서 일치하는 지를 조사하여라. 시간이 허락하면 실험을 반복하여라.

실험보고서 7. 기체의 부피와 절대온도 사이의 관계

실험일자 : 년 월 일 교시

__________ 대학 학과 __________ 학번 __________ 이름 __________

1. 실험 결과

(1) 플라스크에 들어있는 공기의 초기 온도

__________ ℃ __________ ℃

(2) 플라스크와 실린더 공기의 최종온도

__________ ℃ __________ ℃

(3) 실린더의 기체 (공기+증기) 부피 __________ mL __________ mL

(4) 플라스크의 초기 부피 __________ mL __________ mL

(5) 최종온도에서의 증기압 ______ mmHg ______ mmHg

(6) 실험실 대기압 ______ mmHg ______ mmHg

(7) 최종 온도에서의 마른 공기의 부분압

______ mmHg ______ mmHg

(8) 실험실 대기압과 최종 온도에서의 실린더에 들어 있는 마른 공기의 부피

__________ mL __________ mL

(9) 높은 온도에서의 마른 공기의 최종 총 부피

__________ mL __________ mL

(10) 샤를의 법칙에서 계산한 마른 공기의 최종 부피

__________ mL __________ mL

(11) 백분율 오차 __________ % __________ %

2. 과 제

(1) V/T가 일정해지는 조건은 무엇이며, 이 조건을 얻으려 할 때 어떠한 실험상의 주의를 기울여야 하는가?

3. 고찰 및 의문점

실 험 8
기체상수의 결정

1. 목 적

기체상수는 화학에서 여러 중요한 기본 상수 중의 하나이다. 이 실험에서는 일정량의 산소 기체를 발생시켜, 기체의 상태를 기술하는데 필요한 기본 상수인 기체상수의 값을 계산하여 본다.

2. 원 리

기체의 양과 온도, 부피, 압력들의 관계는 기체 상태방정식에 의하여 주어지고, 대부분의 기체는 높은 온도와 낮은 압력에서 이상기체의 상태방정식 PV = nRT를 따른다. 여기서, R은 기체상수라고 불리는 기체의 상태를 기술할 때 사용되는 기본 상수이다. 이 실험에서는 산소 기체의 압력 (P), 부피 (V), 몰수 (n), 그리고 온도 (T)를 측정하여 이상기체 상태방정식으로부터 기체상수 (R)를 결정한다.

$KClO_3$를 가열하면 산소 기체가 발생하고 고체는 KCl로 변화한다. 그러므로 고체의 무게가 감소한 정도를 알면 발생된 산소 기체의 몰수를 계산할 수 있다. MnO_2는 산소 발생빈웅에 촉매로 작용하여 산소 기체 발생을 촉진시키고 그 자신은 변화하지 않는다. 이 실험에서 발생한 산소 기체의 부피는 그림 8-1과 같은 장치에서 발생한 산소 기체에 의하여 밀려나간 물의 부피로 계산한다. 그러나 시약병의 윗부분에는 산소 기체와 함께 수증기도 같이 들어 있기 때문에 산소 기체의 압력은 부록 5에 주어진 수증기의 부분압력을 보정하여 주어야 한다.

3. 사용기구 및 시약

기 구	시 약
시험관	$KClO_3$
시약병 (1 L)	MnO_2
비커 (1 L)	
고무호스	
고무마개	
구부러진 유리관	
끝이 뾰족한 유리관	
핀치 클램프	

4. 실험방법

① 그림 8-1과 같은 기체발생장치를 만든다. 마개와 유리관의 연결 부분을 통하여 기체가 새어나가지 않는가를 확인하여야 한다. 비커 쪽으로 연결된 유리관은 시약병의 바닥에 닿을 정도로 길어야 한다.

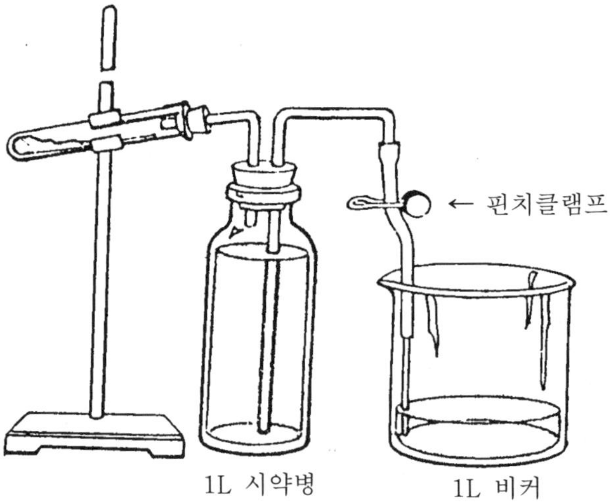

그림 8-1 기체발생장치

② 약 2 g의 $KClO_3$를 증발접시에 담고 작은 불꽃으로 조심스럽게 가열하여 건조시킨다. 약 0.2 g의 MnO_2를 도가니에 넣고 약 1-2분 정도 가열한다. 시료와 촉매를 시험관에 넣고 무게를 측정한다.

③ 시약병에 물을 가득 채우고 시료를 넣은 시험관을 클램프를 사용하여 그림과 같이 거의 수평이 되도록 고정시킨다. 시료가 시험관 벽에 넓게 퍼지도록 하여야하나 시료가 마개에 닿아서는 안 된다. 시약병과 비커를 연결한 U자관에 물이 가득 채워지도록 하고, 실험장치의 모든 연결 부분이 완벽한가를 확인한다. 비커의 물을 모두 버리고 비커를 원래의 위치에 놓은 후 핀치클램프를 다시 열어준다.

④ 작은 불꽃으로 시험관 전체를 서서히 가열한다. 산소 기체가 발생하면 시약병의 물이 밀려나오게 된다. 산소 기체가 너무 급격히 발생하지 않도록 주의하면서 시험관을 서서히 가열한다.

⑤ 시약병에서 밀려나온 물의 양이 500-600 mL가 되면 가열하는 것을 멈추고 시험관이 식을 때까지 잠시 기다린다.

⑥ 비커의 높이를 조절하여 비커와 시약병의 수면의 높이를 같게 한 후에 핀치클램프를 잠근다. 눈금 실린더를 사용하여 비커 속의 물의 부피를 측정하고, 시험관의 무게를 다시 측정한다. 대기압을 기록하고 시약병의 물의 온도를 측정한다.

5. 주의 및 참고사항

1 시험관을 가열할 때 시약병의 물이 가열되지 않도록 조심하여야 한다. 시험관과 시약병 사이를 석면판 등으로 차난하면 좋다.

실험보고서 8. 기체상수의 결정

실험일자 : 년 월 일 교시

_________ 대학 학과 _________ 학번 _________ 이름 _________

1. 실험 결과

(1) 가열하기 전 시료를 넣은 시험관의 무게	______	______
(2) 가열한 후 시료를 넣은 시험관의 무게	______	______
(3) 발생된 산소의 무게 ((1) − (2))	______	______
(4) 발생된 산소 기체의 몰수 ((3)/32.0)	______	______
(5) 산소 기체의 부피	______	______
(6) 대기압	______	______
(7) 물의 온도	______	______
(8) 물의 증기압력	______	______
(9) 산소 기체의 부분압력 ((6) − (7))	______	______
(10) 기체 상수 $R = PV/nT$	______	______

2. 과 제

(1) 기체상수의 실험값과 문헌의 값을 비교하여 오차의 요인은 무엇인가를 설명 하여라.

(2) 시험관이 실온으로 식기 전에 부피를 측정하면 실험결과에 어떤 영향이 있겠는가?

3. 고찰 및 의문점

실 험 9
아보가드로수의 결정

1. 목 적

스테아린산은 물 표면에 퍼지면서 단막층을 형성하는데, 이 성질을 이용하면 탄소 1몰에 들어있는 원자 수와 탄소 원자 1개가 얼마나 큰 가를 예상할 수 있다. 즉, 이 실험을 통해 아보가드로수를 실험적으로 구할 수 있다.

2. 원 리

물질은 세 가지 상태로 존재한다. 기체는 액체 상태로 응축될 수 있으며, 액체는 응고되어 고체로 될 수 있는데, 이러한 전이는 분자들 사이에 인력이 작용하기 때문에 나타난다. 액체 표면과 내부에서 이러한 인력이 어떻게 나타나는 가를 그림 9-1에 화살표로 나타내 보였다. 액체의 내부에서 한 분자에 나타나는 힘은 모든 방향에 대해 균일하다. 그러나 액체의 표면에서는 표면에 있는 분자를 안쪽으로 끄는 알짜 힘이 존재하게 된다. 따라서
표면에 있는 분자들은 내부에 있는 분자들 보다 높은 에너지를 지닌다. 이것이 표면장력이라 불리는 힘의 원인이 된다. 액체 방울이 공 모양을 띠고 있는 것도 바로 이 힘 때문이다.

액체 물의 표면장력은 대단히 큰데 그 이유는 수소결합이라는 특별히 강한 결합이 물 분자들 사이에 존재하기 때문이다. 이러한 결합은 산소와 같이 전기 음성도가 큰 원자에 붙어 있는 수소 원자가 결합하지 않은 전자쌍, 즉 또 다른 산소 원자에 접근할 때 형성된다.

물이 보여주는 또 다른 성질로는 물 분자가 극성을 띠고 있다는 것이다. 이러한 물 분자의 극성 성질을 그림 9-2에 보였다. 극성 분자는 전하가 분리되어 있다. NaCl과 같은 이온 화합물은 단위 전하, 즉 Na^+, Cl^-로 완전하게 분리되어 있으나,

극성 화합물은 전하가 부분적으로 분리되어 있는데 δ 기호로 나타낸다. 그림 9-2의 화살표는 이러한 전하 분리를 보인 것이다. 극성 분자의 쌍극자 모멘트는 분리된 전하의 거리에 부분 전하를 곱한 것과 같으며, 분자의 음극 끝 쪽을 가리키게끔 화살표를 그려 나타낸다.

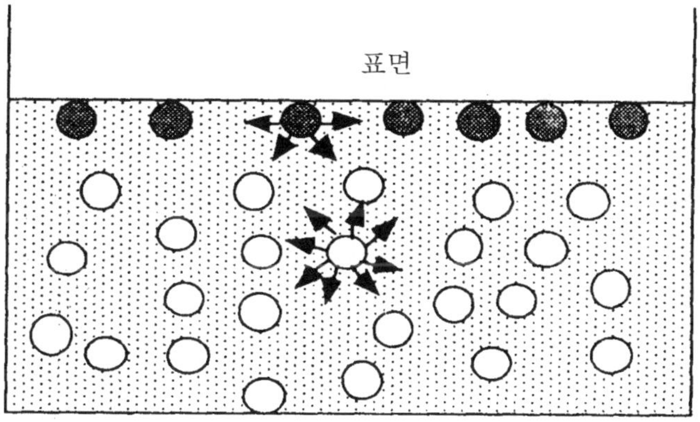

그림 9-1 표면 부근의 액체 분자 구조

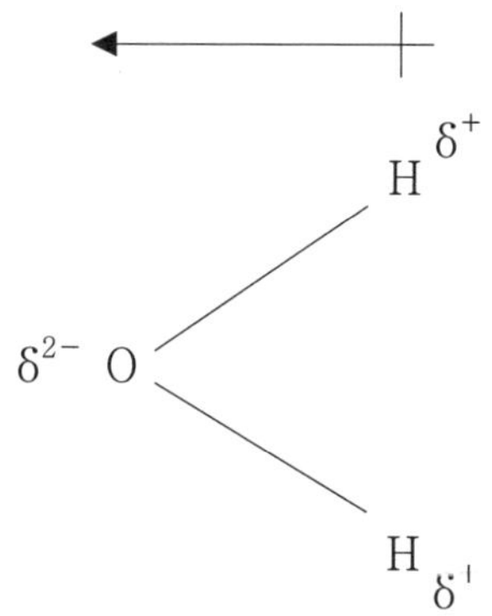

그림 9-2 물 분자

극성 분자는 서로 끌어당긴다. 한 분자의 쌍극자의 양극 끝이 다른 분자의 쌍극자의 음극 끝을 당긴다. 그래서 물은 쌍극자를 지닌 포름산을 녹이는 것이다. 그러나 물은 부탄과 같은 전하 분포가 거의 균일한 물질은 녹이지 못한다. 만약, 이들 성질을 모두 지닌 분자를 물 표면에 가져오면 분자의 극성 부분은 표면에 끌릴 것이며 비극성 부분은 반발을 할 것이다. 만약, 비극성 부분이 극성 부분보다 대단히 크다면 그 분자는 물에 녹지 않을 것이며 표면에 단순히 서게 될 것이다. 따라서 표면에 있는 물 분자와 흡착하는 분자의 에너지를 낮출 것이다.

이 실험에서 사용하는 분자는 스테아린산으로 이 분자는 바로 위에서 설명한 행동을 보인다. 스테아린산은 카르복실기, -COOH로 되어 있는 극성 끝과 16개의 메틸렌기로 되어 있으면서 끝에는 메틸기가 붙어 있는 비극성 꼬리를 가지고 있다. 그림 9-3에 이 분자를 자세하게 나타내 보였다.

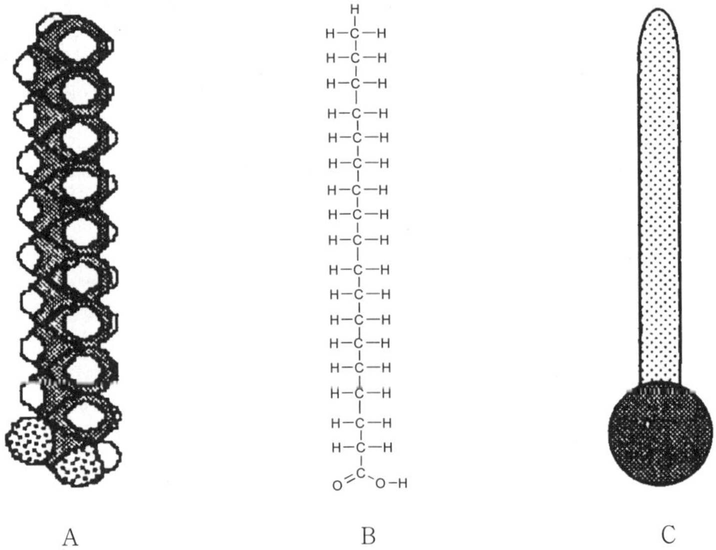

그림 9-3 스테아린산 분자 (A) 공간 채우기 모형 (B) 구조식 (C) 약식 표시

물 표면에 한정된 수의 스테아린산 분자를 넣으면 그림 9-4에서 설명한 바와 같이 단막층이 형성된다. 그러나 표면이 스테아린산 분자의 단막층으로 완전하게 덮여진 후에는 더 가한 스테아린산 분자는 둥근 모양의 집합체로 뭉치게 된다. 극성 머리 쪽은 극성 물 분자 쪽으로 끌리게 되어 구형 표면을 형성하는데 탄화수소 꼬리 부분은 안 쪽을 가리키면서 "기름과 같은"내부를 형성하게 된다. 그림 9-5에 그러한 집합체를 그림으로 설명하였다.

물 표면과 스테아린산 분자의 성질을 알면 물 표면의 적정량을 얻을 수 있다. 단막층이 물 표면을 모두 덮을 때까지 물 표면에 스테아린산 분자를 가한다. 스테아린산을 더 가하면 공 모양의 렌즈가 액체 표면에 형성된다. 이 점부터 스테아린산 분자는 물 표면에 쌓이게 된다. 물 표면의 넓이를 알고 단막층을 형성했을 때 가한 물질의 부피를 측정할 수 있으면 층의 두께를 계산할 수 있다. 이 두께는 스테아린산 분자의 길이와 거의 같다.

앞에서 이미 언급한 바와 같이 스테아린산 분자는 18개의 탄소 원자가 연결되어 있다. 원자들이 서로 연결된 작은 입방체라고 간단히 가정하면 탄소 입방체의 한 모서리 길이는 t/18일 것이다. 모서리 길이의 세제곱은 탄소 원자의 부피가 된다.

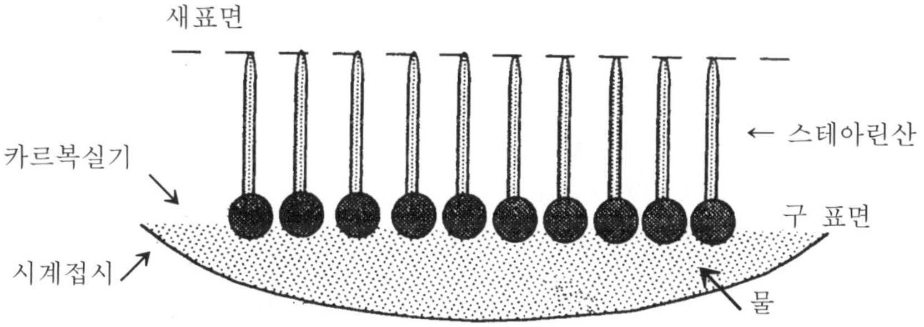

그림 9-4 물 표면 위에 놓인 긴 사슬 분자의 단막층

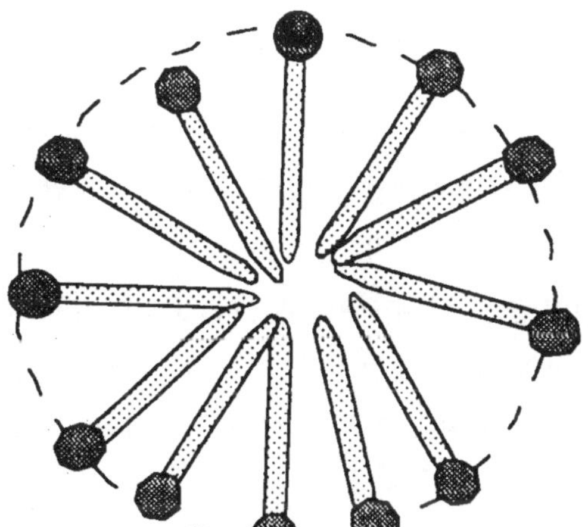

그림 9-5 긴 사슬 분자의 구형 집합체. 이러한 집합체를 미셀이라 부른다.

지금부터 필요한 것은 탄소 1몰의 부피다. 다이아몬드는 순수한 탄소로 밀도는

3.51 g/cm^3이다. 몰 질량(원자의 "무게")을 밀도로 나누면 원소의 몰 부피를 계산할 수 있다.

다이아몬드를 촘촘히 쌓은 탄소 원자의 입방체로 되어 있다고 가정하면 아보가드로수가 차지하는 부피는 바로 1몰의 부피와 같다. 아보가드로수를 다음 계산으로 얻는다.

$$N_A = \frac{\text{몰 부피}\,(cm^3/mol)}{\text{원자 부피}\,(cm^3/atom)} = particles/mol$$

3. 사용기구 및 시약

기 구	시 약
시계접시 (14 cm)	증류수
실린더 (10 mL)	헥산
유리 모세관 스포이트 피펫	0.12−0.15 g/L 스테아린산 헥산 용액
	0.1 M 50:50 메탄올/물 용액

4. 실험방법

1 기구 준비 및 스포이트 피펫 보정

① 스테아린산의 무게를 측정한 다음에 헥산에 녹여서 용액을 만든다. 이 스테아린산 용액을 물 위에다 방울방울 떨어뜨려서 물 표면 위에 스테아린산을 쉽게 가할 수 있다. 헥산은 물에 녹지 않으며, 증기압은 높기 때문에 빠르게 증발하여 물 표면에 스테아린산 단막층이 남는다. (스테아린산은 비누를 만드는 지방산의 한 종류이기 때문에 시계접시를 비누로 세척해서는 안 된다. 그리스 또는 이물질이 있으면 물 표면에 스테아린산 이 퍼지는 것을 방해하여 좋은 결과를 얻지 못하게 된다.)

② 14 cm짜리 시계접시를 준비하여 세제로 깨끗이 닦은 후 흐르는 물에서 약 1분간 헹구어 낸다. 이러한 세척 과정을 매번 실험한 후 되풀이하거나 메탄올용액을 담가둔 새 시계접시를 사용하도록 한다. 시계접시를 다룰 때 가장자리만을 잡아야 하고 내부를 만지지 말도록 주의하기 바란다. 특히 여러분의 손가락

(손가락에는 약간의 기름기가 묻어있다)을 조심하도록 한다.

③ 지도 선생이 내주는 스포이트 피펫을 헥산으로 채워서 보정한다(주의! 헥산은 가연성 물질). 피펫을 수직으로 세워 붙잡고 1.00 mL 단위로 눈금이 나 있는 실린더에 방울방울 떨어지게 하면서 방울 수를 센다. 1 mL가 약 100 방울 정도면 훌륭한 피펫이다. 만약 100방울 이하면 다른 피펫을 사용하도록 한다. 이 과정을 여러 번 되풀이 하여 오차가 4 내지 5 방울 내에 들면 좋다. 피펫을 잡는 각 이 방울 수와 방울의 크기에 영향을 준다. 수직에서 45° 벗어나면 30 % 정도 방울 수가 적어진다.

2 표면적을 덮는 데 필요한 스테아린산 용액의 부피 측정

① 깨끗한 시계접시의 가장자리까지 증류수를 붓는다. 물 표면의 직경을 센티미터자로 조심스럽게 측정한다.

② 보정한 피펫을 스테아린산 용액으로 여러 번 헹군 후에 스테아린산 용액의 방울수를 세면서 방울방울 물 표면에 가한다. 피펫을 수직으로 세우는 것을 잊지 말도록 조심한다. 한 방울 떨어뜨린 후 5-10초씩 기다린다.

③ 스테아린산 용액을 떨어뜨리면서 처음에 용액은 전 표면에 퍼진다. 완전한 단막층이 생성될 때까지 계속한다. 단막층이 거의 생성될 즈음 스테아린산이 퍼지는 속도는 점점 느려진다. 단막층이 다 생긴 후 가한 방울은 퍼지지 않고 물 표면에 그대로 머물게 되며, 마치 콘택트렌즈 모양을 한다. 만약 이 '렌즈'가 30초 이상 견딘다면 용액 1 방울을 더 넣고 이 과정을 끝낸다.

④ 시계접시를 깨끗이 세척한다.

⑤ 피펫은 처음 헥산 용매로 헹군 다음 스테아린산 용액으로 여러 번 씻어낸다. 2-3방울 정도 차이가 날 때까지 실험을 되풀이한다.

5. 주의 및 참고사항

1 시계접시를 메탄올 용액에 담갔다가 사용하는 것이 좋다.

2 물 표면에 스테아린산 용액을 가하기 전에 피펫을 이 용액으로 여러 번 씻어 내야

한다. 그렇지 않으면 헥산이 증발하기 시작하여 모세관 끝에 스테아린산의 진한 용액이 남아 있을 수 있다. 따라서 첫 방울에 더 많은 스테아린산이 포함될 수도 있다.

실험보고서 9. 아보가드로 수의 결정

실험일자 : 년 월 일 교시

__________ 대학 학과 __________ 학번 __________ 이름 __________

1. 실험 결과

1) 피펫의 보정

(1) 1.00 mL에 해당하는 헥산의 방울 수

__________ __________

(2) 방울 당 밀리리터의 분율 계산

__________ __________

2) 물 표면을 덮는 데 필요한 스테아린산 용액의 부피

(1) 물 표면의 직경 __________cm __________cm

(2) 표면을 덮는 데 필요한 방울 수

__________ __________

3) 스테아린산 단막층의 두께 계산

(1) 1(2)와 2(2)의 데이터를 사용하여 단막층을 형성하는데 필요한 용액의 부피 계산

__________mL __________mL

(2) (1)의 부피를 차지하는 스테아린산의 무게 계산

__________g __________g

(3) 물 표면의 단막층에 있는 순수한 스테아린산의 부피 계산

__________mL (cm^3) __________mL (cm^3)

(4) 단막층의 넓이 계산 ($A = pr^2$: r은 물 표면의 반경)

__________cm^2 __________cm^2

(5) 단막층의 두께 (t = V/A)

_______________cm _______________cm

4) 탄소 원자의 크기와 부피 계산

(1) 스테아린산 분자는 18개의 탄소 원자가 서로 연결되어 있다.
단막층의 두께t가 스테아린산 분자의 길이와 같다고 가정하고 탄소원자의 크기 s=t/18 를 계산하여라.

(2) 탄소원자를 작은 정육면체라고 가정하고 탄소원자의 부피 $V = s^3$를 계산 하여라.

_____________cm^3/atom _____________ cm^3/atom

5) 탄소 원자 1몰의 부피계산

(1) 다이아몬드의 밀도 (3.51 g/cm^3)를 사용하여 탄소의 몰 부피와 탄소 1몰의 원자 질량을 계산하여라.

_____________cm^3/mol _____________ cm^3/mol

(2) 탄소 원자 1몰의 실제 부피와 다이아몬드 1몰의 부피는 같은가?

6) 아보가드로 수의 계산

(1) 부피의 적당한 비로 아보가드로 수를 계산하여라.

_____________particles/mol _____________particles/mol

(2) 여러분의 결과로부터 N_A 평균값을 계산하여라.

평균_____________particles/mol

(3) 여러분이 얻은 결과와 실제값을 비교하여라.

2. 과 제

3. 고찰 및 의문점

실 험 10
그레이엄의 확산법칙

1. 목 적

밀도 (또는 분자량)가 다른 두 기체의 확산속도를 측정함으로써 그레이엄의 확산법칙을 이해하는 데 있다.

2. 원 리

기체의 확산속도는 그 분자량의 제곱근에 반비례한다는 관계식은 1828년에 그레이엄 (Graham)에 의해서 실험적으로 알려진 사실이다. 당시 분자량에 대한 개념이 잘 이해되지 않아서, 그레이엄은 이 관계를 기체의 밀도로써 표시하였다. 어떤 기체가 확산되는 속도가 그 기체의 분자량(즉 밀도)에 의존한다는 것이 분자 운동론에 의하여 입증되었다.

$$\frac{\text{A 기체의 확산속도}}{\text{B 기체의 확산속도}} = \sqrt{\frac{M_B}{M_A}}$$

여기서 MA, MB는 각각 A 및 B 기체의 분자량이다. 본 실험에서는 암모니아 (NH_3)와 염화수소 (HCl) 기체의 확산속도가 어떻게 다른가를 간단한 실험을 통하여 살펴볼 수 있다.

기체 암모니아는 염화수소와 반응하면 흰 고체인 염화암모늄 (NH_4Cl)을 형성한다. 실제로 두 기체를 섞어주면 아주 미세한 분말인 염화암모늄을 생성하여 하얀 연기같이 보인다. 긴 유리관의 양쪽 끝에 각각 암모니아와 염화수소를 넣으면 기체의 확산에 의하여 관속의 어느 위치에서 염화암모늄의 흰 연기가 생성되는 것을 관찰할 수 있고, 따라서 일정한 시간 동안에 각 기체가 확산한 거리를 직접 측정할 수 있게 된다.

3. 사용기구 및 시약

기 구

유리관 (지름 1.5 cm, 길이 50 cm)
자 (30 cm)
탈지면
핀셋
고무마개 (2개)
스탠드
클램프

시 약

진한 염산
진한 암모니아수

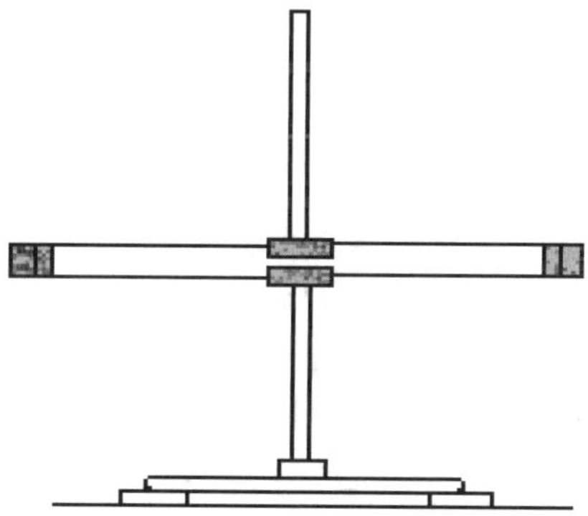

그림 10-1

4. 실험방법

① 지름 1.5 cm, 길이 50 cm의 깨끗한 유리관과 이 유리관에 맞는 고무마개 두 개를 준비하고, 스탠드에 물린 클램프로 유리관을 수평하게 고정시킨다.

② 이 유리관에 들어갈 수 있는 탈지면 두 덩이를 준비하고, 핀셋을 이용하여 한 개의 탈지면에는 진한 염산을, 나른 한 개의 탈지면에는 진한 암모니아수를 묻혀 동시에 두 유리관 끝에 넣고 고무마개를 막는다.

③ 처음 흰 고리에서 두 솜뭉치까지 각각의 거리 (L)를 자로 측정하여 기록한다.

④ 두 값으로부터 L_{NH_3}/L_{HCl}의 값을 계산한다.

⑤ 분자량으로부터 $\sqrt{M_{HCl}}/\sqrt{M_{NH_3}}$의 값을 계산하여 위의 실험값과 비교하고, M_{NH_3} = 17.03을 써서 M_{HCl}을 계산하여 오차를 구해볼 것.

5. 주의 및 참고사항

1. 시료의 증기를 흡입하지 않도록 주의할 것.
2. 후드를 사용하거나, 창문을 열어 놓을 것.
3. 클램프의 위치가 흰색 기체 고리를 관찰하는 데 방해되지 않도록 유리관의 중심에서 암모니아 쪽에 가깝게 설치할 것.

실험보고서 10. 그레이엄의 확산법칙

실험일자 : 년 월 일 교시

________ 대학 학과 ________ 학번 ________ 이름 ________

1. 실험 결과

NH_3의 확산거리 : ________ cm

HCl의 확산거리 : ________ cm

V_{NH_3} / V_{HCl}(실험값) : ________

$\sqrt{M_{HCl}} / \sqrt{M_{NH_3}}$(이론값) : ________

오차 ________

2. 과 제

3. 고찰 및 의문점

실 험 11

분자량 측정

1. 목 적

이 실험에서는 쉽게 액화하는 화합물의 분자량을 이상기체의 상태방정식을 이용하여 결정한다.

2. 원 리

원자량은 탄소 원자의 동위원소 가운데 자연계에 가장 많이 존재하는 질량수 12의 탄소 동위원소를 정확히 원자량 12로 정의하며 다른 원소의 원자량은 12C에 대한 상대적인 무게비 값으로 나타낸다. 분자량은 분자를 구성하는 원자들의 원자량의 합으로 나타낸다. 질량수 12인 탄소동위원자 12.00 g에 들어 있는 탄소 원자의 수를 아보가드로 수라고 한다. 원자량과 분자량은 모두 화학 반응을 이해하는데 가장 기본적인 양이다.

대부분의 기체는 상온 상압에서 이상기체 상태방정식을 만족하기 때문에 기체의 부피(V), 온도(T), 압력(P), 그리고 기체의 무게(W)를 측정하면 이상기체 상태방정식

$$M = WRT / PV$$

로부터 분자량(M)을 결정할 수 있다.

이 실험에서는 일정한 부피의 플라스크를 채울 수 있는 기체를 액화시켜 그 무게를 측정함으로써 화합물의 분자량을 결정한다.

3. 사용기구 및 시약

기 구	시 약
비커(100 mL, 250 mL, 500 mL)	CCl_4 (휘발성이 크지 않아야 하고 기체가 유독하지 않아야 함.)
바늘	
온도계	
가스버너	
스탠드, 석면판, 링, 클램프	
화학저울	
알루미늄 박판	

4. 실험방법

① 완전히 말린 100 mL 플라스크의 입구에 알루미늄 박판으로 뚜껑을 만들어 씌운다. 알루미늄 뚜껑에 바늘을 사용하여 아주 작은 구멍을 만든다. 구멍의 크기는 작을수록 좋다.

② 플라스크와 뚜껑의 무게를 화학저울을 사용하여 측정한다.

③ 플라스크에 약 3 mL의 액체 시료를 넣고 알루미늄 뚜껑으로 다시 막는다.

④ 500 mL 비커에 250 mL 정도의 물을 넣고 끓을 때까지 가열한다. 플라스크에 클램프를 장치하여 그림 11-1과 같이 비커 속에 넣는다. 플라스크는 바닥에 닿지 않도록 하고 가능하면 깊이 넣는 것이 좋다. 끓는 물의 온도와 대기압을 기록한다.

⑤ 플라스크 속의 액체 시료가 모두 기화할 때까지 기다린다. 실험 중에 플라스크를 비커에서 꺼내서는 안 된다. 알루미늄 뚜껑의 구멍을 옆에서 자세히 관찰하면 기체가 빠져나오는 것을 빛의 회절현상에 의하여 볼 수 있다.

⑥ 플라스크 속의 액체 시료가 모두 기화하여 더 이상 기체가 나오지 않으면 그림 11-1의 플라스크를 꺼내 실온으로 식힌다. 매우 뜨거우므로 직접 손으로 만지지 말고 클램프를 사용하여 취급한다.

⑦ 플라스크 주위의 물을 거름종이를 사용하여 완전히 말린다. 알루미늄 뚜껑의 옆부분에 묻은 물도 완전히 닦아낸 후에 플라스크와 뚜껑의 무게를 다시 측정한다.

⑧ 플라스크를 완전히 세척한 후에 증류수를 가득 채운다. 눈금 실린더를 사용하여 증류수의 부피를 측정한다.

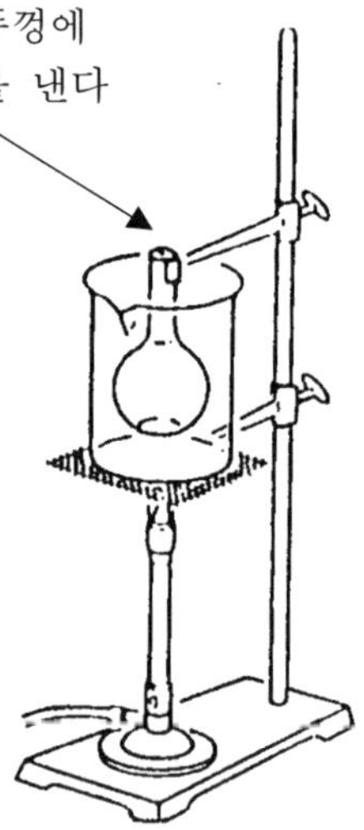

그림 11-1

5. 주의 및 참고사항

1 기체를 흡입하지 않도록 주의하고 실험실의 환기가 잘 되도록 한다.

2 정밀한 실험에서는 듀마(Dumas)병을 사용한다. 듀마 병은 입구가 모세관 형태로 좁게 만들어져 있어 이 실험에서와 같이 알루미늄 박판으로 만든 뚜껑은 필요가 없다.

실험보고서 11. 분자량 측정

실험일자 : 년 월 일 교시

________ 대학 학과 ________ 학번 ________ 이름 ________

1. 실험 결과

(1) 플라스크와 알루미늄 뚜껑의 무게

________ g ________ g

(2) 응축된 시료가 담긴 플라스크와 알루미늄 뚜껑의 무게

________ g ________ g

(3) 응축된 시료의 무게 ________ g ________ g

(4) 끓는 물의 온도 ________ ℃ ________ ℃

(5) 대기압 ________ atm ________ atm

(6) 플라스크의 부피 ________ mL ________ mL

(7) 액체 시료의 분자량 ________ g/mol ________ g/mol

2. 과 제

(1) 액체 시료가 기화하였을 때 플라스크를 채우기에 부족하였다면 실험결과는 어떻게 되겠는가?

(2) 플라스크 속에 기화하지 않는 불순물이 있다면 실험결과는 어떻게 되겠는가?

3. 고찰 및 의문점

실 험 12

반응열의 측정 I- 산-염기 반응의 중화열 측정

1. 목 적

화학 반응이 진행되는 동안 일반적으로 열의 흡수 또는 방출이 수반된다. 이와 같이 화학 반응에 관련된 열의 흐름은 열량계라는 실험장비를 사용하여 실험적으로 측정할 수 있다. 간단한 열량계를 사용하여 산-염기 반응의 중화열을 측정한다.

2. 원 리

엔탈피는 상태함수로서 다음과 같이 정의한다.

$$H = U + PV \tag{1}$$

U는 계의 내부에너지이고, P는 계의 압력 상태, V는 계의 부피이다. 여러 형태의 일이 있을 수 있지만, 일정한 압력에서 진행되고, 부피 변화에 따른 일($\omega = -\rho\Delta v$) 뿐인 과정을 생각하여 보자. 이 과정의 내부에너지 변화는

$$\Delta U = q + w = q - P\Delta V \tag{2}$$

여기서 q는 열의 흐름이다. 이 식은 다시

$$q = \Delta U + P\Delta V \tag{3}$$

이 된다. q를 엔탈피와 관계를 지으면, 어떤 과정의 엔탈피의 변화는 (1)의 엔탈피의 정의로부터

$$\Delta H = \Delta U + \Delta (PV) \tag{4}$$

이고 압력이 일정하면

$$\Delta H = \Delta U + P\Delta V \tag{5}$$

이 된다. 따라서 식 (3)과 (5)로부터

$$q_p = \Delta H \tag{6}$$

가 된다. 식 (6)에서 보여준 바와 같이 일정압력 조건에서 발생하는 계의 엔탈피 변화(ΔH)는 열의 형태로 나타나는 에너지의 변화이다. 본 실험에서 상압의 일정한 압력 조건에서 반응의 열의 흐름을 열량계를 사용하여 측정하는 방법을 정압 열량계법이라 하고, 반응의 열의 흐름을 측정하여 ΔH를 구하게 된다. 반응 과정이 발열과정이면 열의 흐름은 온도상승, 용액의 질량 및 열용량으로부터 구할 수 있다.

열로 방출된 에너지(ΔH) = 열용량 × 용액의 질량 × 상승온도

열량계는 물리적 또는 화학적 변화과정에서 흡수되거나 방출되는 열량을 측정하는 장치이다. 용도와 목적에 따라서 여러 가지의 열량계가 있겠지만 근본적으로 열량계는 다음의 요건을 갖추어야 한다.

1. 열을 흡수할 물질
2. 열의 출입을 기록할 수 있는 장치(온도계)
3. 계를 주위로부터 격리할 수 있는 단열장치

3. 사용기구 및 시약

기 구	시 약
보온병 또는 2개를 포갠 스티로폼 컵	얼음물
온도계 (0~100 ℃, 눈금 0.1 ℃)	증류수
눈금실린더(100 mL)	0.4 M HCl
	2.0 M NaOH 수용액

4. 실험방법

1 열량계의 열용량 결정

① 그림 12-1과 같이 측정장치를 설치한다. 열량계로는 단열이 잘되는 용기로서 작은 보온병이나 스티로폼 컵을 2개 포갠 것 등을 사용한다.

② 용기에 100 mL (용기의 크기에 따라서 조절)의 증류수를 넣고 온도계를 끼운 뚜껑을 덮은 다음 일정한 온도에 도달했다고 생각하면 그 값을 기록한다.(T_1^w)

③ 적당히 냉각된 얼음물의 온도를 잰 후(T_1^{ice}) 20 mL를 재빨리 취해서 증류수가 들어 있는 열량계에 쏟아 붓고 뚜껑을 덮은 뒤 30-60초 쯤 후에 전체 용액의 온도를 측정하여 기록하여라.(T_f) 1 g의 물의 온도를 1 ℃ 변화시키는데 4.18 J(1cal)의 열량이 필요하므로 우리가 사용한 간단한 열량계의 열용량을 다음 식에 의하여 구할 수 있다.

$$4.18 \times 20 \times (T_f - T_1^{ice}) = C' (T_1^w - T_f)$$

여기서 C'는 100 mL의 물을 포함한 용기의 열용량이다.

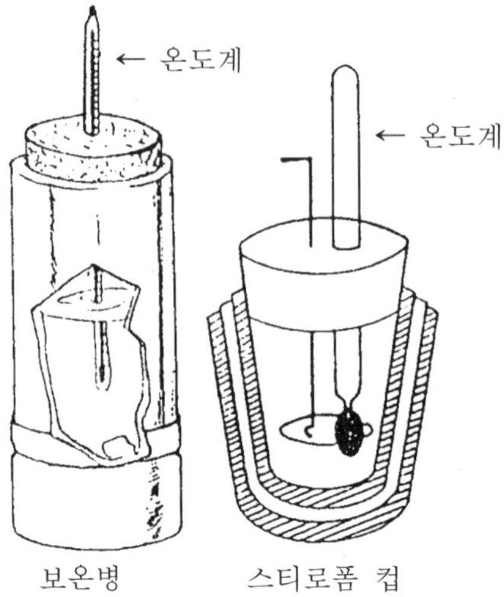

그림 12-1 간단한 열량계

2 중화 반응열

① 용기를 깨끗이 비운 뒤에 0.4 M HCl 100 mL를 넣고 온도를 측정하라.

② 한편으로는 2.0 M NaOH 용액을 준비하고 용액의 온도가 소숫점 아래 한 자리까지 동일하게 되도록 잠시 동안 방치하여라.(T_1)

③ 2.0 M NaOH 용액 20 mL를 열량계 용기에 재빨리 섞고 뚜껑을 덮은 뒤 도달하는 최고의 온도를 측정하여라(T_2).

5. 주의 및 참고사항

1 뚜껑에 온도계를 먼저 꽂고 온도계의 높이를 적당히 조절한 후에 뚜껑을 덮어야 보온병의 파손을 막을 수 있다.

실험보고서12. 반응열의 측정 I - 산·염기 반응의 중화열 측정

실험일자 : 년 월 일 교시

________ 대학 학과 ________ 학번 ________ 이름 ________

1. 실험 결과

(1) 열량계의 열용량 결정(C)

· 증류수의 온도(T_1^w) ________ °C

· 얼음물의 온도(T_1^{ice}) ________ °C

· 증류수와 얼음물의 최종 온도(T) ________ °C

· 용기의 열용량(C) = C' + (20 × 4.18) ________ J/deg

(2) 중화 반응열

· HCl 용액의 온도(T_1) ________ °C

· NaOH 용액의 온도(T_1) ________ °C

· 중화된 용액의 온도(T_2) ________ °C

· 0.4 M HCl 100mL용액의 mol수 ________ mol

· 중화열(q)

$q = C(T_2 - T_1)/0.04$ ________ J/mol

(3) 위의 중화 반응에 대한 이온 방정식을 적어라.

2. 과 제

3. 고찰 및 의문점

실 험 13

반응열의 측정 II-헤스의 법칙

1. 목 적

고체 수산화나트륨과 염산의 중화 반응을 한 단계 및 두 단계로 진행시켜 각 단계의 반응열을 측정하고 헤스의 법칙을 확인한다.

2. 원 리

화학변화가 진행되는 동안에 엔탈피의 변화는 반응 전의 물질의 종류 및 상태와 반응 후의 물질의 종류 및 상태만 같으면 반응 경로에는 관계없이 항상 일정하며, 이것을 헤스의 법칙이라고 한다. 이 헤스의 법칙은 엔탈피가 상태함수이기 때문에 성립되는 법칙이다.

고체 수산화나트륨과 염산과의 중화반응을 반응식으로 나타내면 다음과 같으며, 여기서 ΔH_1은 이 반응의 반응열이다.

$$\mathrm{NaOH(s) + H^+(aq) + Cl^-(aq) \longrightarrow H_2O(l) + Na^+(aq) + Cl^-(aq)} \quad \Delta H_1 \qquad (1)$$

이 반응을 다음과 같이 두 단계로 일어나게 할 수 있다. 즉, 고체 수산화나트륨을 물에 녹여 NaOH 수용액을 만들고, 이것을 염산으로 중화한다.

$$\mathrm{NaOH(s) \xrightarrow[H_2O(l)]{} Na^+(aq) + OH^-(aq)} \qquad \Delta H_2 \qquad (2)$$

$$\begin{aligned}&\mathrm{Na^+(aq) + OH^-(aq) + H^+(aq) + Cl^-(aq)}\\ &\longrightarrow \mathrm{H_2O(l) + Na^+(aq) + Cl^-(aq)} \qquad \Delta H_3\end{aligned} \qquad (3)$$

여기서 ΔH_2 및 ΔH_3 는 각각 두 반응에 대한 반응열이다.

반응식 (2)와 반응식 (3)을 더하면 반응식(1)이 된다. 따라서, 각 반응열 사이에서도 다음과 같은 헤스의 법칙을 만족시키는 관계가 성립된다.

$$\Delta H_1 = \Delta H_2 + \Delta H_3 \tag{4}$$

3. 사용기구 및 시약

기 구	시 약
삼각플라스크(250 mL) 3개	0.5 M NaOH
비커(500 mL) 또는 플라스틱 휴지통(1 L)	0.5 M HCl
눈금실린더(100 mL)	0.25 M HCl
온도계(0～100 ℃, 눈금 1 ℃)	NaOH
저울	

4. 실험방법

1 반응(1)의 반응열 측정

① 깨끗하게 씻어 말린 250 mL 삼각플라스크의 무게를 0.1 g까지 측정한 후에 스티로폼(또는 솜)보온재로 싸서 보온한다.

② 여기에 0.25 M 염산용액 200 mL를 넣은 다음 온도를 0.1 ℃까지 약 2 g의 고체 수산화나트륨 알갱이를 0.01 g까지 빠르게 측정한 후, 플라스크에 넣고 흔들어서 잘 녹인다.

③ 용액의 최고 온도를 기록하고 플라스크의 무게를 단다.

④ 이 반응에서 방출된 열은 용액과 플라스크에 의하여 흡수된 열량의 합과 같다. 용액에 의하여 흡수된 열량은 용액의 열용량에 온도 상승값을 곱한 것과 같다. 따라서, 이 반응의 반응열은 다음과 같이 구할 수 있다.

$$\Delta H_1 = m(\text{용액}) \times \Delta T \times 4.18 + m(\text{플라스크}) \times \Delta T \times 0.85\ \text{J}$$

여기서 m(용액)과 m(플라스크)은 각각 용액과 플라스크의 질량이며, 묽은 수용액의 비열은 4.18 J/g, 유리의 비열은 0.85 J/g으로 가정한다.

2 반응(2)의 반응열 측정

① 실험 1에서 0.25 M 염산용액 대신 물 200 mL를 사용하여 같은 방법으로 실험을 수행한다.

3 반응(3)의 반응열 측정

① 실험 (1)에서와 같은 방법으로 삼각플라스크의 무게를 측정하고 스티로폼 보온재로 싼 다음 여기에 0.5 M 염산 용액 100 mL를 넣는다.

② 눈금실린더에 0.5 M 수산화나트륨 용액 100 mL를 취한다. 이 두 용액의 온도가 거의 같아질 때까지 기다려 그 온도를 기록한다.

③ 수산화나트륨 용액을 재빠르게 염산 용액에 쏟아 넣고 상승한 최고 온도를 측정한다.

실험보고서 13. 반응열의 측정 II- 헤스의법칙

실험일자 : 년 월 일 교시

_________ 대학 학과 ________ 학번 _______ 이름 __________

1. 실험 결과

(1) 반응 (1)의 반응열

· 삼각플라스크의 무게 ______________g

· 고체 NaOH의 무게 ______________g

· 중화된 용액과 플라스크의 무게 ______________g

· 중화된 용액의 무게 ______________g

· 염산 용액의 온도(T_i) ______________℃

· 중화된 용액의 최고 온도(T_f) ______________℃

· 온노상승, $\Delta T = T_f - T_i$ ______________℃

· 용액에 의해 흡수된 열량 ______________J

· 플라스크에 의해 흡수된 열량 ______________J

· 반응 (1)에서 방출된 열량 ______________J

· NaOH 1몰당 반응열,

ΔH_1 ______________kJ/mol

(2) 반응 (2)의 반응열

· 삼각플라스크의 무게 ______________g

· 고체 NaOH의 무게 ______________g

· NaOH 용액과 플라스크의 무게 ______________g

· NaOH 용액의 무게 ______________g

· 물의 온도(T_i) ______________℃

· NaOH 용액의 최고온도 (T_f) ______________℃

· 온도상승, $\Delta T = T_f - T_i$ ______________℃

· 용액에 의해 흡수된 열량 ______________J

· 플라스크에 의해 흡수된 열량 ______________J

· 반응 (2)에서 방출된 열량 ______________J

· NaOH 1몰당 반응열, ΔH_2 ______________kJ/mol

(3) 반응 (3)의 반응열

·삼각플라스크의 무게 ______________g

· 중화된 용액과 플라스크의 무게 ______________g

· 물의 온도(T_i) ______________℃

· HCl 용액과 NaOH 용액의 평균 온도 (T_f) ______________℃

· 온도상승, $\Delta T = T_f - T_i$ ______________℃

· 용액에 의해 흡수된 열량 ______________J

· 플라스크에 의해 흡수된 열량 ______________J

· 반응 (3)에서 방출된 열량 ______________J

· NaOH 1몰당 중화열, ΔH_3 ______________kJ/mol

2. 과제

(1) 이상의 실험결과로부터 헤스의 법칙이 성립됨을 확인하여라.

(2) (1)에서 헤스의 법칙이 만족되지 않는다면 그 이유는 무엇인가?

3. 고찰 및 의문점

실 험 14
반응열의 측정 III-식용유의 연소열

1. 목 적

동물은 음식물을 섭취하여 그것으로부터 에너지를 얻어 생명을 유지한다. 또 화합물을 연료로서 연소시켜 에너지를 얻는다. 이 실험은 간단한 열량계를 사용하여 식용유가 연소될 때 발생하는 에너지, 즉 연소열을 측정한다.

2. 원 리

인간을 포함하여 동물은 연료와 산화제를 필요로 하는 생화학적 엔진이라고 볼 수 있다. 여기서 연료는 섭취하는 음식물이고, 산화제는 공기 중의 산소이다. 우리가 섭취하는 음식물을 구성하는 물질 중에 특히 탄수화물, 지방, 단백질이 중요한데, 이들 분사는 주로 탄소와 수소원자로 이루어져 있고, 몸 속의 신진 대사과정에서 이산화탄소와 물로 산화되며 에너지를 발생시킨다. 이러한 과정은 음식물을 연소시키는 과정과 거의 동일하며, 그 음식물을 열량계에서 연소시켜 발생되는 열, 즉 연소열을 측정하여 음식물을 섭취하였을 때 음식물로부터 얻는 에너지를 예측할 수 있다.

음식물의 열량은 물 속에 완전히 담겨진 밀폐된 열량계 속에 고압의 산소와 함께 연소시켜 정확하게 측정되어질 수 있다. 이러한 열량계는 연소열이 정확하게 알려진 물질에 의하여 보정되어진다.

이 실험에서 식용유의 연소열을 측정하기 위하여 원리적으로 비슷하나 간단한 열량계를 사용한다. 이 장치는 식용유를 연료로 사용하는 램프를 만들어 식용유가 연소하면서 발생되는 열에 의하여 물을 가열하고, 물의 증가된 온도가 연소에 의하여 발생된 에너지를 측정하는 척도가 된다. 일정량의 물이 온도 T_1에서 T_2 로 ΔT만큼 증가하면, 엔탈피 변화는

$$\Delta H = mC_p\Delta T \qquad (1)$$

이다. 여기서 ΔH는 엔탈피의 변화이고, m은 물의 질량이고, C_p는 열용량이다. 식용유를 연소시킬 때 발생되는 열이 이 장치에서 물이 가열되는데만 모두 사용된 것은 아니고 열의 손실이 있다. 따라서, 연소열이 정확하게 알려진 물질을 이 장치에서 연소시켜 열량계의 효율을 결정한다. 이 실험에서는 연소열이 41.4 kJ/g인 1-데칸올($CH_3(CH_2)_9OH$)을 열량계를 보정하기 위한 열량계의 효율을 구하는 데 사용한다. 식용유에 대한 측정된 엔탈피의 변화는 다음 식과 같이 구해진 열량계의 효율로 나누어 식용유의 연소열을 구하게 된다.

$$\Delta H_{\text{연소}} = \Delta H_{\text{측정}} / \text{효율} \tag{2}$$

3. 사용기구 및 시약

기 구	시 약
알루미늄 캔(360 mL)	1-데칸올
20 게이지 구리선	식용유
무명심지	얼음과 물 또는 찬물
비커(30 mL) 2개	
눈금실린더(100 mL)	
온도계(0~100 ℃, 눈금 0.1 ℃)	
쇠그물	

4. 실험방법

① 뚜껑을 제거한 360 mL 알루미늄 음료수 캔을 그림 14-1과 같이 장치한다.

② 30 mL 비커를 준비하고 이 비커의 가장자리에 걸칠 수 있는 약 14 cm 길이의 20 게이지 구리선으로 심지를 꽂을 수 있도록 만든다. 이러한 비커를 2개 준비하여 1개는 1-데칸올, 다른 1개에는 식용유를 비커의 위에서부터 1.5 cm까지 채운다. 이 때 기름이 비커의 바깥쪽에 묻지 않도록 주의하여라.

③ 이 두 비커의 심지에 불을 켜고 잘 타도록 심지를 조절한다. 심지는 끝이 너무 벌어지면 불완전 연소가 진행되므로 끝을 가위로 다듬는다. 불꽃의 크기는 기름의 표면으로부터 심지의 높이에 의하여 조절할 수 있다. 캔의 바닥이 불꽃 끝의 1cm 위에 오도록 한다. 조절을 마친 다음 불을 끄고 상온으로 식힌다.

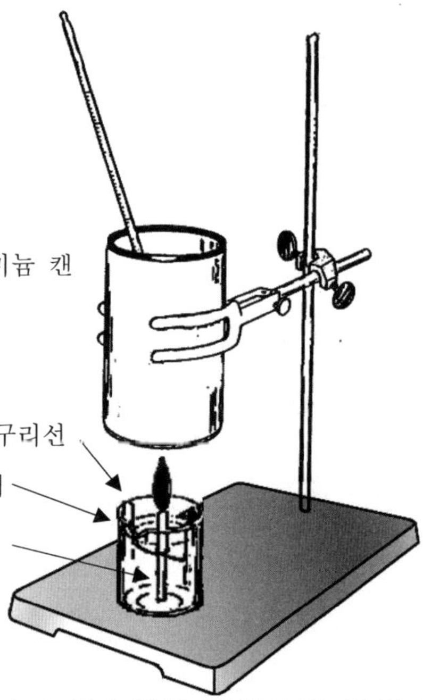

그림 14-1 연소열을 측정하기 위한 열량계

1 열량계의 보정

① 1-데칸올 램프의 무게를 정확하게 측정한다.

② 상온을 측정하여 기록한다. 상온 보다 약 10℃ 정도 온도가 낮은 물을 준비한다. 냉장고의 물을 사용하거나 얼음을 사용하여 만든다.

③ 100 mL 눈금실린더로 정확하게 100 mL의 물을 취하여 알루미늄 캔에 붓고 물의 온도를 0.1℃까지 측정한다. 이 때 얼음이 있으면 안 된다.

④ 1-데칸올 램프에 불을 켜고 재빨리 캔 밑에 불꽃이 중앙에 오도록 놓는다. 물

이 가열될 때 물을 저어준다. 온도가 상온보다 많이 올라갔을 때 1-데칸올 램프를 빼내어 불을 재빨리 끈다. 캔의 물은 계속 저어주면서 도달한 최고의 온도를 측정하여 기록한다.

⑤ 1-데칸올 램프를 완전히 상온으로 식힌 다음 무게를 측정한다. 이 결과로서 1-데칸올의 연소열(41.4 kJ/g)과 물의 열용량과 함께 열량계의 보정을 위한 효율을 계산한다. 실험을 마치고 캔의 바닥을 보면 그을음이 묻어 있는 것을 관찰하게 된다. 만약 너무 많은 그을음이 묻어 있으면 심지를 다듬고 실험을 다시 한다. 그을음이 묻은 캔을 다시 사용하기 위하여서는 그을음을 쇠그물로 제거해야 한다.

2 식용유의 연소열

① 식용유를 담은 비커로서 실험 (1)의 과정을 똑같이 반복하여 실험한다. 실험 (1) 에서 구해진 열량계의 효율로서 식용유의 연소열을 계산한다.

실험보고서 14. 반응열의 측정 III- 식용유의 연소열

실험일자 : 년 월 일 교시

__________ 대학 학과 ________ 학번 ________ 이름 __________

1. 실험 결과

	1-데칸올	식용유
램프의 초기 무게	____________g	____________g
램프의 연소 후 무게	____________g	____________g
물의 부피	____________mL	____________mL
상온	____________℃	____________℃
물의 초기 온도	____________℃	____________℃
물의 연소 후 최고 온도	____________℃	____________℃

\- 계산 -

1. 열량계의 보정

(1) 연소된 1-데칸올의 무게 ____________g

(2) 연소에 의하여 증가된 물의 온도 ____________℃

(3) 물에 흡수된 열 ____________kJ

(식 (1), 물의 밀도 1.00 g/mL, 물의 열용량 4.18 $Jg^{-1}K^{-1}$ 사용)

(4) 연소에 의하여 발생된 열 ____________kJ

(5) 효율 = (3) / (4) ____________

2. 식용유의 연소열

⑹ 연소된 식용유의 무게 ________________g

⑺ 연소에 의하여 증가된 물의 온도 ________________℃

⑻ 물에 흡수된 열 ________________kJ

(식 ⑴, 물의 밀도 1.00 g/mL, 물의 열용량 4.18 $Jg^{-1}K^{-1}$ 사용)

⑼ 식용유 g당 연소열

$\Delta H_{연소}$ = (흡수된열⑻ / 효율⑸) / 연소된 식용유의 무게⑹

2. 과 제

⑴ 사용한 식용유의 연소열을 조사하여 이 실험의 오차를 계산하여라.

⑵ 이 실험에서 열량계의 효율이 100 % 보다 훨씬 작다. 이유를 설명하여라.

3. 고찰 및 의문점

실 험 15
물의 증기압과 증발열

1. 목 적

액체 분자가 액체의 표면을 이탈하는 증발은 물질의 상변화의 한 과정이다. 이 실험에서는 물의 증발에 의하여 나타나는 증기압을 측정하고, 클라우지우스-클라이페이롱 식을 사용하여 구한다.

2. 원 리

물질은 고체, 액체 및 기체의 세 가지 상태로 존재한다. 이 중 액체에서 기체로 변화하는 과정을 증발이라고 한다. 이 증발 과정은 액체내의 비교적 강한 분자 간의 인력을 극복하는 데 에너지가 소모되므로 흡열 반응이다. 1기압의 압력에서 액체 1몰이 증발하는 데 필요한 에너지를 증발열(또는 증발 엔탈피)이라고 한다. 액체는 증발을 할 뿐만 아니라 기체상태의 분자가 액체상태로 돌아오는 응축 현상이 동시에 진행된다. 일정한 온도에서 이 두 과정이 정확히 서로 균형을 액체 또는 기체의 양이 더 이상 변화하지 않는 경우 계는 평형에 도달하였다고 한다. 평형 상태에서의 증기의 압력을 액체의 평형 증기압 혹은 간단히 증기압이라고 한다. 온도가 높아지면 큰 운동에너지를 갖는 분자의 수가 증가하여 액체상의 분자가 기체로 더 많이 나가 기체 상태의 분자의 수가 증가하고, 따라서 증기압이 증가한다. 이와 같이 증기압은 온도에 따라 변화하는데 온도에 의한 증기압의 변화관계는 기체를 이상기체로 가정하면 다음의 클라우지우스-클라이페롱 식에 의하여 나타낼 수 있다.

$$\log(P_1/P_2) = (\Delta H_{vap}/2.303R)(1/T_1 - 1/T_2) \tag{60}$$

여기서 H_{vap}는 증발열이고, R은 기체상수이다.

이 실험에서는 일정량의 공기를 물 속에 거꾸로 세운 눈금실린더에 모아서 물의 증기로 포화시키고, 온도를 변화시키면서 모아진 기체의 부피를 측정하여 물의 증기압을 구한다. 모아진 기체는 공기와 수증기의 혼합물이고 돌턴의 분압 법칙에 의하여 기체 혼합물의 전체압력은 공기의 분압과 수증기의 분압의 합으로 가정할 수 있다. 각 온도에서 기체의 부피를 측정한 다음 공기를 이상기체로 가정하여 공기의 분압을 계산하여 얻고, 각 온도에서 물의 증기압은 기압계로 측정한 대기압을 기체의 압력으로 하여 이 압력에서 공기의 분압을 빼면 구할 수 있다. 부피를 측정할 때 눈금실린더에서 물의 높이가 수면과 동일하지 않으면 내부 기체의 압력과 대기압이 정확하게 일치하지는 않는다. 이 결과로부터 클라우지우스-클라이페이롱 식에 의한 증기압의 로그값과 $1/T$의 도표를 그리면 직선이 되고, 그 직선의 기울기로부터 물의 증발열을 구할 수 있다.

3. 사용기구 및 시약

기 구	시 약
눈금실린더(10 mL)	증류수
비커(500 mL)	얼음
온도계(0~100 ℃, 눈금 0.1 ℃)	
스탠드, 링, 클램프	
가열기구	
기압계	

4. 실험방법

① 실험실 위치의 대기압을 기상대의 정보를 통하여 확인한다.

② 10 mL 의 눈금실린더에 물을 2/3 만큼 채운다. 손가락으로 위를 막은 다음 거꾸로 하여 물로 채워진 큰 비커에 바닥까지 담근다(그림 15-1). 4~5 mL 의 공기가 눈금실린더에 채워져야 한다. 필요하면 비커에 물을 더 채워서 실린더 안의 공기가 있는 부분이 완전히 물 속에 잠기도록 한다.

③ 이 비커를 약 80 ℃까지 가열하면서 실린더 내의 기체의 부피를 관찰한다. 기

체의 부피가 눈금실린더의 눈금을 초과할 때 가열을 멈추고 물을 식힌다. 물이 식 으면서 기체가 수축하여 다시 눈금을 초과할 때 가열을 멈추고 물을 식힌다. 물이 식으면서 기체가 수축하여 다시 눈금을 읽을 수 있으면 기체의 부피를 0.1 mL 까지 측정하고, 그 때의 물의 온도도 0.1 ℃까지 측정한다. 이 때 물의 온도를 균일하게 하기 위하여 가끔 저어준다.

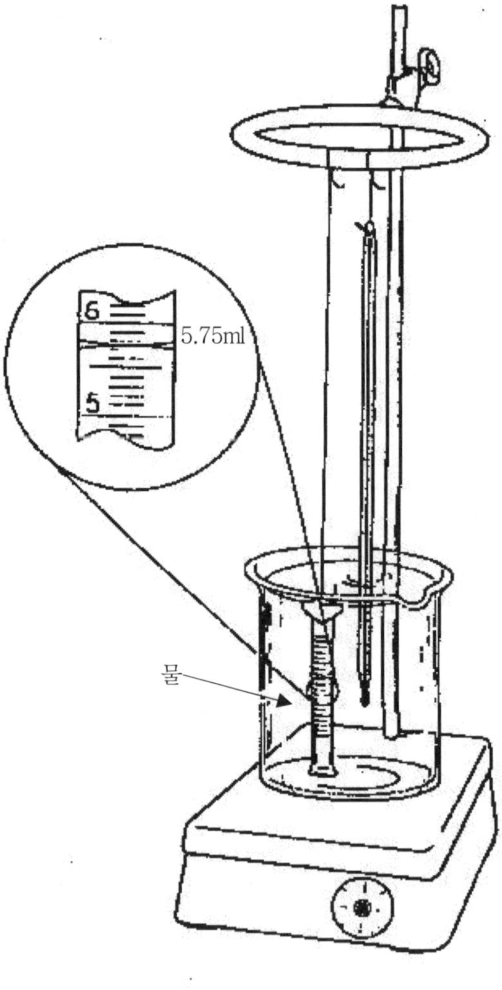

그림 15-1 물의 증기압 측정을 위한 장치

④ 온도를 내리면서 5 ℃ 정도의 간격으로 약 50 ℃ 까지 기체의 부피와 물의 온도를 측정한다.

⑤ 온도가 50 ℃에 도달한 후 물 속에 얼음을 넣어 물을 5 ℃ 이하로 냉각시킨 후 기체의 부피와 물의 온도를 측정한다. 마지막으로 다시 한번 더 대기압을 정확하게 측정한다.

실험 결과의 처리

① 모든 부피의 측정에서 거꾸로 된 메니스커스를 보정하기 위하여 측정값에서 0.2 mL를 빼는 보정을 한다. 5 ℃ 이하의 온도에서 측정된 부피의 대기압을 이용하여 눈금실린더 내의 공기의 몰수를 계산한다. 이 때 온도가 낮기 때문에 물의 증기압은 공기압에 비하여 무시할 수 있을 만큼 작다고 가정한다.

② 각 온도에서 측정된 기체의 부피로부터 기체 혼합물 중에 공기의 분압을 위해서 계산된 공기의 몰수와 다음 이상기체상태방정식에 의하여 계산한다.

$$P_{공기} = n_{공기}RT/V \qquad (64)$$

③ 각 온도에서 물의 증기압을 다음 식에 의하여 계산한다.

$$P_{H_2O} = P_{대기} - P_{공기} \qquad (65)$$

이 때 더 정확한 결과를 위하여 물의 높이에 따른 압력의 효과를 보정해 줄 수 있다.

④ 물의 증기압을 얻기 위하여 위에서 얻은 결과로부터 $\log P_{H_2O}$ 대 $1/T$을 모눈종이 위에 표시하고 결과의 점을 가장 근접하게 지나는 직선을 그리고, 그 직선의 기울기를 구한다. 클라우지우스-클리이페이롱 식인 (1)을 사용하여 승발열(ΔH_{vap})을 계산한다.

실험보고서 15. 물의 증기압과 증발열

실험일자 : 년 월 일 교시

______ 대학 학과 ______ 학번 ______ 이름 ______

1. 실험 결과

대기압 ______torr

온도(K) 50~80 ℃ 결과	측정된 부피 (mL)	보정된 부피 (mL)	공기압 (torr)	물의 증기압 (torr)

5 ℃이하 결과

______ ______ ______ 공기의 몰수 ______mol

log P_{H_2O} 대 $1/T$ 그림

T(K)							
$1/T(10^{-3}K^{-1})$							

$\log P_{H_2O}$ ______ ______ ______ ______ ______ ______ ______

뒷면의 모눈종이를 사용하여 도시하여라.

직선의 기울기(S) ____________________

물의 증발열(ΔH_{vap}) = 2.303 $R \times S$ = ____________________kJ/mol

2. 과 제

3. 고찰 및 의문점

실 험 16
산과 염기의 성질

1. 목 적

산(acid) 또는 염기(base)가 리트머스 시험지나 지시약의 색을 어떻게 변화시키는가를 알아보고 산이 금속 또는 어떤 산의 염과 어떻게 반응하는가를 조사하여 봄으로써 산과 염기의 화학적 성질을 알아본다.

2. 원 리

산은 치환 가능한 수소 원자를 가지고 있으며, 산화반응을 일으킬 수 있기 때문에 공업적으로 매우 중요한 화학 약품이다. 그 중에서도 황산은 가장 중요한 화학 약품의 하나이며, 어떤 화학공업에서나 황산을 쓰는 과정이 포함되어 있다.

화학적인 성질을 볼 때 묽은 황산은 센 산으로써 작용하며, 진한 황산은 센 산화력과 탈수작용을 나타낸다. 황산 이외에 염산, 질산 및 인산 등도 중요한 무기산이다. 질산은황산과 같이 산화력이 뛰어난 산이지만 염산은 산화력이 없다.

산은 수용액 속에서 히드로늄 이온을 내놓는다.

$$HCl + H_2O \longrightarrow H_3O^+ + Cl^-$$

$$H_2SO_4 + H_2O \longrightarrow H_3O^+ + HSO_4^-$$

$$HNO_3 + H_2O \longrightarrow H_3O^+ + NO_3^-$$

산은 위에서 예로 들은 무기산들 이외에도 아세트산, 옥살산 등 여러 가지 유기산들이 있다.

염기는 그 수용액이 떫거나 쓴맛을 나타내며, 미끈거리고, 또 붉은 리트머스를 푸른색으로 변화시킨다(그러나 이 실험에서 절대로 맛을 보거나 손으로 만지면 안 된다). 전형적인 염기는 NaOH, $Ca(OH)_2$ 등과 같이 금속의 수산화물들이지만 Na_2CO_3, CaO, NH_3 등도 수용액에서는 모두 수산화 이온을 만들며 염기로서 분류된다. 특히 염기 중에서 NaOH나 KOH 등과 같이 물에 잘 녹는 센 염기는 알칼리(alkali)라고 부른다.

3. 사용기구 및 시약

기 구	시 약
시험관	conc.H_2SO_4, 3 M H_2SO_4
리트머스 시험지	6 M HNO_3
스포이트	conc.HCl, 6 M HCl, 1 M HCl
	NaOH(고체), 1 M NaOH
	Na_2CO_3(공업용)
	마그네슘, 아연, 구리, 철
	메틸오렌지
	페놀프탈레인
	설탕

4. 실험방법

1 산의 성질

① 시험관에 물을 1/4 정도 채우고, 여기에 5방울의 진한 염산을 가한다. 3 M H_2SO_4와 6 M HNO_3을 써서 같은 실험을 되풀이하여라. 이 과정에서 열이 나오는가를 보아라. 이들 용액에 리트머스 시험지, 그리고 메틸오렌지, 페놀프탈레인 지시약 한 방울씩을 넣는다.

② HCl, HNO_3와 같이 휘발성인 산들은 그 산의 염에다 비휘발성 산을 가해서 만들 수 있다. 비휘발성 산으로서는 H_2SO_4나 H_3PO_4 등이 이용된다. 약 0.5 g의 NaCl, $NaNO_3$을 각각 시험관에 넣고 각 시험관에 진한 황산 3-4방울씩을 떨어뜨린 다음 시험관 입구에 젖은 리트머스 시험지와 마른 리트머스 시험지를 대어 본다(시험관 안에서 아무 반응이 없을 때는 조금 가열한다).
이 변화에 따른 반응식을 써라.

· NaCl : 관측된 사실 : ____________________

반응식 : ____________________

· $NaNO_3$: 관측된 사실 : ____________________

반응식 : ____________________

③ 마그네슘, 아연, 구리, 철 조각을 각각 시험관에 넣은 다음 각 시험관에 6 M HCl을 가하고 어떤 변화가 일어나는지 관찰하여라. 같은 실험을 3 M H_2SO4와 6 M HNO_3으로 되풀이하여라.

관찰한 결과를 다음 표에 기록하여라.

산 \ 금속	Mg	Zn	Cu	Fe
6 M HCl				
3 M H_2SO_4				
6 M HNO_3				

④ 얇은 흰 종이 조각과 설탕을 조금씩 시험관에 각각 넣고 진한 황산을 가하여 본다. 같은 실험을 진한 황산 대신에 진한 HCl과 HNO_3을 써서 되풀이하여라. 각 산들의 탈수 작용이 어떠하였는지 기록하여라.

·H_2SO_4 : ____________________

·HCl : ____________________

·HNO_3 : ____________________

2 염기의 성질

① 고체 NaOH의 작은 알맹이 하나나 둘을 시험관에 넣고 물을 10 mL쯤 가하면서 열이 발생하는가 본다. 또, 이 용액이 리트머스 시험지, 메틸오렌지, 페놀프탈레인에 어떤 반응을 보이는지 시험을 하여 본다.

· NaOH가 물에 녹을 때 열을 내놓는 이유를 설명하여라.

· 리트머스 시험지, 메틸오렌지, 페놀프탈레인에 어떤 변화를 나타내었는가?

② NaOH 대신에 Na_3CO_3을 써서 위의 실험을 되풀이하여라.

3 중화반응 실험

① 1 M HCl 5 mL에 1 M NaOH를 조금씩 가하면서 지시약의 변화를 관찰하여라.

② 지시약의 색이 변하였으면 거기에 다시 1 M HCl을 조금씩 가하면서 처음의 색으로 되돌아오는지 관찰하여라.

5. 주의 및 참고사항

1 묽은 산이나 염기는 물론이지만, 특히 진한 산이나 염기는 피부를 태우거나 점막을 손상시킨다. 따라서, 산과 염기는 조심스럽게 다루어야 한다. 만일 부주의로 엎질렀을 때는 충분한 양의 물로 씻어내고 탄산수소나트륨($NaHCO_3$) 등으로 중화시켜야 한다.

2 묽은 황산을 만들 경우는 진한 황산에 물을 부으면 폭발이 일어나므로 반드시 물에다 저어가면서 진한 황산을 붓도록 한다.

실험보고서 16. 산과 염기의 성질

실험일자 : 년 월 일 교시

_______ 대학 학과 _______ 학번 _______ 이름 _______

1. 실험 결과

1) 산과 염기 용액에서의 지시약 변화를 적어라.

지 시 약	산	염 기
리트머스 시험지		
메틸오렌지		
페놀프탈레인		

2) 디음에 진한 황산을 가했을 경우 일어나는 변화에 대한 반응식과 관찰된 내용을 적어라.

· NaCl :

· $NaNO_3$:

3) 묽히거나 용해시킬 때 열이 발생하는 경우를 적어라.

4) 금속에 대한 산의 반응 결과를 다음에 적어라.

산 \ 염기	Mg	Zn	Cu	Fe
6 M HCl				
3 M H_2SO_4				
6 M HNO_3				

5) 진한 황산에 의해서 탈수 실험 결과를 설명하여라.

6) Na_2CO_3의 수용액에서 리트머스 시험지 변화를 적고 그 이유를 쓰시오.

2. 과 제

1) 산과 염기의 정의들을 열거하고 설명하여라.

2) Na_2CO_3는 물에 녹아 염기성을 띠지만 NH_4Cl은 산성을 나타낸다.
그 이유를 설명하여라.

3) 중화반응이란 어떤 경우인지 설명하여라.

3. 고찰 및 의문점

실 험 17

산과 염기의 적정(중화 적정)

1. 목 적

어떤 산의 농도를 염기로 적정하여 결정함으로써 지시약의 변화를 관찰하여 산-염기(중화) 적정법을 습득한다(그림 17-1).

2. 원 리

산과 염기가 반응하면 정량적으로 중화되어 염과 물이 생성된다.

$$HCl + NaOH \longrightarrow NaCl + H_2O$$

$$H_2SO_4 + Ca(OH)_2 \longrightarrow CaSO_4 + 2H_2O$$

이 때 산(또는 염기)의 농도와 부피를 알면 이와 반응한 염기(또는 산)의 농도를 알 수 있다.

$$MV = M'V'$$

중화반응이 완전히 끝나면 종말점(end point)의 수소이온농도를 지시약을 써서 관찰하므로써 화학량론적 중화점인 당량점(equivalent point)을 알 수 있다. 종말점까지에 소비된 산(또는 염기) 표준용액의 부피를 측정하여 그 값으로부터 시료용액 속의 염기(또는 산)의 양을 산출하는 방법을 중화적정법이라 한다. 중화적정법의 종류와 그 때 쓰이는 지시약은 다음과 같다.

[1] 센산과 센염기의 중화

당량점은 pH 7이며, 당량점 전후에서는 적정액의 아주 적은 양에 의해서도 pH 변화는 대단히 크기 때문에 pH 4~10에서 변색하는 지시약을 쓴다.

(예) 메틸레드(붉은색 4.2~6.3 노란색), 메틸오렌지(붉은색 3.1~7.9 노란색), 페놀프탈레인(무색 8.0~10.0 분홍색)

2 약한산과 센염기의 중화

적정결과 생기는 염이 가수분해되어 알칼리성을 나타내므로 당량점은 pH > 7이다. 따라서, 보통 pH 7～10에서 변색하는 지시약을 쓴다.

(예) 페놀프탈레인(무색 8.0～10.0 분홍색), 티몰프탈레인(무색 9.3～10.5 푸른색)

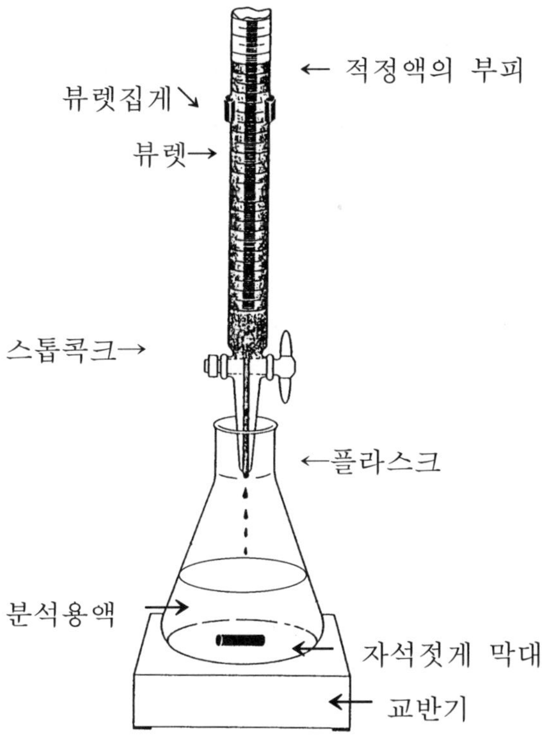

그림 17-1 적정장치

3 센산과 약한염기의 중화

생성된 염의 가수분해로 인하여 당량점에서는 pH < 7 이므로 pH 3～7 에서 변색되는 지시약을 사용한다.

(예) 메틸오렌지, 콩고레드(푸른색 3.0～5.2 붉은색), 메틸레드(붉은색 4.2～6.3 노란색)

이 실험에서는 고전적인 방법으로 산·염기 적정의 당량점 또는 농도를 결정하고 지시약의 변화를 관찰하여 산·염기 적정법을 습득한다.

3. 사용기구 및 시약

기 구

삼각플라스크(200 mL)
비커(100 mL)
뷰렛(50 mL)
뷰렛집게
스탠드
씻기병
자석 젓게
메스플라스크(500 mL)
피펫(10 mL, 20 mL)
가열판
pH 미터

시 약

0.5 M HCl
NaOH 시료용액
Na_2CO_3 표준용액
1% 메틸오렌지
1% 페놀프탈레인(알코올 용액)

4. 실험방법

1 0.5 M HCl 적정액의 조제

염산은 일차 표준물질이 아니므로 대략의 0.5 M이 되게 조제한 후 일차 표준물질인 탄산나트륨으로 표준화하여 정확한 농도의 HCl 표준용액을 만든다.
500 mL 메스플라스크에 100 mL 정도의 증류수를 넣고, 38 % HCl(12 M) 21 mL를 조심스럽게 넣은 다음 증류수로 묽혀 표선까지 채우고 잘 섞는다.

2 0.5 M HCl의 표준화

① 뷰렛은 씻은 다음 증류수로써 다시 씻어라. 뷰렛이 깨끗하지 못하면 유리표면에 물방울이 달라붙게 되며, 그렇게 되면 부피 측정에 오차가 나게 된다. 뷰렛에 소량의 염산 표준용액을 넣어 두 번쯤 씻은 다음 용액을 뷰렛의 끝 눈금을 약간 넘어설 정도로 채우고 뷰렛의 콕크를 잠깐 동안 열어서 콕크 아랫 부

분에 남아 있는 공기를 밀어낸 다음 콕크를 잠근다. 메니스커스의 가장 낮은 곳의 눈금이 0 mL 눈금의 선에 달하도록 뷰렛의 용액을 1방울씩 흘려라. 용액의 방울이 뷰렛의 맨 끝에 달려 있는 것을 없애기 위하여 비커의 안벽에 뷰렛의 끝을 닫게 하여 떨쳐버린다.

② 탄산나트륨을 건조 후 데시게이터에 저장하면서 뚜껑을 열고 닫을 때 0.1 % 까지의 습기를 흡수하게 되므로 보관에 세심한 주의를 요하며, 사용 직전에 만들어 사용하는 것이 좋다. 0.5 M 내외의 탄산나트륨 용액이 되도록 조제한 후 (농도를 소수점이하 2자리까지 정확한) 10.00 mL를 피펫으로 취하여 삼각플라스크에 놓고 페놀프탈레인 지시약 2～3방울을 가하라.

이 일차 표준용액을 0.5 M HCl적정용액으로 적정한다. 당량점에 가까워지면 1 방울씩 천천히 넣어 주어야 하며, 붉은색이 무색이 되었을 때를 1차 종말점으로 한다 (a mL).

이 때의 중화반응은 다음과 같이 Na_2CO_3가 $NaHCO_3$까지만 진행된다.

$$Na_2CO_3 + HCl \longrightarrow NaHCO_3 + NaCl \qquad (1)$$

③ 이 용액을 메틸 오렌지 지시약 2～3방울을 가하고 다시 0.5 M HCl 용액을 서서히 가하여 주황색이 될 때까지 적정한다. 이 용액을 조심스럽게 2～3분간 끓여서 CO_2를 제거하여 노란색으로 되면 찬물로 냉각시켜 실온으로 유지한 채 다시 적정하여 주황색으로 변할 때를 2차 종말점으로 한다. 2차 종말점이 당량점에 해당된다.

이제는 다음반응식과 같이 완전히 중화된 것이다.

$$NaHCO_3 + HCl \longrightarrow NaCl + H_2O + CO_2 \qquad (2)$$

(1)과 (2)식을 합하면 다음과 같다.

$$NaHCO_3 + 2HCl \longrightarrow 2NaCl + H_2O + CO_2 \qquad (3)$$

이상의 실험을 2회 더 반복한 후 평균값을 계산하여 0.5 M HCl 용액의 정확한 몰 농도를 결정하고 유리병에 보관하여라(라벨을 붙여 표시한다.).

0.5 M HCl의 정확한 농도(M')는 다음식으로 계산한다.

$$M' = \frac{M \times V}{V'}$$

M : Na_2CO_3 용액의 정확한 농도

V : Na_2CO_3 취한 부피(10 mL)

V' : 0.50 M HCl의 소모량(적가량) (a+b mL)

3 NaOH 용액(미지시료)의 적정

① 시료용액으로 미지의 NaOH 용액을 지급받아 20 mL를 정확히 취하여 (피펫사용) 200 mL 삼각플라스크에 넣고 메틸오렌지(또는 페놀프탈레인) 지시약 2~3 방울을 가한다.

② 정확한 농도를 알고 있는 0.5 M HCl을 조심스럽게 뷰렛에 채운다 (앞서 설명한대로).

③ 서서히 적정하여 마지막 1방울에 의해서 용액의 색이 적색 (페놀프탈레인의 경우는 무색)이 되는 점을 종말점으로 한다.

④ 소모량을 기입하고 2회 더 반복한 다음 평균하여 NaOH 용액의 농도를 계산한다.

4 pH 미터를 이용한 NaOH 용액(미지시료)의 적정

같은 실험을 pH 미터를 사용해서 반복한다. ① 의 내용에서 메틸오랜지 지시약 대신 pH 미터를 넣고 같은 실험을 진행하며 넣어준 HCl의 부피와 pH를 기록하고, pH가 급격히 변화하기 시작하면 HCl 용액을 소량씩 넣으면서 pH를 측정한다.

5. 주의 및 참고사항

1 진한 염산을 다룰 때는 반드시 후드 안에서 하고 손이나 옷에 묻지 않도록 하며, 적당량을 취할 때는 피펫을 사용하되 고무빨개를 사용해야 한다.

2 가열할 경우는 가열판을 사용하여라. 만일 알코올 램프를 사용할 수밖에 없는 경우에는 알코올 램프를 소화시킬 때 입으로 불어서 끄지 말고 반드시 뚜껑을 덮어서 소화시켜라. 또, 알코올 연료를 보충하고자 할 때는 반드시 불꽃이 없는지를 확인한 후 보충하여야 한다.

3 가열시 석면그물 사용은 인체에 해로우므로 가능한 한 사용하지 말라.

④ 그림 17-1 에서와 같이 가열교반기가 없을 경우는 용액이 잘 섞이도록 플라스크를 잘 흔들어 주어야 한다.

실험보고서 17. 산-염기 적정(중화적정)

실험일자 : 년 월 일 교시

________ 대학 학과 ________ 학번 ________ 이름 ________

1. 실험 결과

1) 실험(1)에서 얻은 데이터를 써서 0.5 M HCl 용액의 농도를 표준화하여라.

	(1회)	(2회)	(3회)
· 탄산나트륨의 무게(W g)	______		
· 탄산나트륨을 희석한 증류수의 부피(V_1, mL)	______		
· 표준화를 위해 취한 부피(mL)	______	______	______
· 소비된 염산용액의 부피(a+b mL)	______	______	
· 표준화된 염산용액의 몰 농도(M)	______	______	______
· 표준화된 염산용액의 평균 몰 농도(M)	______		

2) 수산화나트륨 시료 용액의 정확한 몰 농도를 결정하여라.

	(1회)	(2회)	(3회)
· 취한 NaOH 용액의 부피(mL)	______	______	______
· 소비된 0.5 M HCl 표준용액의 부피(mL)	______	______	______
· 염산용액의 정확한 몰 농도(M)	______	______	______
· 수산화나트륨의 몰 농도(M)	______	______	______
· 수산화나트륨의 평균 몰 농도(M)	______	______	______

2. 과 제

1) 중화적정으로 분석(정량)할 수 있는 물질을 열거하고 설명하여라.

2) 몰농도(Molarity)와 노르말농도(Normality)를 설명하여라.000

3) 미지의 NaOH 수용액을 HCl로 적정한 실험의 pH 미터로 측정하였던 적정 곡선을 그리시오. (x 축은 HCl의 양, y측은 측정된 pH)

3. 고찰 및 의문점

실 험 18

생활속의 산-염기 적정

1. 목 적

실생활에서 사용하는 산-염기 시료를 이용하여 적정을 통해 시료용액 내에 있는 산, 염기 성분의 정량분석을 실시하여 각각의 농도를 알아낸다. 이 실험에서는 시판되고 있는 식초와 제산제를 산-염기 중화반응을 이용하여 적정과 역적정 방법으로 농도를 측정한다.

2. 원 리

1 산-염기의 정의

① Arrhenius 산과 염기의 정의

산은 물에서 H^+을 방출하고 염기는 물에서 OH^-을 방출한다.

② Brønsted-Lowry 산과 염기의 정의

Brønsted-Lowry 산은 양성자 주개(proton donor)이고, Brønsted-Lowry 염기는 양성자 받개(proton acceptor)이다.

③ Lewis 산과 염기의 정의

Lewis 산은 전자쌍 받개 (electron pair donor) 이고, Lewis 염기는 전자쌍 주게 (electron pair donor) 이다.

2 산-염기의 세기 (pH)

pH는 수소이온 지수로써, 수소 이온 농도 (H^+)를 이용한다. pH는 다음과 같이 구할수 있다.

$$pH = -\log[H^+]$$

예) $[H^+] = 1 \times 10^{-11}$ 이면, $pH = -\log(1 \times 10^{-11}) = 11$가 된다.

3 적정에 사용되는 용어들

① 표준용액(standard solution) : 농도가 정확하게 확인된 용액. 표준용액으로 사용되기 위해서는 분석물과 빠르게 반응해야 하며, 최대한 정확한 종말점을 얻기 위해 분석물과 거의 완전히 반응해야 한다. 또한 오랜 기간 안정하게 보존이 되는게 좋다.

② 당량점(equivalent point) : 산과 염기의 양이 당량(equivalent)이 되는 점 (이론적인 중화점).

③ 종말점 (end point) : 중화반응이 완전히 끝나는 점으로 산-염기 지시약을 선택하여 색의 변화로 확인 (실험적인 중화점).

※ 종말점과 당량점이 반드시 일치하지는 않음

④ 적정 : 일정부피의 미지농도 시료용액을 정확한 농도를 알고 있는 표준용액과 중화시켜서 이때 소비된 표준용액의 부피로부터 미지농도 용액의 농도를 알아내는 부피 분석법.

⑤ 역적정 : 시료에 비해 과량의 표준용액을 가하고 반응을 완결시킨 다음 여분을 또 다른 표준용액으로 적정하여 처음 반응에 소요된 표준용액의 양을 구하고 정량하는 과정.

3. 사용기구 및 시약

기 구

삼각플라스크(100ml, 250ml)

비커(100ml, 250ml)

눈금실린더

뷰렛

뷰렛집게

스탠드

가열교반기

시 약

0.5 M HCl 표준용액

0.5 M NaOH 표준용액

시판용 제산제 [$Mg(OH)_2$]

식초 [CH_3COOH]

페놀프탈레인 지시약

4. 실험방법

1 식초의 적정-직접적정

식초를 NaOH로 적정하여 CH_3COOH 의 함량을 결정한다

$$CH_3COOH(aq) + NaOH\ (aq) \rightarrow CH_3COONa\ (aq) + H_2O\ (l)$$

순도가 높은 아세트산은 상온에서 고체로 존재하며, 이를 얼어 있는 초산이라는 의미로 빙초산이라 부른다. 빙초산은 독성이 강해 피부에 닿으면 염증을 일으키니 주의하여야 한다.

① 식초 10 ml를 정확하게 취하여 100 ml 삼각 플라스크에 넣는다.

② 삼각 플라스크에 증류수 40 ml를 넣고 페놀프탈레인 지시약을 2~3방울 넣어준다.

③ 뷰렛에 0.5M의 NaOH를 넣고 적정한다. 페놀프탈레인의 분홍색이 나타나기 시작하면 NaOH를 조금씩 넣어주면서 잘 흔들어준다.

④ 사용된 NaOH의 부피를 기록하고 이로부터 NaOH의 몰수를 계산한다.

2 제산제의 적정-역적정

제산제에 과량의 HCl을 가하고 NaOH로 적정하여 $Mg(OH)_2$ 의 함량을 결정한다.

$$Mg(OH)_2(s) + 2HCl(aq) \rightarrow MgCl_2(aq) + 2H_2O\ (l)\ [+ \text{여분의 } HCl(aq)]$$

$$\text{여분의 } HCl\ (aq) + NaOH\ (aq) \rightarrow NaCl\ (aq) + H_2O(l)$$

$Mg(OH)_2$는 물에 거의 녹지 않지만, 묽은산이나 암모늄염 수용액등에는 용해된다. 제산제는 위산작용을 억제하는 약제로 알칼리성을 보인다.

① 제산제의 함량 확인 후 0.5 g을 250 ml 플라스크에 넣는다.
② 0.5 M의 HCl 50 ml를 플라스크에 넣고, 약 10분간 교반시켜준다. 제산제가 완전히 녹으면 페놀프탈레인 지시약을 2~3방울 넣어준다.
③ 뷰렛에 0.5 M의 NaOH를 넣고 적정한다. 페놀프탈레인의 분홍색이 나타나기 시작하면 NaOH를 조금씩 넣어주면서 잘 흔들어준다.
④ 사용된 NaOH의 부피를 기록하고 이로부터 NaOH의 몰수를 계산한다.

5. 주의 및 참고사항

1 HCl는 강산, NaOH의 경우 강염기이므로 피부에 접촉하지 않도록 유의한다.
2 아세트산(식초)의 경우 냄새가 심하므로 환기를 시켜주고 실험을 하도록 한다.
3 NaOH는 강염기이므로 적정 시 천천히 반응을 보내도록 한다.

실험보고서 18. 생활속의 산-염기 적정

실험일자 : 년 월 일 교시

_________ 대학 학과 ________ 학번 ________ 이름 __________

1. 실험 결과

1) 식초의 직접 적정

· 식초의 부피 (ml) ________

· 소비된 NaOH의 부피 (ml) ________

· 소비된 NaOH의 몰 농도 (M) 0.5 M

· 소비된 NaOH의 몰수 (mol) ________

· 아세트산의 몰수 (mol) ________

· 아세트산의 질량 (g) ________

함량 (%) = ________

2) 제산제의 역적정

· 제산제의 무게 (g) [= $Mg(OH)_2$] ______

· 가해준 HCl의 농도 (M) 0.5 M

· 가해준 HCl의 부피 (ml) ______

· 가해준 HCl의 몰수 (mol) ______

· NaOH 표준용액의 농도 (M) 0.5 M

· 소비된 NaOH의 부피 (ml) ______

· 소비된 NaOH의 몰수 (mol) ______

· NaOH 중화에 사용된 HCl의 몰수 (mol) ______

· 제산제 중화에 사용된 HCl의 몰수 (mol) ______

· (OH)의 몰수(mol) [= $Mg(OH)_2$] ______

· 제산제의 질량 (g) (실험값) ______

함량 (%) = ______

2. 과 제

1) 종말점과 당량점이 일치하지 않을 경우 그 원인에 대해 생각해 보아라.

2) 식초나 제산제 이외에 생활속에서 쉽게 발견할수 있는 산, 염기는 무엇이 있는가?

3. 고찰 및 의문점

실 험 19

양이온 정성분석-I족(Ag^{+}, Hg_2^{2+}, Pb^{2+})

1. 목 적

정성분석은 시료 중에 어떤 특정 성분의 유무의 확인 및 검출을 목적으로 하는 분석화학의 한 분야이다. 최근에는 정밀기기를 이용하여 정성분석을 하고 있으나 일반화학 실험 수준의 정성분석은 산-염기, 산화-환원, 침전 및 착물 형성 등의 여러 가지 화학반응을 이용하여 양이온과 음이온의 유무와 확인을 다루고 있다. 따라서, 체계적인 정성분석 실험을 통해 여러 종류의 이온 평형을 이해하는 데 이 실험은 유용하다.

이 실험에서는 흔히 접할 수 있는 양이온들을 6족으로 나눌 때 I족에 속하는 Ag^{+}, Hg_2^{2+}, Pb^{2+} 이온의 정성분석을 다룬다. 여기서의 족(group)은 주기율표의 족과 혼동하여서는 안 된다.

2. 원 리

약 80종의 금속원소 중 일반적인 화학반응에 많이 이용되는 양이온들은 약 25종이 된다. 이들의 화합물들은 용해도를 고려하여 6족으로 구분된다. 즉, 적당한 침전시약을 가해 침전되는 것과 이온으로 용해되는 것들을 나누어 각 족을 구분하고, 각 족을 다시 침전여부로 분리시키고 확인하는 실험을 하게 된다. 이 같은 방법을 양이온의 계통 분석법이라 한다. 혼합 양이온들의 침전분리 시약을 분족시약이라고 하는데, 이들은 6 M HCl, H_2S(0.3 M HCl), NH_4OH-NH_4Cl, $(NH_4)_2S$, $(NH_4)_2CO_3$으로서 이들 분족시약에 의해 양이온들이 분족되는 것을 그림 19-1에 체계적으로 나타내었다.

양이온 계통분석을 간단히 요약해 보면 그림 19-1에서 보듯이 염화물 침전을 형성하는 이온들을 양이온 I족, 산성용액에서 황화물 침전을 이루는 이온들을 양이온 II족, 염기성 용액에서 황화물 침전을 이루는 이온들은 양이온 IV족, 암모니아 완충

용액에서도 수산화물 침전을 이루는 이온들을 양이온 III족, 탄산염 침전을 형성하면 양이온 V족이고 좀처럼 침전을 이루지 않는 양이온들을 VI족으로 분류하고 있다. 각 족에 속한 각개 금속이온들의 각개 반응을 계통분석 전에 반드시 실험적으로 이해하고 있어야 한다.

양이온 I족에 속하는 것은 Ag^+, Hg_2^{2+} 및 Pb^{2+}인데 이들의 염화물인 AgCl, Hg_2Cl_2 및 $PbCl_2$는 차가운 용액에는 모두 녹기 어렵다. 그러므로 이 이온들이 들어있는 혼합용액에 HCl을 가하면 완전히 침전시킬 수 있다. 이 침전을 걸러내면 다른 이온들과 분리할 수 있다.

이 실험에서 염산을 필요 이상으로 너무 많이 가할 경우에는 AgCl의 침전이 $AgCl_2^-$와 같은 착이온을 형성하면서 얼마간 녹기 때문에 주의하여야 한다.

I족 이온의 염화물 중에서 $PbCl_2$는 뜨거운 물에는 잘 녹기 때문에 이 성질을 이용하면 이것을 다른 염화물과 분리할 수 있다. $PbCl_2$를 뜨거운 물로 녹여 낸 용액에 K_2CrO_4용액을 가하면 CrO_4^{2-} 이온과 Pb^{2+} 이온이 반응하여 $PbCrO_4$의 노란색 침전이 생성되므로 Pb^{2+} 이온을 확인할 수 있다.

침전으로 걸러진 AgCl 및 Hg_2Cl_2의 혼합침전은 암모니아수를 가하면 이들을 분리할 수 있는데, 이 때 AgCl은 착이온인 $Ag(NH_3)_2^+$로 녹고, Hg_2Cl_2는 암모니아와 반응하여 회색 또는 검은색 침전으로 남게 되어 Hg_2^{2+} 이온이 확인된다. 즉, Hg_2Cl_2는 불균등화반응을 하여 일부는 산화되는 동시에 일부는 환원된다. 이 반응에서 생성되는 물질은 염화아미드수은(II), 즉 $HgNH_2Cl$와 금속수은이기 때문에 침전은 회색 또는 검게 보인다.

$Ag(NH_3)_2^+$ 착이온이 들어 있는 무색용액에 질산을 가하면 은-암모니아 착이온이 파괴되어 AgCl의 흰 침전이 다시 나타나기 때문에 Ag^+이온을 확인할 수 있다.

잠고적으로 세 염화물의 용해도곱 상수(K_{sp})를 비교해 보면 다음과 같이 $Hg_2Cl_2 < AgCl < PbCl_2$ 순서로 용해도가 커진다.

AgCl : 1.0×10^{-10}(25 ℃), 215×10^{-10}(100 ℃)

Hg_2Cl_2 : 2.0×10^{-18}(25 ℃)

$PbCl_2$: 1.7×10^{-5}(25 ℃), 거의 용해(100 ℃)

양이온 I족 정성분석 원리를 체계적으로 이해하고 실험하는데 도움이 되는 실험 절차를 정리하면 그림 19-2와 같다.

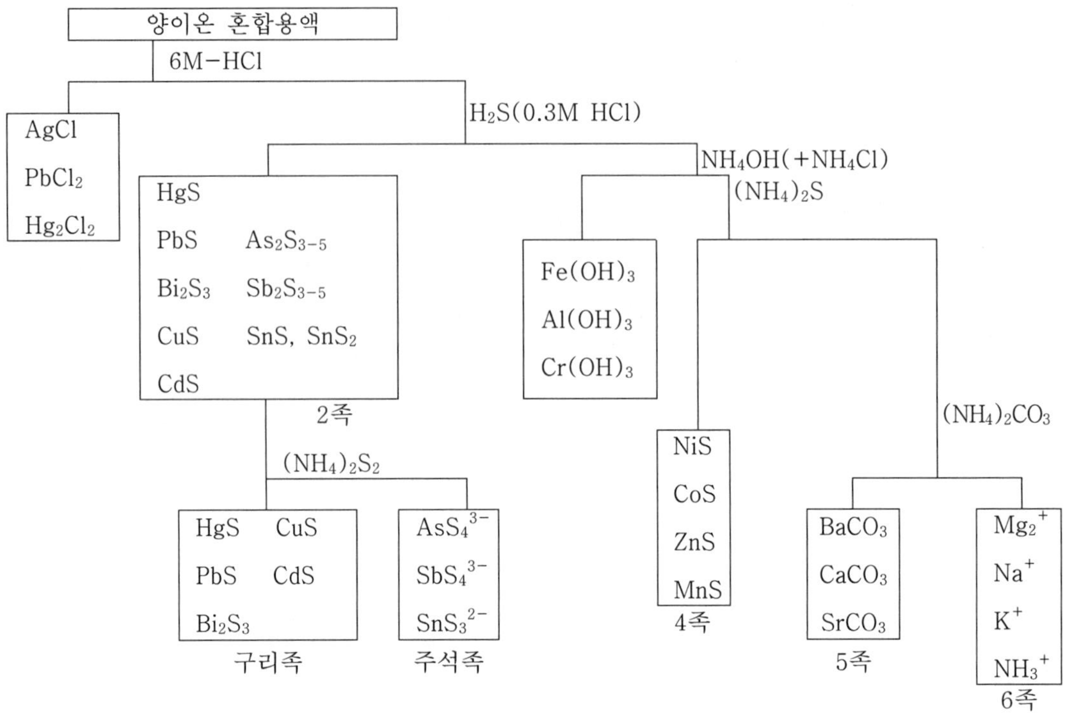

그림 19-1 양이온의 계통분석 분족Ⅱ

양이온 I족 정성분석을 이해하는데 도움이 되는 화학반응식들은 다음과 같다.

1. 염화물 침전의 형성(산성 용액에서) —— HCl용액 사용

$Pb^{2+}(aq) + 2Cl^-(aq) \longrightarrow PbCl_2(s)$ 흰색 침전

$Ag^+(aq) + Cl^-(aq) \longrightarrow AgCl(s)$ 흰색 침전

$Hg_2^{2+}(aq) + 2Cl^-(aq) \longrightarrow Hg_2Cl_2(s)$ 흰색 침전

여기서 HCl을 너무 과량 넣어주면 $PbCl_2(s)$와 $AgCl(s)$이 다음과 같은 반응에 의해 착이온을 형성하면서 녹게 되므로 주의한다.

$$PbCl_2(s) + 2Cl^-(aq) \rightleftarrows PbClO_4^{2-}(aq)$$

$$AgCl(s) + Cl^-(aq) \rightleftarrows AgCl_2^-(aq)$$

2. $PbCrO_4(s)$의 형성

$$PbCl_2(s) \xrightarrow[\text{뜨거운 물}]{} Pb^{2+}(aq) + 2Cl^-(aq)$$

$$Pb^{2+}(aq) + CrO_4^{2-}(aq) \longrightarrow PbCrO_4(s)$$ 노란색 침전

3. $AgCl(s) \longrightarrow Ag(NH_3)_2 \longrightarrow AgCl(s)$의 과정

$$AgCl(s) + 2NH_3(aq) \longrightarrow Ag(NH_3)_2^+(aq) + Cl^-(aq)$$

$$Ag(NH_3)_2(aq) + 2H^+(aq) + Cl^-(aq) \longrightarrow AgCl(s) + 2NH_4^+(aq)$$

4. $Hg_2Cl_2(s)$의 불균등화 반응(disproportionation reaction)

$$\underline{Hg_2Cl_2(s)} + 2NH_3(aq) \longrightarrow \underbrace{HgNH_2Cl(s)}_{\text{(흰색 침전)}} + \underbrace{Hg(s)}_{\text{(검은색)}} + NH_4^+(aq) + Cl^-(aq)$$

Hg는 은백색이나 금속이 미세한 입자로 생성되면 검게 보인다.

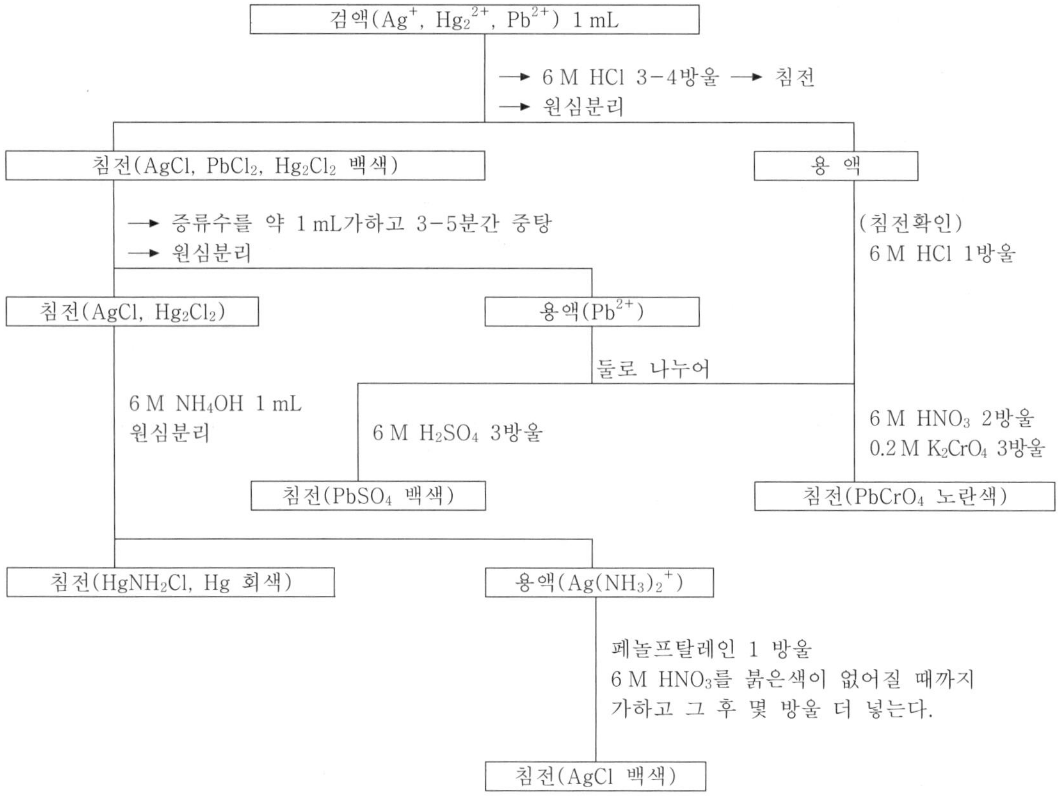

그림 19-2 양이온 I족 정성분석 계통 실험도

3. 사용기구 및 시약

기 구	시 약
원심분리기	0.1 M $AgNO_3$
원심분리 시험관(6개)	0.1 M $Hg_2(NO_3)_2$
유리 젓게(유리막대)	0.1 M $Pb(NO_3)_2$
스포이트	6 M HCl
스포이트 붙은 지시약병	1 M K_2CrO_4
(50 mL, 갈색)	6 M NH_3
리트머스 시험지	6 M HNO_3
물중탕	6 M NaOH
전열기(500 W)	(시약을 각각 스포이트 붙은 시약병에
씻기병	담아서 사용하면 편리하다.)
비커	
시험관 집게	

4. 실험방법

1 침전의 분리 및 거르기

① 침전을 용액으로부터 분리하는 데는 원심분리기(centrifuge)를 사용하거나 진공여과(vacuum filtration)를 하여 시간을 절약하는데, 전자는 분리시간이 2~3분 정도로서 신속하여 좋다. 원심분리로 침전을 분리할 때에는 반드시 검체가 들어 있는 원심분리 시험관과 정반대 쪽에 같은 양의 물을 넣은 시험관을 걸어서 균형을 잡이 주어야 한다. 검체가 짝수개이면 그들반으로 성반대 쪽에 놓아 조작할 수 있으나, 검체가 홀수개이면 반드시 물만 넣은 시험관을 반대편에 걸어서 균형을 잡아야 한다. 원심분리기의 사용법을 조교로부터 충분히 설명을 듣고 실험하고 원심분리관에는 표지를 붙여서 혼동이 일어나지 않도록 한다.

2 침전을 씻는 법

① 분석과정에서 침전을 씻는 일은 매우 중요하다. 그렇지 않으면 용액 중에 들어있던 다른 이온에 의하여 오염되어 분석결과를 판단하는데 어려움이 생긴다.

원심분리로 침전을 가라앉힌 다음에 위의 용액을 스포이트로 빨아낸다 (그림 19-3). 거른액이 다음 실험과정에 필요할 때에는 표지를 붙여서 보관한다.

침전을 용액으로부터 분리한 다음에는 이것을 씻어야 하는데, 이때는 증류수 약 0.5 mL를 넣고 유리막대로 침전을 잘 저어준 다음 다시 원심분리기로 침전을 분리한다. 이렇게 두 번만 씻으면 보통 충분하다. 때로는 어떤 특정의 이온을 완전히 제거하여야 되는데, 이때는 씻어낸 용액(washings)을 검사하여 그 이온이 없음을 확인해야 한다.

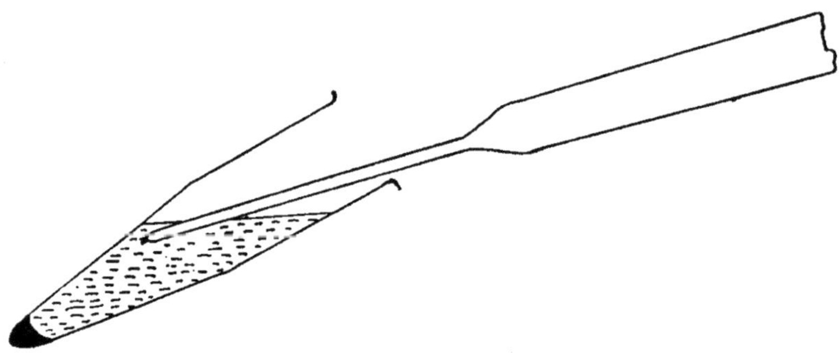

그림 19-3 침전의 분리

3 양이온 I족의 침전

① Ag^{+}, Hg_2^{2+}, Pb^{2+}의 질산염의 용액(각각 0.1 M 정도) 1 mL씩을 취하여 1개의 시험관에 넣어 혼합용액을 만든다.

② 이 혼합용액 1 mL를 원심분리관에 넣고 6 M HCl 2 방울을 가하여 유리막대로 잘 저어 준 다음 원심분리기에 걸어 침전을 분리한다. 이 때에는 같은 양의 물을 넣은 시험관을 원심분리기의 반대쪽에 걸어서 균형을 잡아주어야 하는 것을 잊어서는 안 된다.

③ 침전반응이 완결되었는가를 확인하기 위해서 원심분리한 시료용액에 6 M HCl 1 방울을 가하고, 침전이 또 생기면 다시 원심분리기에 걸어야 된다. 윗 부분

의 맑은 용액을 조용히 기울여 따라내든가 또는 스포이트로 조용히 뽑아내면 침전만을 얻을 수 있다. (실제 시료의 경우엔 따라 낸 용액 중에 다른 족 이온들이 들어있을 수 있으므로 다음 단계의 실험을 위하여 잘 보관해 두어야 한다.)

3-1) Pb^{2+}이온의 분리 및 확인

① 우선 I족 이온 이외의 다른 족 이온들을 완전히 제거하기 위하여 침전을 잘 씻어내야 된다. 그러기 위해서는 차가운 증류수 2~3 mL를 침전이 들어 있는 시험관에 넣고 가느다란 유리막대로 잘 저은 다음 원심분리기에 걸고 그 씻은 물은 버린다. 이렇게 2~3회 정도 씻어내면 다른 족 이온들은 완전히 제거된다(실제 시료의 경우에 해당함).

② 증류수 1 mL가량을 침전이 들어 있는 시험관에 넣고, 이 시험관을 끓는 물 속에 몇 분 동안 담그어서 가열한 후 유리막대로 잘 저어준다.

③ 이 뜨거운 용액을 원심분리기에 걸어서 윗부분의 맑은 용액은 빨리 다른 시험관에 따라낸다. 침전은 잘 보관한다.

④ 뜨거운 물로 추출한 용액에 6 M HNO_3 1 방울을 가하고 다시 1 M K_2CrO_4 용액 2~3 방울을 떨어뜨린다. Pb^{2+} 이온이 있으면 $PbCrO_4$의 노란색 침전이 생길 것이다.

3-2) Hg_2^{2+}의 분리 및 확인

① 3-1에서 남은 침전을 뜨거운 물로 다시 한 번 씻어서 씻은 액은 버리고 침전에 6 M NH_4OH용액 10 방울을 가하고 잘 저어준다.

② 이것을 원심분리하여 윗부분의 용액을 다른 시험관에 따라낸다. 이 때 회색 또는 검은 침전이 생기면 금속수은이 생긴 것이므로 Hg_2^{2+} 이온의 존재를 확인한 것이다.

3-3) Ag^+의 검출

① 3-2에서 얻은 용액에 6 M HNO_3를 가하여 산성으로 만들고 리트머스 시험지

로 확인한다.(유리막대에 용액을 찍어서 리트머스 시험지에 묻혀 보면 된다.) 용액을 산성으로 만들었을 때 흰 침전이 생기면 Ag^+ 이온이 있다는 증거가 된다.

5. 주의 및 참고사항

1. $AgNO_3$는 빛에 의해 환원되므로 갈색 지시약병에 보관한다.
2. 시료 용액을 반응시약과 혼합하는 과정에서 시험관 입구를 엄지손가락으로 막고 거꾸로 흔들지 말아라.
3. Pb, Hg 염들은 유독하고 크롬산 이온은 발암성 물질로 알려져 있으므로 반드시 폐수통에 회수하여라.
4. 은 이온은 피부에 묻으면 검은색으로 침착되니 주의하여라.
5. 진한 암모니아, NaOH, HCl 및 HNO_3 용액이 피부나 옷에 묻지 않도록 주의하여라.

실험보고서 19. 양이온 정성분석-I족(Ag^{+}, Hg_2^{2+}, Pb^{2+})

실험일자 : 년 월 일 교시

________ 대학 학과 ________ 학번 ________ 이름 ________

1. 실험 결과

1) 세 가지 이온의 혼합 용액을 가지고 행한 정성분석 실험 결과 관측한 사항을 단계별로 나누어 기술하여라.

2) 미지시료를 사용하여 같은 실험을 행한 후 관측사항을 단계별로 기술하여라.

제 1 단계 :

제 2 단계 :

제 3 단계 :

제 4 단계 :

제 5 단계 :

3) 따라서 미지시료에는

Ag^{+}가 (있다, 없다) 이유는? ________

Hg_2^{2+}가 (있다, 없다) 이유는? ________

Pb^{2+}가 (있다, 없다) 이유는? ________

2. 과 제

1) 양이온 I족 계통분석에서 일어나는 다음 각개반응들의 화학반응식을 완결하고 그 물질 밑에 색과 모양을 관찰한대로 표시하여라.

① (a) $Ag^+ + Cl^- \longrightarrow AgCl(s)$

(b) $Pb^{2+} + Cl^- \longrightarrow PbCl(s)$

(c) $Hg_2{}^{2+} + Cl^- \longrightarrow Hg_2Cl_2(s)$

② $PbCl_2(s) \xrightarrow{\text{뜨거운 물}} Pb^{2+} + Cl^-$

③ (a) $Pb^{2+}(aq) + CrO_4{}^{2-}(aq) \longrightarrow PbCrO_4(s)$

(b) $PbCrO_4(s) + OH^-(aq) \longrightarrow Pb(OH)_3{}^-(aq) + CrO_4{}^{2-}(aq)$

④ (a) $Hg_2Cl_2(s) + NH_3(aq) \longrightarrow Hg(NH_2)Cl(s) + Hg(s) + NH_4{}^+(aq) + Cl^-(aq)$

(b) $AgCl(s) + NH_3(aq) \longrightarrow Ag(NH_3)_2{}^+(aq) + Cl^-(aq)$

⑤ $Ag(NH_3)_2{}^+(aq) + 2H^+(aq) + Cl^-(aq) \longrightarrow AgCl(s) + 2NH_4{}^+(aq)$

2) 주기율표의 I족 원소명과 그 특성을 적어라.

3) 침전과 용액을 분리할 때 거름종이와 깔때기를 이용하는 방법을 그림으로 그려 나타내어라.

3. 고찰 및 의문점

실 험 20

양이온 정성분석-II족 (Bi^{3+}, Sn^{4+}, Sb^{3+}, Cu^{2+})

1. 목 적

II족 양이온(Bi^{3+}, Sn^{4+}, Sb^{3+},Cu^{2+})들의 성질을 이용하여 이들 이온의 혼합용액으로부터 각 이온을 분리하여 확인 한다.

2. 원 리

II족에 속하는 양이온의 황화물은 pH 0.5 정도의 산성에서도 용해되지 아니하므로 pH를 잘 조절해 놓고 H_2S 기체를 통하여 포화시키면 이 이온들의 황화물의 형태로 만들어서 다른 이온들과 분리할 수 있다. H_2S의 포화농도는 약 0.1 M정도이며, 약한 산성을 띤다.

$$H_2S \rightleftharpoons H^+ + HS^- \qquad (K_1 = 1\times10^{-7})$$

$$HS^- \rightleftharpoons H^+ + S^{2-} \qquad (K_2 = 1\times10^{-18})$$

$$H_2S \rightleftharpoons 2H^+ + S^{2-} \qquad (K_3 = K_1\times K_2 = 1\times10^{-22})$$

H_2S용액에 HCl 같은 산을 가하여 pH 1로 만들 경우 위의 마지막 식을 이용하여 계산하면 $[S^{2-}]$는 약 1×10^{-20}이다. 그러나 H_2S 포화용액에 암모니아수(NH_4OH)를 가하여 pH 9로 만들면 $[S^{2-}]$는 약 1×10^{-14}이다. H_2S 기체를 발생시켜서 통하여 주는 것보다 소량의 싸이오아세트아마이드(thioacetamide, CH_3CSNH_2)를 가하여 끓이면 냄새도 덜 나고 침전도 잘 가라앉기 때문에 간편하고 좋다. 싸이오아세트아마

이드가 수용액 중에서 가수분해되어 H_2S를 발생시키는 반응은 다음과 같다.

$$CH_3CSNH_2 + 2H_2O \rightleftharpoons H_2S(aq) + CH_3COO^-(aq) + NH_4^+(aq)$$

II족 양이온의 네 가지 황화물의 혼합물을 황화이온이 함유된 알칼리용액으로 추출하면 두 가지 무리로 나뉘어진다. 이 때 주석 및 안티모니의 황화물은 $Sn(OH)_6^{2-}$ 및 $Sb(OH)_4^-$의 형태로 되거나 또는 SnS_3^{2-} 및 SbS_3^{2-}의 형태로 되어 녹는다.

따라서, 이들은 Bi^{3+} 및 Cu^{2+}의 황화물과 분리할 수 있다. 이렇게 분리한 용액에 HCl을 가하여 산성으로 만든 다음 CH_3CSNH_3로 처리하면 다시 황화물의 침전이 생긴다. 재침전시킨 Sb_2S_3 및 SnS_2를 진한 염산으로 처리하면 클로로착물이 되어 녹는데, 이 용액을 적당한 검출법을 써서 시험하면 그들의 존재를 확인할 수 있다.

주석은 수용액 중에서 2+ 및 4+의 산화상태로 존재할 수 있으므로 이것을 이용하여 주석의 확인 실험을 할 수 있다. Sn^{4+}의 산성용액에 알루미늄 금속을 가하면 Sn^{2+}로 환원되는데, 이 용액에 $HgCl_2$ 용액을 가하면 산화-환원반응이 일어나서 Hg 또는 Hg_2Cl_2로 변하여 검은색 또는 회색의 침전이 생긴다.

Sb^{3+}와 Sn^{4+}의 염화물을 함유하는 용액에 옥살산을 가하면 아주 안정한 착물이 생성되는데, 여기서 황화이온을 가하면 선명한 주황색의 Sb_2S_3의 침전이 생기므로 Sb^{3+} 이온을 검출할 수 있다. 나머지 두 가지 황화물, 즉 CuS와 Bi_2S_3는 HNO_3와 같은 센 산화제에만 녹는다. HNO_3는 이들을 산화시켜 황을 단체 상태로 유리시키며 오랫동안 가열하면 황산에서와 같은 산화상태에까지 도달한다. 그러나 양이온은 그 산화상태가 변하지 않은 상태로 용액 내에 남아 있는데, 이 용액에 암모니아를 가하면 Cu는 진한 남색의 $Cu(NH_3)_4^{2+}$ 착이온이 되어 녹고, 수산화비스무트(III)는 침전이 되어 떨어진다. 수산화비스무트를 염산으로 처리하면 녹아버리는데, 이 용액을 증류수로 묽히면 BiOCl의 흰 침전이 생긴다.

3. 사용기구 및 시약

기 구	시 약
원심분리기	0.1 M $SnCl_4$
원심분리 시험관	0.1 M $SbCl_3$
시험관용 솔	($SnCl_4$, $SbCl_3$은 묽은 HCl용액에 녹임)
유리막대	0.1 M $Cu(NO_3)_2$
비커(100 mL)	0.1 M $BiCl_3$
물중탕	0.3 M HCl, 6 M HCl, 12 M HCl
눈금실린더	6 M KOH
씻기병	15 M NH_4OH
리트머스 시험지	6 M HNO_3
거름종이	1 M NH_4C
	0.1 M $HgCl_2$
	옥살산
	1 M 싸이오아세트아마이드(Thioacetamide)
	알루미늄박
	메틸바이오렛 지시약

4. 실험방법

1 pH조절

① II족 양이온 Sn^{4+}, Sb^{3+}, Cu^{2+} 및 Bi^{3+}의 질산염이나 염화물을 증류수에 녹여 각각 0.1 M 용액을 만든다.

② 이 용액들을 1 mL씩 섞어서 혼합액을 만들고 혼합액 1 mL를 취하여 원심분리용 시험관에 넣고 여기에 15 M NH_4OH용액을 떨어뜨려 염기성이 되게 하고, 유리막대에 용액을 찍어 리트머스지에 묻혀서 염기성이 되었는지 확인한다. 이렇게 하면 주석, 비스무트 및 안티모니의 옥시염화물(oxychloride)의 흰 침전이 생성된다.

③ 그런 다음, 용액 1 mL에 대하여 한 방울의 비율로 6 M HCl을 가하면 용액의

pH가 약 0.5로 된다. 이것을 확인하려면 메틸바이오렛 지시약 종이에 0.3 M HCl(pH 0.5)을 묻혔을 때의 색깔을 표준으로 색깔을 비교해 보면 된다. 지시약 시험지는 거름종이에 메틸바이오렛 용액을 묻혀서 말린 것을 쓰면 된다. 메틸바이오렛은 pH 0.5에서 청록색으로 변하므로 시료 용액에 HCl과 NH_4OH를 적당히 가하여 0.3 M HCl의 경우와 같은 색이 되도록 하면 그 pH를 조절할 수 있다.

2 황화물의 침전

① pH 0.5로 조절한 시료용액에 1 M 싸이오아세트아마이드 용액 15~20방울을 넣고 물중탕에서 5분 간 가열한 후 원심분리하여 상층액을 다른 시험관에 따라 옮기고, 침전에 다시 싸이오아세트아마이드 용액 2~3방울을 가하여 1분 간 방치한 후 침전 반응이 완결되었는가를 확인한다.

② 침전이 생길 경우에는 이 용액을 침전이 들어 있는 원래의 시험관에 옮기고 싸이오아세트아마이드 용액 2~3방울을 더 가한 후 물중탕에서 끓여 원심분리한다.

③ 윗층의 맑은액은 III족 양이온의 분석에 필요할 경우에는 잘 보관해 두어야 한다.

④ 침전은 1 M NH_4Cl용액으로 씻는다.

⑤ 그러기 위해서는 NH_4Cl용액 1 mL를 침전에 가하고 잘 저어준 다음 물중탕에서 끓인 후 원심분리한다. 씻은액은 버린다.

3 황화물의 분리

① 황화물 침전에 6 M KOH 15방울과 증류수 2 mL 및 싸이오아세트아마이드 용액 2~3방울을 가하고 잘 저어 주면서 물중탕에서 5분 간 가열한다.

② 이것을 원심분리하여 상층액을 다른 시험관에 조용히 따라 옮긴다.

③ 남아 있는 침전은 증류수 5방울로 씻고 씻은액은 앞서 받아 놓은 용액에 합한다. 이렇게 하면 주석과 안티모니은 착이온이 되어 용액 속에 들어가고 구리와 비스무트는 황화물의 침전상태로 남아 있게 된다. 침전은 다음 분석을 위하여

보관한다.

[4] SnS_2 및 Sb_2S_3의 재침전

① 3번 실험에서 얻은 용액에 12 M HCl을 가함으로써 리트머스 시험지에 대하여 산성이 되게 한다. 그러면 주석과 안티모니의 일부는 다시 주황색 침전으로 된다.

② 여기에 싸이오아세트아마이드 용액 5방울을 가하여 끓는 물중탕에서 가열한 다음 원심분리하고 상층액은 버린다.

[5] SnS_2 및 Sb_2S_3의 용해

① 4번 실험에서 얻은 용액에 12 M HCl 10~15방울을 가하고 끓는 물중탕에서 5분간 가열하여 침전을 녹인다.

② 이 시험관을 공기중탕(빈 비커) 속에서 몇 분 동안 가열함으로써 천천히 끓게 하여 H_2S를 날려 보낸다.

③ 이것을 원심분리하고 녹지 않은 황의 찌꺼기는 버린다.

[6] 주석의 존재 확인

① 5번 실험에서 얻은 용액을 둘로 나누어 한쪽에는 알루미늄 조각과 12 M HCl 1 mL를 가한다. Sn^{4+}이온이 존재하면 Al에 의하여 환원되어 Sn^{2+}으로 된다.

② 이 용액을 끓는 물중탕에서 5분간 가열한 후 원심분리하여 용액을 따라낸다. 검은 찌꺼기가 남아 있으면 안티모니가 존재함을 의미한다.

③ 이 용액에 0.1 M $HgCl_2$용액 2~3방울 가하여 회색 또는 검은색 침전이 생기면 주석의 존재를 확인할 수 있다. 이것은 산화-환원 반응으로 Hg_2Cl_2와 Hg가 생긴 결과이다.

[7] 안티모니의 검출

① 6번 실험에서 얻은 용액의 나머지 반에 증류수 5 mL와 옥살산 0.5 g을 가한다. 옥살산이 잘 녹지 않거든 용액을 가열하여 녹인다. 옥살산은 Sn^{4+}와 더불

어 대단히 안정한 착이온을 형성한다.

② 여기에 싸이오아세트아마이드 용액 10방울을 넣고 물중탕에서 가열한다. 주황색의 침전(Sb_2S_3)이 생성되면 안티모니가 검출된 증거이다.

8 CuS 및 Bi_2S_3의 용해와 Cu^{2+}, Bi^{3+}의 분리 및 확인

① 3번 실험에서 남은 황화물 침전에 6 M HNO_3 30방울을 가하고 천천히 가열하여 침전을 완전히 녹인다.

② 이것을 원심분리하여 황을 제거하고 상층액은 작은 비커에 따라내어 약 0.5 mL로 될 때까지 증발시키고 15 M NH_4OH 용액을 가함으로써 리트머스 시험지에 대하여 염기성을 나타나게한 다음 2~3방울 더 가한다. 이 때, 진한 푸른색이 나타나면 $Cu(NH_3)_4^{2+}$ 착이온의 생성을 의미하므로 구리를 확인할 수 있다.

9 비스무트의 검출

① 8번 실험에서 NH_4OH 용액을 가할 때에 흰 침전이 생기면 이것은 $Bi(OH)_3$일 것이다. Bi^{3+}를 검출하기 위해서는 8번 실험에서 얻은 용액을 원심분리하여 상층액은 따라내고 이 때 얻은 침전에 6 M HCl 5방울을 가하여 녹인다.

② 녹지 않는 찌꺼기(황)가 있으면 원심분리하여 제거한다.

③ 이 용액을 약 100 mL정도의 찬 증류수에 부어서 흰 침전이 생기면 비스무트가 검출된 것이다. 이 침전은 BiOCl이다.

실험보고서 20. 양이온 정성분석-II족 (Bi^{3+}, Sn^{4+}, Sb^{3+}, Cu^{2+})

실험일자 : 년 월 일 교시

________ 대학 학과 ________ 학번 ________ 이름 ________

1. 실험 결과

II족 양이온의 계통분석표를 작성하여라(III족 양이온 계통분석표 참고).

2. 과 제

1) Bi^{3+}와 Cu^{2+}가 섞인 용액에서 두 이온을 분리, 확인하는 방법을 써라.

2) 다음 반응을 반응식으로 써라.

① 황산납이 아세트산나트륨에 녹는 반응

② 구리가 질산에 녹는 반응

③ As_2S_3가 $(NH_4)_2S_2$에 녹는 반응

④ Cu^{2+} 용액에 암모니아수를 가할 때의 반응

⑤ Cd^{2+} 용액에 암모니아수를 가할 때의 반응

3. 고찰 및 의문점

실 험 21
양이온 정성분석-III족 (Cr^{3+}, Al^{3+}, Fe^{3+}, Ni^{2+})

1. 목 적

20장에서 언급한 바와 같이 금속이온 중 산성에서 황화물 침전을 형성하는 양이온들을 양이온 II족이라 하고, 산성에서는 황화물 침전이 되지 않지만 염기성에서 수산화물을 형성하는 양이온들을 III족이라 한다. 한편 염기성에서 황화물 침전하는 양이온들을 양이온 IV족이라 한다. 이 실험에서는 Cr^{3+}, Al^{3+}, Fe^{3+} 및 Ni^{2+}의 양이온들의 혼합 시료에 대한 계통분석 및 각개반응을 통하여 이들의 성질을 알아본다.

2. 원 리

양이온 III족에 속하는 이온은 Cr^{3+}, Al^{3+}, Fe^{3+} 및 Ni^{2+}이다. 이들의 황화물을 II족 이온보다 훨씬 잘 녹기 때문에 산성 용액 중에서는 H_2S를 포화시켜도 침전되지 않는다.

III족 이온을 분석함에 있어서는 우선 이들의 용액에 과산화수소를 넣고 수산화나트륨으로 처리하여 가열한다. 그러면 크롬(III)는 CrO_4^{2-}으로 산화되고, Al(III)는 $Al(OH)_4^-$와 같은 수산화착물을 형성하여 크롬산이온과 함께 용액 속에 남아 있게 된다. 한편 Fe(III) 및 Ni(II)은 각각 $Fe(OH)_3$, $Ni(OH)_2$의 침전으로 떨어지는데, 이러한 수산화물은 $Al(OH)_3$와 달라서 양쪽성이 아닌 까닭에 센 염기성 용액에서도 침전된다.

이 용액을 산성으로 만들고 암모니아수를 가하면 $Al(OH)_3$의 침전이 다시 생기게 되므로 Cr(VI)는 Al(III)과 분리된다. 이 CrO_4^{2-} 용액에 $BaCl_2$ 용액을 가하면 $BaCrO_4$의 노란색 침전이 생긴다. $BaCrO_4$의 침전을 HNO_3에 녹이면 $Cr_2O_7^{2-}$으로 되어 주황색 용액이 되는데, 이 용액에 H_2O_2를 가하면 진한 푸른색을 띠게 된다. 이것은 아마도 CrO_5와 같은 과산화물이 생성된 때문이라 생각되는데, 이러한 현상은 시료 중에 존재하는 크로뮴의 존재를 확인하는 데 이용된다. 여기에 다이에틸이써를 가하면 푸른색의 화학종을 추출할 수 있다.

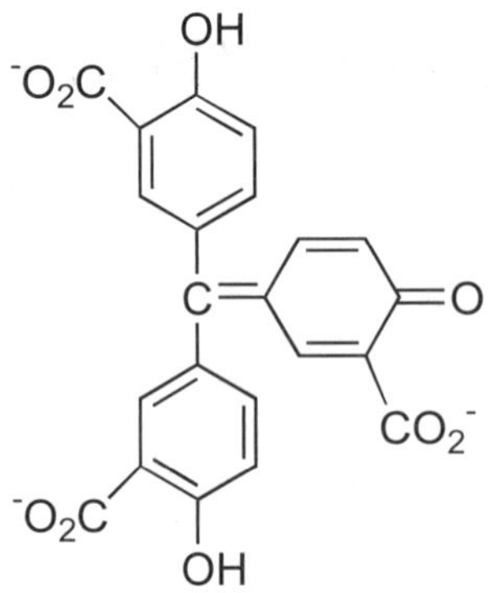

그림 21-1 알루미논 시약의 구조

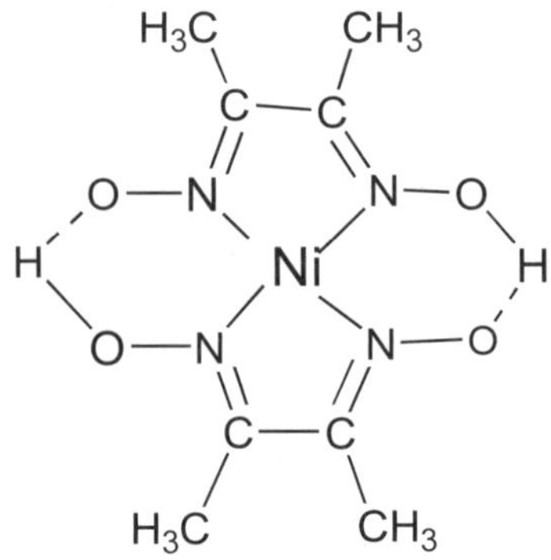

그림 21-2 〔$Ni(HDMG)_2$〕의 구조

시료 중의 알루미늄을 확인하려면 젤라틴 모양의 수산화물을 물에 녹여 놓고, 이때 생긴 침전상태의 수산화알루미늄에 알루미논(aluminon) 시약을 가하여 붉은 레이크(lake)가 생성되는 것을 보면 된다(그림 21−1).

$Ni(OH)_2$ 및 $Fe(OH)_3$의 혼합침전을 HNO_3으로 용해시킨 다음 NH_4OH를 가하면 $Fe(OH)_3$가 다시 침전되는 동시에 니켈은 $Ni(NH_3)_6^{2+}$의 착이온으로 되어 녹는다. 용액 중의 니켈은 다이메틸글라이옥심(dimethylglyoxime, $C_4H_8N_2O_2$, H_2DMG)을 가하여 검출하는데, 이 유기침전제는 니켈과 반응하여 진한 분홍색의 침전 $NiC_8H_{14}N_4O_4$, [$Ni(HDMG)_2$]를 생성한다(그림 21−2). 철의 $Fe(OH)_3$ 침전을 HCl에 녹여서 생긴 용액에 KSCN 용액을 가하여 생기는 짙은 붉은색으로 검출된다. 이 색은 $FeSCN^{2+}$ 또는 이와 유사한 착이온 화학종의 생성으로 인한 것이다. 그림 21−3은 양이온 III족과 IV족의 정성분석에 관한 계통도이다.

<관련된 화학 반응식들>

1. Cr^{3+}의 산화 및 난용성 수화물의 형성

$Fe^{3+}(aq) + 3OH^-(aq) \longrightarrow \underline{Fe(OH)_3(s)}$	붉은 갈색 침전
$Ni^{2+}(aq) + 2OH^-(aq) \longrightarrow \underline{Ni(OH)_2(s)}$	초록색 침전
$Al^{3+}(aq) + 4OH^-(aq) \longrightarrow \underline{Al(OH)_4^-(aq)}$	무색 착이온
$Cr^{3+}(aq) + 4OH^-(aq) \longrightarrow \underline{Cr(OH)_4^-(aq)}$	초록색 착이온

$$2Cr(OH)_4^-(aq) + 3HO_2^-(aq) \longrightarrow \underline{2CrO_4^{2-}(aq)} + 5H_2O(l) + OH^-(aq)$$

노란색

여기서 HO_2^-는 강한 염기성 용액에서 H^+을 잃은 H_2O_2로서 ($Cr^{3+} \longrightarrow CrO_4^{2-}$ 에서의) 산화제로서 작용한다.

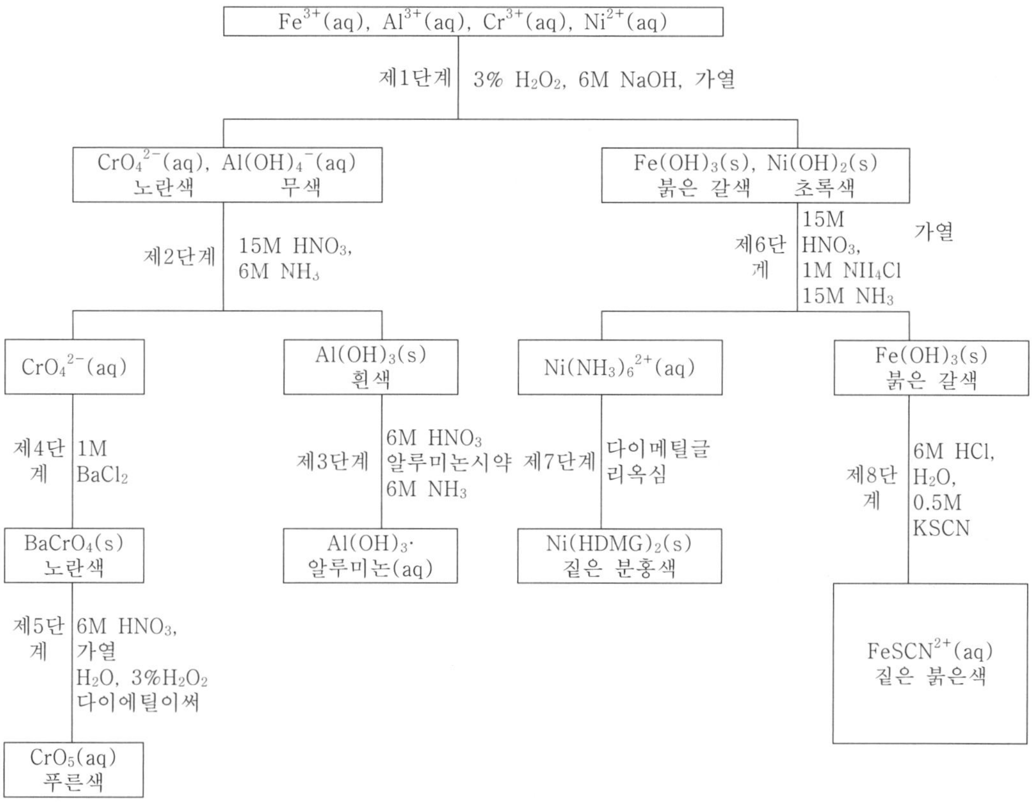

그림 21-3 양이온 III, IV족의 계통분석표

2. Al^{3+}의 검출 ———— 알루미논 시약의 사용

1) $Al(OH)_4^-(aq) + 4H^+(aq) \longrightarrow Al^{3+}(aq) + 4H_2O(l)$

$$Al^{3+}(aq) + 3OH^-(aq) \longrightarrow Al(OH)_3(s)$$

2) 알루미논 시약이 $Al(OH)_3(s)$(젤라틴 형태)의 표면에 흡착되어 붉은색 레이크 형성

3. Cr^{3+}의 확인 ———— $CrO_5(aq)$의 형성

1) $CrO_4^{2-}(aq) + Ba^{2+}(aq) \longrightarrow BaCrO_4(s)$ 노란색 침전

2) $2BaCrO_4(s) + 2H^+(aq) \longrightarrow 2Ba^{2+}(aq) + Cr_2O_7^{2-}(aq) + H_2O(l)$

3) $Cr_2O_7^{2-}(aq) + 4H_2O_2(aq) + 2H^+(aq) \longrightarrow \underline{2CrO_5(aq)} + 5H_2O(l)$

푸른색

4. Fe^{3+}의 확인 ———— Fe^{3+}와 SCN^-의 착이온 형성

1) $Fe(OH)_3(s) + 3H^+(aq) \longrightarrow Fe^{3+}(aq) + 3H_2O(l)$

2) $Fe^{3+}(aq) + SCN^-(aq) \longrightarrow \underline{Fe(SCN)^{2+}(aq)}$

짙은 붉은색 착이온

5. Ni^{2+}의 검출 ———— $[Ni(HDMG)_2]$의 형성

1) $Ni(OH)_2(s) + 2H^+(aq) \longrightarrow Ni^{2+}(aq) + 2H_2O(l)$

2) $Ni^{2+}(aq) + 4NH_3(aq) \longrightarrow Ni(NH_3)_4^{2+}(aq)$

3) $Ni(NH_3)_4^{2+}(aq) + 2(CH_3)_2C_2(NOH)_2 \longrightarrow \underline{Ni(C_4H_7N_2O_2)_2(s)} + 2NH_3(aq)$

짙은 분홍색

3. 사용기구 및 시약

기 구	시 약
원심분리기	0.1 M Fe^{3+}
원심분리용 시험관	0.1 M Al^{3+}
시험관용 솔	0.1 M Cr^{3+}
유리막대	0.1 M Ni^{3+}
비커(50 mL)	3 % H_2O_2
스포이트가 붙은 지시약병(50 mL)	6 M NaOH
시험관 집게	6 M, 15 M HNO_3
	1 M $BaCl_2$
	6 M, 15 M NH_3
	6 M HCl
	0.5 M KSCN
	1 M NH_4Cl
	1 % 다이메틸글라이옥심-에탄올 용액
	0.01 % 알루미논 시약
	다이에틸이써

4. 실험방법

[1] 양이온 III족 시료 용액

양이온 II족을 제거하고 남은 용액을 사용할 경우에는, 이 용액을 작은 비커(50 mL)에 넣고 끓여서 H_2S와 남아 있는 산을 날려보내되 용액의 부피가 1 mL 정도 되게 증발시킨다. 황의 찌꺼기가 남아 있으면 원심분리기에 걸어서 제거한다. III족 이온들의 혼합용액을 직접 사용하고자 할 경우에는 각각 0.1 M Fe^{3+}, Al^{3+}, Cr^{3+}, Ni^{2+} 용액을 1 mL씩 혼합하여, 그 혼합용액을 1 mL를 취하여 사용한다.

[2] Cr(III)의 산화 및 난용성 수산화물의 분리

① 시료용액 1 mL를 작은 시험관에 넣고 3 % H_2O_2 3방울을 가한 다음 6NaOH 15방울을 가하여 용액을 센 염기성으로 만든다.

② 이것을 1분 간 저어준 다음 조심스럽게 끓여서 여분으로 넣은 H_2O_2를 제거한다. H_2O_2가 모두 분해되면 용액이 갑자기 끓어올라서 튀는 경우가 있다.

③ Cr(III)이 산화되기 시작하면 용액은 노란색으로 변할 것이다. 그렇게 되지 않으면 3방울의 H_2O_2를 더 가하고 조심하여 다시 끓인 후 원심분리하여 위층의 용액을 조용히 따라낸다. 침전에는 철과 니켈의 수산화물이 들어 있고, 용액에는 크로뮴과 알루미늄[CrO_4^{2-} 및 $Al(OH)_4^-$]이 들어 있다. 따라서 다음 실험을 위하여 침전과 용액을 각각 따로 보관한다.

[3] Al과 Cr의 분리 및 알루미늄의 검출

① [2]에서 보관해 두었던 용액에 산성이 될 때까지 15 M HNO_3를 1방울씩 떨어뜨린다(리트머스 시험지로 확인한다).

② 이 용액이 염기성이 될 때까지 다시 6 M NH_3를 떨어뜨린다. 그러면 Al^{3+}은 $Al(OH)_3$으로 되어 젤라틴 모양의 침전이 되는데, 이 침전이 노란색을 띠는 것은 CrO_4^{2-} 이온의 색깔 때문이다.

③ 이것을 원심분리하여 CrO_4^{2-}이 들어 있는 용액은 다음 실험을 위하여 보관한다.

④ 침전을 1 mL의 뜨거운 물로 씻고 씻은 액은 버린다.

⑤ 이 침전에 5 M HNO_3 몇 방울을 가하여 녹이고, 불용성 물질은 원심분리하여 제거한다.

⑥ 이 용액에 알루미논(aluminon)용액 방울을 넣고 잘 저어준 다음 6 M NH_3를 가하여 약간 알칼리성으로 되게 한다. 이 때 생기는 붉은 침전은 알루미늄이 존재한다는 증거가 되는데, 이것은 알루미논이 $Al(OH)_3$에 흡착되어 생기는 레이크 때문이다.

4 크로뮴의 확인

① 3에서 보관했던 용액에 1 M $BaCl_2$를 가하면 $BaCrO_4$의 노란 침전이 생기는데, 침전 반응이 느리면 시험관을 물중탕에서 끓인다.

② 이것을 원심분리하여 위층의 용액을 따라낸다.

③ 침전을 6 M HNO_3 3방울로 녹이고 1분 동안 조용히 가열하면서 저어준다.

④ 여기서 물 4방울을 넣고 찬물로 식힌 후 3 % H_2O_2 1방울과 다이에틸이써 2방울을 가한다. 시험관을 방치하여 액이 두 층으로 갈라지게 둔다. 이써층에 생기는 푸른색은 곧 퇴색되지만, 이 현상은 크롬의 확인에 쓰인다.

5 Ni^{2+}와 Fe^{3+}의 분리

① 2에서 얻은 침전에 15 M HNO_3 8방울을 가하고 끓는 물 중탕에서 가열하여 완전히 용해시킨다.

② 이것을 냉각시켜서 1 M NH_4Cl 10방울을 가한 후 용액이 리트머스에 대하여 알칼리성을 나타낼 때까지 15 M NH_4OH를 떨어뜨린다. 그러면 철은 $Fe(OH)_3$의 갈색 침전으로 된다.

③ 여기에 NH_4OH를 4~5방울쯤 더 가하여 잘 저어주면 니켈은 $Ni(NH_3)_4^{2+}$로 되어 녹아 있게 된다. 이것을 원심분리하여 용액과 침전을 각각 보관한다.

6 Ni^{2+}의 확인

5에서 보관했던 용액에 1 % 다이메틸글라이옥심-에탄올 4방울을 가하여 붉은 침전이 생기면 니켈이 있다는 증거다.

7 Fe^{3+}의 확인

① 5에서 얻은 침전을 0.5 mL의 6 M HCl로 녹인다.

② 이것을 2 mL의 물로 묽힌 다음 0.5 M KSCN 2방울을 가한다. 붉은 핏빛이 나타나면 Fe^{3+}이 존재함을 나타낸다.

5. 주의 및 참고사항

1 모든 시약은 스포이트가 붙은 지시약병에 넣어서 몇 조가 공동으로 사용하도록 한다.

2 0.01 % 알루미논 시약 : aurintricarboxilic acid(또는 Ammonium aurintic carboxitate)

3 1 % 다이메틸글라이옥심-에탄올 용액 : 95 % EtOH 1 L에 10 g의 dimethylglyoxim을 녹여서 만든다.

4 이상과 같은 분석절차를 이용하면 여러 가지 금속 양이온이 공존하는 미지시료에서 I족 및 II족 양이온들을 차례로 제거하고, 남은 용액에서 다시 양이온 III족을 분리하여 분석할 수 있다. 시간이 허락하면 조교로부터 미지시료 용액을 받아 양이온 III족을 분석하여 보아라.

실험보고서 21. 양이온 정성분석-III족 (Cr^{3+}, Al^{3+}, Fe^{3+}, Ni^{2+})

실험일자 : 년 월 일 교시

________ 대학 학과 ________ 학번 ________ 이름 ________

1. 실험 결과

1) 이온 혼합용액을 가지고 행한 실험 결과 관측한 사항을 단계별로 나누어 기술하여라.

2) 미지시료를 사용하여 같은 실험을 행하고 관측사항을 기술하여라.

제 1 단계 :

제 2 단계 :

제 3 단계 :

제 4 단계 :

제 5 단계 :

제 6 단계 :

제 7 단계 :

제 8 단계 :

3) 따라서 미지시료에는

Fe^{3+}가 (있다, 없다) 이유는?

Al^{3+}가 (있다, 없다) 이유는?

Cr^{3+}가 (있다, 없다) 이유는?

Ni^{3+}가 (있다, 없다) 이유는?

2. 과 제

철, 알루미늄, 크로뮴, 니켈 등 금속은 공업적으로 어떻게 생산되며 그 용도들은 어떤 것인지 조사하여 보고하여라.

3. 고찰 및 의문점

실 험 22
전기분해

1. 목 적

산화, 환원 반응의 일종인 전기 화학 반응을 이용하여 물질을 확인하거나 반응한 양을 측정할 수도 있다. 전기분해에서 일정한 전기량에 의해 석출되는 물질의 무게는 그 물질의 당량에 비례한다. 이 실험에서는 황산구리 용액 및 황산아연 용액의 전기분해를 실습하고 석출된 금속의 무게를 측정하여 흐른 전기량을 계산하는 방법을 습득한다.

2. 원 리

전기 화학 반응에는 전지 반응(Voltaic cell)과 전기 분해 반응(Electrolytic cell)이 있다. 화학전지에서와 같이 일반적으로 산화전위가 큰 금속 A를 산화전위가 작은 금속 B의 염 용액에 담그면 B금속이 A금속의 표면에 석출하고, 석출량과 같은 당량의 A금속이 산화되어 이온으로 변하면서 용액 속으로 녹아 들어간다. 그러나 반대로 A금속의 염 용액에 B금속을 담그면 반응이 일어나지 않는다. 예를 들면, 황산아연 용액에 철판을 담그면 화학변화는 일어나지 않는다. 그러나 철판을 음극으로, 비활성금속 또는 아연판을 양극으로 하여 일정전압(분해전압)보다 높은 전압을 걸어 주어 전류를 통하면 철판에 금속 아연이 석출된다.

이와 같이 외부에서 알맞은 전압으로 전류를 통하여 주어 전극 표면에서 전해질이 화학변화를 일으키게 하는 것을 전기분해 또는 전해라고 한다. 이 때 석출되는 물질의 무게는 통해준 전기량에 비례하며, 일정한 전기량에 의해 석출되는 물질의 무게는 그 물질의 당량에 비례한다(Faraday의 법칙). 이 법칙에서 전류(i)를 일정시간(t) 통해 주었을 때의 전기량은

$$Q = i \cdot t = F \cdot \frac{n\omega}{M}$$

여기서 n은 반응에 관여한 전자의 mol수, ω는 반응한 시료의 무게, M은 시료의 분

자량이다. 1그램당량의 물질을 전기분해하는 데는 96,500쿨롱의 전기량이 필요한데 이 전기량을 1페러데이(F)라고 부르며, 이것은 전자 1몰에 해당하는 전기량이다. 그러므로 전기분해 실험에서 생성되는 물질의 무게는 그 물질의 당량과 통해 존 전기량(Faraday 수)으로부터 구할 수 있으며, 또한 이와 반대로 통해 준 전기량은 생성되는 물질의 당량수로부터 계산할 수 있다.

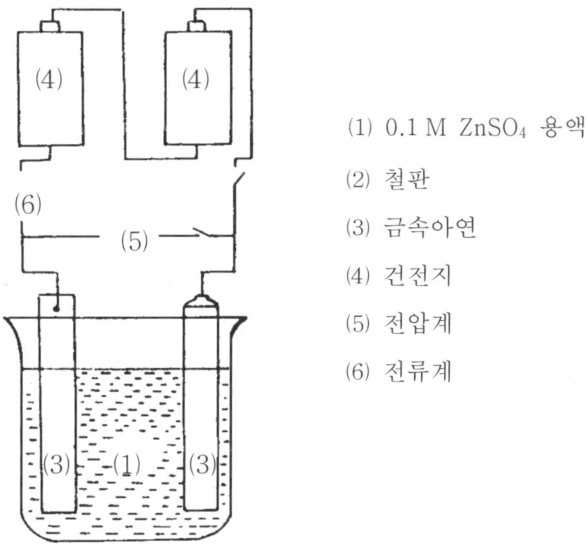

그림 22-1 전기분해 장치

3. 사용기구 및 시약

기 구	시 약
Fe판	0.1 M $ZnSO_4$
Zn판	
구리도선	
사포(500번)	
출력이 4.5V 이상인 D.C. Adapter 2개	
(또는 건전지(1.5Volt) 6개)땜납과 땜인두	

전압계(multimeter)-(0~5 Volt) 2개
전류계(0~0.5 Amp.) 2개
씻기병
삼중대 저울

4. 실험방법

① 출력이 4.5볼트 이상되는 D.C. Adapter를 양극 및 음극에 각각 구리도선으로 고정시킨다.[2)]

② 사포로 닦아 금속 광택이 나게 한 철판과 아연판의 무게를 10 mg까지 정확히 단 후 100 mL 비커에 0.1 M 황산아연 용액 100 mL를 넣고 그림 22-1과 같이 전기분해 장치를 꾸민다.[3)]

③ 회로를 연결하고 정확히 60분간 전기분해를 계속한다. 10분 간격으로 전압과 전류를 읽어 보고서에 기록한다. 60분 후 구리판을 꺼내어 말려서 그 무게를 단 다음 보고서에 기록한다.

5. 주의 및 참고사항

1 전류계는 내부저항이 작을수록 좋고, 전압계는 내부저항이 큰 멀티미터(multimeter)를 사용하면 좋다.

2 건전지는 사용함에 따라 내부저항이 커져서 전압이 낮아지므로 일정 전압원을 사용하면 좋다.(D.C. Adapter 또는 더 좋게는 Zener diode나 Fixed voltage regulator를 사용한 일정전압)

3 두 시간 실험에서는 땜질 등 기본 장치는 미리 준비하여 학생들에게 공급하는 것이 좋다.

---

2). 1.5 볼트 건전지 3개를 땜납을 써서 구리도선으로 직렬로 연결하여 4.5볼트 건전지로 쓸 수 있다.

3). 미리 만든 전기 분해 장치를 쓰면 시간을 절약할 수 있다.

실험보고서 22. 전기분해

실험일자 : 년 월 일 교시

__________ 대학 학과 ______ 학번 ______ 이름 ___________

1. 실험 결과

(1) 전기분해 전의 철판의 무게 ____________________g

전기분해 후의 철판의 무게 ____________________g

전기분해 전의 아연판의 무게 ____________________g

전기분해 후의 아연판의 무게 ____________________g

석출된______________무게 ____________________g

석출된______________무게 ____________________g

(2) 전압과 전류의 변화

시 간		0분	10분	20분	30분	40분	50분	60분
실험	전압							
	전류							

(3) 시간에 따른 전류의 변화를 그래프로 그려라.

2. 과 제

(1) 전기분해할 때 두 극에서 일어나는 반응을 반응식으로 써라.

실 험

양극

음극

(2) 실험에서 석출된 금속과 감소된 금속의 무게를 사용하여 흐른 전기량을 따로따로 계산하고 비교하여 보아라.

(3) 전극의 크기와 잠김 정도 그리고 전극 사이의 간격을 변화시켜 보고, 전류에 어떤 영향이 있는지 관찰하여라.

3. 고찰 및 의문점

실 험 23
화학전지

1. 목 적

전기 화학 반응에서 발생하는 전자의 흐름을 이용하여 만들어진 전지의 기본원리를 이해하고 전지의 전위차와 산화-환원 반응의 평형상수 등과의 관계를 알아본다.

2. 원 리

산화-환원 반응은 전자의 이동으로 일어난다. 즉, 어떤 원자가 전자를 잃어버리는 반응을 산화라 하고 전자를 얻는 반응을 환원이라 한다. 예컨대 금속 아연을 황산구리 용액에 담그면 아연이 녹아 아연 이온으로 산화되고 구리 이온은 환원되어 금속 아연 표면에 금속 구리가 석출된다.

$$Zn + Cu^{2+} \longrightarrow Cu + Zn^{2+}$$

그러나 이러한 반응 조건에서는 화학 에너지의 변화가 열(반응 엔탈피)로써만 나타난다. 그림 23-1과 같이 반응계를 분리시키면 전기 에너지를 얻을 수 있다.
이 반응은 다음과 같은 두 반쪽반응으로 나타낼 수 있다.

$$Zn \longrightarrow Zn^{2+} + 2e^-$$

$$Cu^{2+} + 2e \longrightarrow Cu$$

이와 같이 산화-환원 반응은 전자를 내어주는 환원제와 전자를 받아들이는 산화제의 쌍의 작용으로 일어나며, 이 때 잃거나 얻은 전자의 수는 같다. 산화-환원 반응의 당량은 산-염기 중화 반응의 당량과는 달리 이동된 전자수를 고려해야한다. 즉, 화학식량을 반응에 관계한 전자의 수로 나누어 준 값이 당량이 된다.

산화-환원 반응의 척도는 전위차인데 전위차는 수소 반쪽전지를 기준으로 하여 측정한다. 표준 반쪽전지는 수소이온 농도가 1.0 M인 용액에 담근 백금 전극 위에 1기압의 수소를 접촉시켜 만든 것이다.

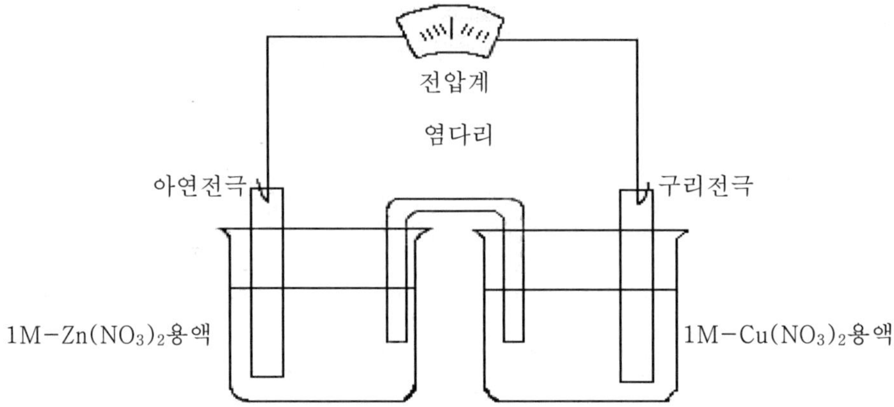

그림 23-1 구리-아연 전지

$2H^+(1.0M)$ + 2e-　　　　H_2(1기압)　　　　E^0 = 0.00 V

이 반쪽전지를 표준 수소전극이라 하고, 이때의 전위를 0.00 V 로 정하였다. 다른 반쪽전지의 전위는 이 표준 수소전극과의 전위차를 측정하여 구한다. 이 때 전위차는 환원전위차로 표시한다.

$$aA + bB + ne^- \longrightarrow cC + dD$$

한 반쪽전지에서 전위와 농도와의 관계를 식으로 표시하면 다음과 같다.

$$E = E^0 - \frac{RT}{nF} \ln \frac{[C]^c[D]^d}{[A]^a[B]^b}$$

이 식을 Nernst 방정식이라 하는데, 여기에서 R은 기체상수, T는 절대온도, F는 Faraday, n 은 이동된 전자의 수, E^0는 이온들의 농도가 모두 1.0 M 씩 일때의 전위인데, 이 전위를 표준 환원전위라고 한다.

298K에서 2.303RT/F 는 0.0591 V 이므로 앞의 식은 다음과 같이 된다.

$$E = E^0 - \frac{0.0591}{n} \log \frac{[C]^c[D]^d}{[A]^a[B]^b}$$

산화-환원 반응계를 물리적으로 분리시키고 이동되는 전자를 외부 도선으로 끌어낼 수 있다. 이와 같이 만든 것이 전지이다. 전지는 반쪽전지 2개로 구성되며, 한쪽 반쪽전지는 산화제, 다른 반쪽전지는 환원제의 구실을 한다. 이 반쪽전지들은 각각 그 성분의 산화된 형태와 환원된 형태의 접촉으로 이루어진다. 위 예에서 아연 반쪽전지는 아연 이온과 금속 아연으로, 구리 반쪽전지는 구리 이온과 금속 구리의 접촉으로 구성되어 있다. 아연 이온과 구리 이온은 염다리 또는 다공성 칸막이로 연결시키고 금속 아연과 금속 구리를 도선으로 연결시키면 전자는 도선을 통하여 흐르게 된다. 위의 아연 반쪽전지에서와 같이 전극에서 산화반응이 일어나는 전극을 양극(anode)이라 하고, 구리 반쪽전지에서와 같이 환원반응이 일어나는 전극을 음극(cathode)이리고 하며, 두 반쪽전지 반응은 다음과 같이 나타낼 수 있다.

$$\text{양극 : } Zn \longrightarrow Zn^{2+} + 2e^-$$

$$\text{음극 : } Cu^{2+} + 2e^- \longrightarrow Cu$$

전지의 전압은 두 극의 각각의 반쪽전위가 나타내는 전위차이다.

$$E_{cell} = E_{cathode} - E_{anode}$$

다음과 같은 일반적인 산화-환원 반응을 생각해 보자.

$$a \text{ 산화제}_1 + b \text{ 환원제}_2 \rightleftharpoons a \text{ 환원제}_1 + b \text{ 산화제}_2$$

이 반응은 다음의 두 반쪽전지로 나타낼 수 있다.

즉,

$$a \text{ 산화제}_1 + ne^- \longrightarrow a \text{ 환원제}_1 \ ; \ E_1^0$$

$$E_1 - E_1^0 = \frac{0.0591}{n} \log \frac{[\text{환원제}_1]^a}{[\text{산화제}_1]^a}$$

$$b \text{ 산화제}_2 + ne^- \longrightarrow a \text{ 환원제}_2 \ ; \ E_2^0$$

$$E_2 - E_2^0 = \frac{0.0591}{n} \log \frac{[\text{환원제}_2]^a}{[\text{산화제}_2]^a}$$

이 산화-환원 반응이 평형에 도달하면 $E_1 = E_2$로 되는데, 이것을 Nernst방정식으로 나타내고 정리하면 다음과 같다.

$$E_1^0 - E_2^0 = \frac{0.0591}{n} \log \frac{[\text{환원제}_1]^a [\text{산화제}_2]^b}{[\text{산화제}_1]^a [\text{환원제}_2]^b}$$

$$\frac{n(E_1^0 - E_2^0)}{0.0591} = \log K_{eq}$$

여기서

$$K_{eq} = \frac{[\text{환원제}_1]^a[\text{산화제}_2]^b}{[\text{산화제}_1]^a[\text{환원제}_2]^b}$$

이고, K_{eq}는 위 반응의 평형상수이다. 이와 같이 두 반쪽전지의 표준 환원전위의 값으로부터 평형상수를 구할 수 있다.

3. 사용기구 및 시약

기 구	시 약
납판	1 M $Pb(NO_3)_2$
아연판	1 M $Zn(NO_3)_2$
구리판	1 M $Cu(NO_3)_2$
염다리(3개)	0.01 M $Zn(NO_3)_2$
구리도선(50 cm)	0.001 M $Zn(NO_3)_2$
직류전압계(0.01Volt 단위, 2Volt, $10^5\Omega$/Volt)	진한 NH_3(28~30 %)
사포(sand paper) 500번 1매	
비커(50~100 mL) 3개	
비커(100 mL) 2개	

4. 실험방법

① 세 가지(납판, 아연판, 구리판) 금속판 표면에 묻어 있는 녹 또는 기름기를 사포로 문질러 닦아서 깨끗한 금속면이 나타나도록 한다.

② 세 가지 금속의 질산염 1M 용액 20 mL씩을 취하여 3개의 50~100 mL 비커에 넣고 세 가지 금속을 차례로 담그어 화학반응이 일어나는가를 살펴보고, 여섯 가지 조합실험에서 각각의 산화제 또는 환원제의 순서를 결정하여 보고서에 기록하여라.

③ (3.1) 1 M 질산아연 및 1 M 질산구리 용액 40 mL씩을 취하여 2개의 100 mL 비커에 각각 넣고 그림 23-1과 같이 장치한 후, 이 전지의 전압을 측정하여라.

(3.2) 또, 다른 금속과 금속 용액을 같은 방법으로 보고서에 기입되어 있는 대로 조합하여 전지를 만들고 각각의 전압을 측정하여라.

(3.3) 또, 전압을 측정할 때 전류가 흐르는 방향을 살펴보아 양극과 음극을 가려내어라

(3.4) 교과서에 있는 각 반쪽전지의 표준 환원전위 값으로부터 얻어지는 전압의 계산 값과 비교하여 오차(%)를 기록하여라.

④ 실험 3에서 아연과 구리를 조합하여 만든 전지의 질산구리 용액에 진한 암모니아수 4 mL를 가하여 잘 섞은 뒤 전압을 측정하고(0.01 V 단위의 전압계가 필요하다), 다시 질산아연 용액에도 진한 암모니아수 4 mL를 가하고 전압을 측정하여 전압의 변화가 있으면 측정값과 그 이유를 기록하여라.

⑤ [4)]농도차 전지

1 M, 0.01 M, 0.001 M 질산아연 용액을 가지고 다음과 같은 2개의 전지를 만들어 각각의 전압을 측정하고 그 결과를 보고서에 기록하여라.

i) $Zn \mid 1M{-}Zn(NO_3)_2 \parallel 0.01M{-}Zn(NO_3)_2 \mid Zn$

ii) $Zn \mid 1M{-}Zn(NO_3)_2 \parallel 0.001M{-}Zn(NO_3)_2 \mid Zn$

위식에서 양끝의 금속 옆 수직선은 고체와 기체, 또는 액체와 기체와 같이 서로 다른 상의 접촉을, 그리고 쌍수직선은 다공성 칸막이나 염다리와 같은 전해질 물질의 접촉제를 나타낸다. 이 전지들은 두 반쪽전지의 금속과 용액이 같은 물질로 되어 있고 다만 농도에만 차이가 있다. 이와 같은 전지를 농도 차 전지라고 한다.

5. 주의 및 참고사항

1 실험을 빨리 진행시키기 위해서는 염다리(salt bridge)는 준비실에서 미리 만들어 공급하는 것이 좋다. 염다리는 4 % agar(우뭇가사리)수용액에 KCl을 포

(주의) 각 용액에 금속판을 담그었다가 꺼낼 때마다 사포로 문질러 닦고 물로 씻어 말린 다음 다른 비커에 넣고 관찰하여라.

4). 시간이 부족하면 실험⑤는 생략해도 좋다.

화시키고 (25 ℃에서 3.5 M), 이 용액을 U자형 유리관에 넣어 냉각시켜서 만든다.

실험보고서 23. 화학전지

실험일자 : 년 월 일 교시

__________ 대학 학과 ________ 학번 _________ 이름 ____________

1. 실험 결과

1) 세 가지 금속을 각각 다른 두 가지 금속질산염 용액에 담그었을 때 화학반응의 유무를 O, X로 표시하여라.

	1	2	3	4	5	6
조 합	$Cu-Zn^{2+}$	$Cu-Pb^{2+}$	$Pb-Cu^{2+}$	$Pb-Zn^{2+}$	$Zn-Cu^{2+}$	$Zn-Pb^{2+}$
반응유무						

2) 다음 각 조합으로 된 전지에 대해 포를 작성하여라.

조 합 / 전 압	Zn−Cu	Zn−Pb	Cu−Pb
측 정 값			
계 산 값			
오 차(%)			

3) 암모니아수를 가했을 때의 전압의 변화

a) 암모니아수의 농도 및 부피 ____________% ____________mL

b) 질산구리 용액에 가했을 때의 전지의 전압 ____________Volt

c) 질산아연 용액에 가했을 때의 전지의 전압 ____________Volt

4) 농도전지에 측정된 전압과 계산에서 구한 전압을 기록하여라.

측정값 계산값

(1) $Zn\ |1M-Zn(NO_3)_2\ \|\ 0.01M-Zn(NO_3)_2\ |Zn$ ________V ________V

(2) $Zn\ |1M-Zn(NO_3)_2\ \|\ 0.001M-Zn(NO_3)_2\ |Zn$ ________V ________V

5) 실험 1에서 반응이 일어난 경우에 해당되는 이온 반응식을 써라

(1) (4)

(2) (5)

(3) (6)

6) 실험 2의 실험 결과로부터 산화제와 환원제를 그 세기의 순서로 기록하여라.

(1) 산화제

(2) 환원제

7) 실험 3에서 만든 3개의 전지에 대해 양극 및 음극을 지적하고, 각 극에서 일어나는 화학 반응식을 써라.

	양극	음극	이 온 반 응 식	
			양 극	음 극
Zn−Cu				
Zn−Pb				
Pb−Cu				

8) 실험 3에서 일어나는 반응을 화학 반응식으로 쓰고, 전압이 변하는 이유를 설명하여라.

(a) 질산구리 용액에 암모니아수를 가했을 때

반응식 :

이 유 :

(b) 질산아연 용액에 암모니아수를 가했을 때

반응식 :

이 유 :

9) Zn^{2+} + Ca ⟶ Ca^{2+} + Zn의 전위차를 구하고, 반응이 자발적으로 일어나겠는지를 설명하여라.

2. 과 제

3. 고찰 및 의문점

실 험 24
화학평형-르샤틀리에의 원리

1. 목 적

정반응과 역반응이 동시에 진행되는 가역반응은 반응이 끝나면서 동적 평형에 이르게 되며, 평형의 위치는 농도, 온도, 압력 등 반응조건에 따라 달라진다. 이 실험에서는 반응조건이 평형의 위치에 미치는 영향을 관찰하고 Le Chatelier의 원리를 확인하고자 한다.

2. 원 리

반응의 결과로 생기는 생성물이 다시 반응하여 원래의 반응물로 복귀하지 않는 반응을 바가역적 반응이라고 하며, 몇 가지 예를 들면 다음과 같다.

$$C_{12}H_{22}O_{11}(s) \xrightarrow{H_2SO_4} 12C(s) + 11H_2O(g)$$

$$2KClO_3(g) \xrightarrow[\text{가열}]{MnO_2} 2KCl(s) + 3O_2$$

$$C_2H_5OH(\ell) + 3O_2 \longrightarrow 2CO_2(g) + 3H_2O(\ell)$$

어떤 반응들은 반응조건들을 변화시킴으로써 정반응과 역반응 중 어느 한 방향으로만 진행시킬 수 있다. 예컨대 화학량론적으로 혼합한 수은과 산소를 300 °C 로 가열하면, 두 반응물들은 다 없어지고 생성물인 산화수은(II)만 남는다.

$$2Hg(\ell) + O_2(g) \xrightarrow{300\ ℃} 2HgO(s)$$

거꾸로 산화수은(II)을 약 600 °C 정도로 가열하면 수은과 산소가 다시 생성된다.

$$2HgO(s) \xrightarrow{600\ ℃} 2Hg(\ell) + O_2(s)$$

따라서 이 두 반응들은 넓은 의미에서 가역반응이라고 할 수 있으나, 반응이 완결된다는 점에서, 흔히 이야기하는 가역반응과는 다르다.

진정한 의미에서의 가역반응이란 정반응과 역반응이 동시에 진행되는 것이다.

$$aA + bB \rightleftarrows cC + dD$$

반응물들만을 섞어 반응을 진행시킨다고 가정하면, 반응 초기에는 주로 정반응이 진행되나 반응이 진행됨에 따라 생성물의 농도가 커지므로 시간이 지날수록 역반응 진행속도가 커지게 된다. 따라서 어느 시점에 이르면 정반응 속도와 역반응 속도가 같아져 반응물과 생성물의 농도에 더 이상의 변화가 없게 되어 겉보기로는 반응이 끝난 것처럼 보이게 되며, 이 때 반응은 평형에 도달하였다고 얘기한다. 그러나 평형상태에서도 반응이 완전히 정지한 것은 아니고 정반응과 역반응은 계속 진행하고 있으며, 다만 그 속도가 같아 외견상 농도의 변화가 없는 것뿐이므로 반응은 동적 평형을 이루게 된다.

가역반응에서도 반응조건을 변화시켜 평형의 위치를 반응물 또는 생성물 쪽으로 이동시킬 수 있고, 이 때 평형의 이동방향은 르샤틀리에의 원리로 설명할 수 있다. 이 원리에 의하면 동적 평형을 이루고 있는 반응계에 농도, 온도, 압력 등 반응조건을 변화시키면 반응계는 가능한 한 이 변화의 영향을 감소시킬 수 있는 방향으로 평형을 이동시킨다. 즉, 반응물이나 생성물 중 어느 하나의 농도를 증가시키면 평형은 해당 물질의 농도를 감소시키는 방향으로 이동하며, 발열반응의 경우 온도를 상승시키면 평형은 흡열반응 쪽으로, 기체상태의 반응물이나 생성물이 관여하는 반응에서 해당 기체의 압력을 증가시키면 평형은 압력을 감소시키려는 방향으로 이동한다.

3. 사용기구 및 시약

기 구	시 약
시험관(50 mL) 2개	0.5 M 염화철(III) 용액
시험관(100 mL) 4개	1 M 싸이오시안산암모늄 용액
NO_2기체 유리공	염화암모늄

삼각플라스크(250 mL)
아스피레이터
고무마개
유리관
고무관

수소탄산나트륨 포화용액
페놀프탈레인 지시약
1 M HCl

4. 실험방법

1 농도의 영향

① 50 mL 시험관 2개에 증류수를 각각 10 mL씩 넣고, 한 시험관에는 0.5 M 염화철(III) 용액을 다른 시험관에는 1 M 싸이오 시안산암모늄 용액을 각각 1방울씩 가한 후 두 시험관의 내용물들을 섞는다. 이 때 일어나는 반응은 다음과 같은데,

$$3NH_3CNS + FeCl_3 \rightleftarrows Fe(NCS)_3 + 3NH_4Cl$$

싸이오 시안산암모늄과 염화암모늄 용액은 무색이나 염화철(III) 용액의 색깔은 연한 노랑색, 싸이오시안산철(III) 용액의 색깔은 빨강색이므로 반응물과 생성물의 농도를 변화시켜 생기는 색깔변화를 관찰하면 평형의 이동방향을 알 수 있다.

② 용액을 10 mL 시험관 4개에 나누어 넣고 시험관에 1, 2, 3, 4의 번호를 붙인 후, 2번 시험관에는 염화철(III) 용액을, 3번 시험관에는 싸이오시안산암모늄 용액을 각각 몇 방울씩 가하고 4번 시험관에는 염화암모늄 결정을 약 1 g 정도 가한 후 1번 시험관과 비교하여 색깔의 변화를 관찰하여 그 결과를 보고서에 기록한다.

2 온도의 영향

① NO_2기체가 채워진 1 L 짜리 유리공을 얼음물과 더운물이 들어 있는 통에 번갈아 담그고 색깔변화를 관찰한다.

$$2NO_2(g) \rightleftarrows N_2O_4(g)$$

NO_2기체는 홀수전자 분자로 적갈색을 띠며, N2O4기체는 무색이므로 색깔 변

화로부터 평형의 이동 방향을 알 수 있다.

3 압력의 영향

① 250 mL 삼각플라스크에 $NaHCO_3$ 포화용액 100 mL를 넣고 페놀프탈레인 지시약 두세 방울을 가한 후 분홍색이 막 없어질 때까지 묽은 염산을 가한 다음 그림과 같이 아스피레이터에 연결한다. 고무마개는 꼭 맞는 것을 사용하여야 한다.

이 때 플라스크 속에서는 다음 반응이 진행되어 평형에 도달하게 된다.

$$NaHCO_3(ag) + HCl(ag) \rightleftarrows NaCl(ag) + H_2O(\ell) + CO_2(g)$$

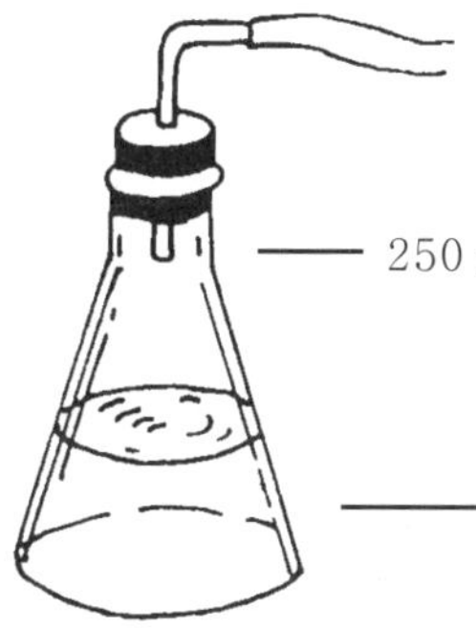

그림 24-1

준비가 다 되었으면 아스피레이터를 작동시켜 반응계의 압력을 감소시키면서 색깔의 변화를 관찰한다.

5. 주의 및 참고사항

1 NO_2 기체는 유독하므로 이 기체를 발생시키거나 유리공에 채우는 작업은 반드시 후드 안에서 해야 한다.

실험보고서 24. 화학평형 - 르샤틀리에의 원리

실험일자 : 년 월 일 교시

________ 대학 학과 ________ 학번 ________ 이름 ________

1. 실험 결과

1) 농도의 영향

시험관 번호	색깔 변화	$Fe(CNS)_3$의 농도변화	평형의 이동 방향
2			
3			
4			

2) 온도의 영향

온도 효과	색깔 변화	평형의 이동 방향
가열		
냉각		

3) 압력의 영향

압력의 변화	색깔 변화	평형의 이동 방향
감압		

2. 과 제

3. 고찰 및 의문점

실 험 25

평형상수의 결정

1. 목 적

이 실험에서는 화학반응의 평형상수를 결정하는 방법을 습득한다.

2. 원 리

가역반응이 진행되면 궁극적으로 반응은 평형에 이르게 되며, 평형상태에서의 각 불질의 농도를 알면 평형상수를 구할 수 있다. 평형상수는 온도가 변하지 않는 한 반응물들이나 생성물들의 처음 농도와는 상관없이 일정한 값을 가진다.

질산철(III) 용액과 싸이오시안산칼륨 용액을 섞으면 다음 반응에 따라서 붉은색을 띤 착이온인 $FeSCN^{2+}$이 생긴다.

$$Fe^{3+}(aq) + SCN^{-}(aq) \rightleftharpoons FeSCN^{2+}(aq) \qquad (1)$$

착이온의 농도(x)를 측정하면 아래와 같이 이 반응의 평형상수를 계산할 수 있다.

$$K = \frac{[FeSCN^{2+}]}{[Fe^{3+}][SCN^{-}]} = \frac{x}{(a - x)(b - x)} \qquad (2)$$

여기서 a와 b는 각각 Fe^{3+} 및 SCN^{-}의 처음 농도이다. 생성된 착이온의 농도는 착이온의 표준용액과 색을 비교하여 구할 수 있다. 색을 띤 $FeSCN^{2+}$ 용액의 흡광도는 이 용액의 농도와 빛이 통과하는 용액의 두께의 곱에 비례한다. 예컨대, 위에서 내려다보았을 때 깊이가 1 cm인 2 M 용액의 색깔은 깊이가 2 cm인 1 M 용액의 색깔과 같게 보인다. 따라서 농도를 알고 있는 $FeSCN^{2+}$ 표준용액의 색과 농도를 알고자하는 평형상태의 $FeSCN^{2+}$ 용액의 색을 비교하여 그 세기가 같으면 다음과 같은 관계가 성립된다.

$$\ell\,(\text{표준}) \times c\,(\text{표준}) = \ell\,(\text{평형}) \times c\,(\text{평형})$$

여기서 ℓ과 c는 각각 빛이 통과한 용액의 두께와 농도이며, (표준)과 (평형)은 각각 표준용액과 평형에 도달한 혼합용액을 뜻한다.

따라서 c (표준)을 알면 ℓ (표준)과 ℓ (평형)을 측정함으로써 c (평형)을 구할 수 있다.

표준용액 중의 $FeSCN^{2+}$의 농도는 미리 알고 있어야 하는데, 이런 용액은 SCN^-를 조금 포함하고 있는 용액에 다량의 Fe^{3+}를 가하여 평형을 $FeSCN^{2+}$쪽으로 거의 완전히 이동시킴으로써 만들 수 있다. 즉, 이렇게 만든 표준용액 중의 $FeSCN^{2+}$의 농도는 처음에 가한 SCN^-의 농도와 거의 같다.

3. 사용기구 및 시약

기 구	시 약
100 × 20 mm 시험관 (7개)	0.2 M $Fe(NO_3)_3$
눈금실린더(10 mL, 50 mL)	0.002 M KSCN(갓 만든 것)
비커(100 mL)	
스포이트	
그래프용지	
테이프	
시험관 대	

4. 실험방법

① 6개의 시험관에 1번부터 6번까지 번호를 매기고 시험관대에 나란히 세운 다음 10 mL 눈금실린더를 사용하여 0.002 M KSCN 용액(갓 만든 것을 사용한다) 5 mL씩을 취하여 각 시험관에 담는다.

② 10 mL 눈금실린더를 사용하여 0.2 M $Fe(NO_3)_3$ 용액 5.0 mL를 취하여 1번 시험관에 넣고 흔들어서 잘 섞이도록 한다. 이 때 SCN^-이온은 전부 $FeSCN^{2+}$

로 바뀐다고 가정한다. 따라서 이 시험관이 $FeSCN^{2+}$ 표준용액으로 쓰인다.

③ 10 mL 눈금실린더를 사용하여 0.2 M $Fe(NO_3)_3$ 용액 10 mL를 취하여 50 mL 눈금실린더에 담고, 여기에 증류수를 가하여 전체 부피가 25 mL가 되도록 한다. 이것을 비커에 옮겨서 잘 섞은 다음, 이 용액 5.0 mL를 취하여 2번 시험관에 넣고 흔들어서 잘 섞는다.

④ 10 mL 눈금실린더를 사용하여 앞에서(3항) 비커에 남은 $Fe(NO_3)_3$ 용액 10 mL를 취하여 50 mL 눈금실린더에 옮긴 다음, 증류수를 가하여 전체 부피가 25 mL 가 되도록 한다. 이것을 비커에 옮겨서 잘 섞은 다음, 이 용액 5.0 mL를 취하여 3번 시험관에 넣고 흔들어서 잘 섞는다.

⑤ 이와 같은 조작을 되풀이하여 점차 묽힌 $Fe(NO_3)_3$ 용액을 차례로 6번 시험관까지 채운다. 조작이 되풀이 될 때마다 실린더와 비커를 깨끗이 씻어야 한다.

⑥ 1번과 2번 시험관 둘레에 각각 종이를 감고 느슨하게 테이프를 붙여서 아래와 윗면이 뚫린 실린더 모양으로 만들어 시험관으로부터 뺄 수 있도록 한다. 이것은 바낕 빛을 차단하기 위함이다.

⑦ 흰 종이(또는 거름종이) 위에 두 시험관을 세운다. 깨끗이 씻어 말린 빈 시험관을 1개 가까이 준비해 둔다. 1번과 2번 시험관을 위에서 내려다보아서 두 시험관에 든 용액의 색의 세기가 같아질 때까지 스포이트로 1번 시험관에 든 용액을 빈 시험관으로 옮긴다.

⑧ 시험관을 두른 종이 실린더를 벗겨 낸 다음 밀리미터 단위로 눈금이 새겨진 그래프 용지를 시험관 뒤에 세워 1번과 2번 시험관에 든 용액의 높이를 잰다.

⑨ 위와 같은 조작(6, 7 및 8항)에 따라서 3, 4, 5 및 6번 시험관도 1번 시험관과 색깔을 비교한다

실험보고서 25. 평형상수의 결정

실험일자 : 년 월 일 교시

__________ 대학 학과 _________ 학번 ___________ 이름 ___________

1. 실험 결과

1) 실험 결과

시험관 변화	혼합용액의 처음농도	색이 같아졌을 때의 높이
1		
2		
3		
4		
5		
6		

2) 평형농도 및 평형상수

시험관 변화	$[FeSCN^{2+}]$	$[Fe^{3+}]$	$[SCN^-]$	K
1				
2				
3				
4				
5				
6				

3) 실험에서 구한 K값을 이용하여 시험관 1의 표준용액에 대해 평형상태에서 남아 있는 SCN^-의 농도를 계산하고, 처음에 가한 SCN^-가 모두 $FeSCN^{2+}$로 변하였다는 가정의 타당성을 검증하여라.

4) 색을 띤 화학종이 $FeSCN^{2+}$이 아니라 $Fe(SCN)_2^{+}$라고 가정하여 실험 결과를 검토해 보아라.

2. 과 제

3. 고찰 및 의문점

실 험 26

용해도곱 상수의 결정

1. 목 적

이 실험에서는 공통 이온 효과를 이용하여 $Ca(OH)_2$의 용해도곱 상수를 결정하는 방법을 습득한다.

2. 원 리

이온성 고체를 물에 녹일 때 실제적인 용질은 그 고체를 이루고 있는 이온들이다. 예컨대 과량의 고체 수산화칼슘을 물과 함께 섞어 주면 용액은 포화되며 다음과 같은 평형이 이루어진다.

$$Ca(OH)_2(s) \rightleftharpoons Ca^{2+} + 2OH^-(aq) \quad (1)$$

이 용해과정에 대한 평형상수는 다음과 같이 나타낼 수 있다.

$$K = \frac{[Ca^{2+}][OH^-]^2}{[Ca(OH)_2]} \quad (2)$$

그러나 일정한 온도에서 이 포화용액에 있는 고체 수산화칼슘의 농도는 일정하므로 다음 식으로 정의되는 새로운 상수를 계산해 낼 수 있다.

$$K_{sp} = K\,[Ca(OH)_2] = [Ca^{2+}][OH^-]^2 \quad (3)$$

여기서 K_{sp}를 용해도곱 상수라 하며, 일정한 온도에서 일정한 값을 갖는다.
만일 수산화칼슘으로 포화된 용액에 OH^-을 넣어 주면 용해도곱을 일정하게 유지하기 위해서 Ca^{2+}의 농도가 감소한다. 즉, 수산화칼슘의 용해도 및 용해도곱 상수를 구할 수 있다.

물 및 이미 그 농도를 알고 있는 여러 가지 NaOH 수용액에 고체 수산화칼슘을 넣어 포화시킨 다음, 이 용액들에 함유된 OH^-의 농도를 염산 표준용액으로 적정하여 결정한다. 이 농도와 처음(수산화칼슘을 포화시키기 전의) 농도와의 차이가 $Ca(OH)_2$의 용해에 의한 OH^-의 농도이다. 이것으로부터 Ca^{2+}의 농도, $Ca(OH)_2$의 용해도 및 $Ca(OH)_2$의 K_{sp}를 구할 수 있다.

3. 사용기구 및 시약

기 구

눈금실린더(25 mL) 4개
비커(100 mL) 4개
삼각플라스크(100 mL) 4개
뷰렛(50 mL)
뷰흐너 깔때기
감압 플라스크
온도계(0~100 ℃)
고무관
거름종이

시 약

0.10 M, 0.050 M, 0.025 M NaOH
0.10 M HCl 표준용액
$Ca(OH)_2$
페놀프탈레인 지시약

4. 실험방법

① 깨끗이 씻어서 말린 100 mL 비커 4개에 각각 물, 0.10 M, 0.050 M 및 0.0250 M NaOH 용액을 25 mL 눈금실린더 50 mL에 취하여 넣고, 각 비커에 약 주걱으로 반 숟가락 정도의 수산화칼슘 고체를 넣는다.

② 비커의 내용물을 10분간 잘 저어 주어 평형에 도달되도록 한다.

③ 각 용액을 뷰흐너 깔때기를 사용하여 감압하여 거르고 거른 액을 따로 보관한다. 이 때 거른 액이 절대로 묽혀져서는 안 된다는 점에 유의하고, 각 용액의 온도를 기록하여라.

④ 각 거른 액 25 mL를 눈금실린더로 취하여 100 mL 삼각플라스크에 담고 페놀프탈레인 2~3방울을 가한 다음 0.10 M HCl 표준용액으로 적정한다.

5. 주의 및 참고사항

1 산·염기 적정에 관해서는 실험 17의 실험 방법을 참고하여라.

실험보고서 26. 용해도곱 상수의 결정

실험일자 : 년 월 일 교시

________ 대학 학과 ________ 학번 ________ 이름 ________

1. 실험 결과

1) 순수한 물에서의 용해도곱 상수

적정에 소비된 0.10 M HCl의 부피 ________ mL

용액 중 OH^-의 총 농도 ________ M

$Ca(OH)_2$의 용해에 의한 OH^-의 농도 ________ M

Ca^{2+}의 농도 = $Ca(OH)_2$의 용해도 ________ M

용해도곱 상수 = $[Ca^{2+}][OH^-]^2$ ________

2) 0.1 M NaOH 용액에서의 용해도곱 상수

적정에 소비된 0.10 M HCl의 부피 ________ mL

용액 중 OH^-의 총 농도 ________ M

$Ca(OH)_2$의 용해에 의한 OH^-의 농도 ________ M

Ca^{2+}의 농도 = $Ca(OH)_2$의 용해도 ________ M

용해도곱 상수 = $[Ca^{2+}][OH^-]^2$ ________

3) 0.050 M NaOH 용액에서의 용해도곱 상수

적정에 소비된 0.10 M HCl의 부피 ________________mL

용액 중 OH^-의 총 농도 ________________M

$Ca(OH)_2$의 용해에 의한 OH^-의 농도 ________________M

Ca^{2+}의 농도 = $Ca(OH)_2$의 용해도 ________________M

용해도곱 상수 = $[Ca^{2+}][OH^-]^2$ ________________

4) 0.025 M NaOH 용액에서의 용해도곱 상수

적정에 소비된 0.10 M HCL의 부피 ________________mL

용액 중 OH^-의 총 농도 ________________M

$Ca(OH)_2$의 용해에 의한 OH^-의 농도 ________________M

Ca^{2+}의 농도 = $Ca(OH)_2$의 용해도 ________________M

용해도곱 상수 = $[Ca^{2+}][OH^-]^2$ ________________

5) 각 용액에서의 $Ca(OH)_2$의 용해도를 비교하고, 용액에 따라 용해도의 차이가 남을 르샤틀리에의 원리를 적용하여 설명하여라.

6) 각 용액에서의 용해도곱을 비교하고, 용해도곱이 상수임을 알아보자. 실험에서 얻은 값과 문헌에서 조사한 자료를 비교하여 보아라.

7) $\log[Ca^{2+}]$ 내 $\log[OH^-]$를 그래프로 그리고 K_{sp}를 구하여라.

2. 과 제

3. 고찰 및 의문점

실 험 27

지시약의 이온화 상수

1. 목 적

수소 이온의 농도를 달리하면서 산-염기 지시약의 산꼴과 염기꼴의 농도를 분광계를 이용하는 흡광도 측정법으로 결정하여 지시약의 이온화 상수와 변색범위를 구한다.

2. 원 리

산-염기 지시약은 약한 산 또는 약한 염기인데, 그 짝들은 용액 중의 H^+의 농도에 따라 서로 다른 색깔을 나타낸다. 한 예로 약한 산 지시약 HInd는 수용액에서 다음과 같이 이온화한다.

$$\underset{\substack{\text{산꼴} \\ \text{어떤 색깔}}}{\text{HInd}} \rightleftharpoons \underset{\substack{\text{염기꼴} \\ \text{다른 색깔}}}{\text{Ind}^-} + \text{H}^+ \tag{1}$$

이 이온화 반응의 평형위치는 H^+의 농도 ($[H^+]$)에 따라 변한다. 즉, $[H^+]$가 클 때는 평형이 왼쪽으로 이동하여 HInd의 농도가 높아져 HInd의 고유한 색깔이 나타나고, $[H^+]$가 작을 때는 짝염기인 Ind^-의 색깔이 나타난다.

위 이온화 반응이 평형에 도달하면 그 이온화 상수는 다음과 같다.

$$K_{Ind} = \frac{[Ind^-][H^+]}{[HInd]} \tag{2}$$

이 식의 양변에 대수를 취하고 변형하면 다음 식을 얻는다.

$$pH = pK_{Ind} + \log \frac{[Ind^-]}{[HInd]} \tag{3}$$

따라서, pH가 pK_{Ind}와 같으면 용액 중의 산꼴과 염기꼴의 농도가 똑같아 색깔은 중간색이 나타나게 된다. 산꼴과 염기꼴의 색깔 중 어느 하나가 육안으로 뚜렷이 관찰되려면 HInd와 Ind^-의 농도가 대략 10배 이상 차이가 나야 한다. 그러므로 지시약의 변색 범위는 대략 pH = pK_{Ind} ± 1이 되며, 지시약의 이온화 상수 K_{Ind}를 측정하면 해당 지시약의 변색 범위를 추정할 수 있다.

KInd를 측정하는 방법으로는 여러 가지 있겠으나 이 실험에서는 $[H^+]$를 변화시키면서 [HInd]와 $[Ind^-]$를 측정하는 방법을 사용한다. 즉, 식 (3)에 따르면 pH 대 $\log([Ind^-]/[HInd])$의 그래프를 그리면 직선이 얻어지는데, 이 직선의 절편이 곧 pKInd에 해당한다.

HInd와 Ind^-의 농도는 분광학적으로 구할 수 있는데, 그 원리는 다음과 같다. HInd와 Ind^-는 색깔이 다르므로 최대 흡광도를 나타내는 파장이 서로 다르다. 예로서 HInd의 흡광도가 최대인 파장에서 Ind^-의 흡광도가 무시할 정도로 작은 값을 보일 수도 있다. 한편 흡광도는 용액의 농도를 c, 몰흡광계수를 ε, 빛이 통과하는 광로의 길이를 l이라 할 때

$$A = \varepsilon c l$$

이 되므로 동일한(또는 광로가 같은) 큐벳을 쓰고 같은 파장에서 측정하는 등 흡광도 측정 조건을 같게 하면 흡광도 또는 농도 c에 비례한다. 따라서, $[H^+]$를 크게, 즉 pH를 작게 해 거의 HInd만이 존재하는 조건하에서 각 파장별로 흡광도를 측정한 후 최대 흡광도 파장에서 HInd의 흡광도가 1에 가깝게 농도를 맞추어 놓고, 그 농도와 같은 농도로 보다 높은 pH 용액을 만든다면 Ind^-가 더 많이 생성될 것이며, 이에 따라 HInd의 농도가 줄어 흡광도가 감소 될 것이다. 따라서, 이 변화된 흡광도로부터 실제 HInd의 농도를 얻을 수 있고, 이 농도를 흡광도가 1일 정도의 순수한 HInd의 농도로부터 빼면 Ind^-의 농도를 얻는다.

3. 사용기구 및 시약

기 구	시 약
분광계(Spectronics 20)(부록참조)	0.05 %(무게비) 브롬페놀파랑(BPB) 저장용액
메스플라스크(100 mL)	진한염산
	진한 암모니아
	pH가 3.4, 3.7, 4.0, 4.3, 4.6인 완충용액

4. 실험방법

[1] 이온화된 지시약(Ind^-)과 이온화되지 않은 지시약(HInd)의 스펙트럼 측정

① 10 mL의 증류수에 3방울의 브롬페놀파랑(BPB)를 가한 2개의 시료용액을 준비한다. 이 두개의 용액 중 하나에는 진한 염산 3방울을, 다른 하나에는 진한 암모니아 3방울을 가하여 산성용액과 염기성용액을 만든다.

② 두 시료의 흡광도를 375－650 nm영역에서 25 nm간격으로 측정하고, 다른 하나에는 진한 암모니아 3방울을 가하여 산성용액과 염기성 용액을 만든다.

[2] BPB 용액의 분석을 위한 분광계의 보정

① 위에서 얻은 스펙트럼으로부터 HInd는 최대 흡광도를 나타내고, 동시에 Ind^-가 최소 또는 0의 흡광도를 나타내는 파장을 선택한다.

② 이 선택된 파장에서 HInd의 흡광도를 HInd 농도별로 측정하여 흡광도－농도의 표준곡선을 마련한다. 이를 위해 우선 BPB 저장용액 10 mL를 그 흡광도가 0.9 내지 1.0이 될 때까지 염산 수용액 (진한 염산:물 = 1:8부피비)으로 1:10씩 희석시켜 그 때의 정확한 농도 c와 흡광도를 기록해 둔다. 다시 이를 같은 염산 수용액으로 희석시켜 농도가 0.8 c, 0.6 c, 그리고 0.2 c인 용액을 만들어 같은 파장에서 각각의 흡광도를 측정한다.

[3] 이온화 상수 결정

① pH가 3.4, 3.7, 4.0, 4.3, 4.6인 완충용액들로 5개의 BPB 용액을 만든다. 이때 모든 용액의 농도는 위에서 결정된 농도 c로 일정하게 맞춘다.

② 이 용액들의 흡광도를 측정한다.

5. 주의 및 참고사항

1 용액을 묽힐 때에는 눈금실린더 대신 메스플라스크를 사용하여라.

2 스펙트럼을 측정할 때는 광학적으로 동일한 3개의 큐벳을 사용하여라. 그 중 하나에는 기준 물질인 증류수를 담고, 나머지 2개에는 시료 용액들을 담아 사용한다. 만일에 큐벳들이 광학적으로 동일하지 않으면 두 시료용으로 동일 큐벳을 사용하고, 나머지 1개를 기준 물질용으로 사용한다.

실험보고서 27. 지시약의 이온화 상수

실험일자 : 　　년　　월　　일　　교시

_______ 대학　학과 _______ 학번 _______ 이름 _______

1. 실험 결과

1) HInd의 최대 흡광도 파장

다음 표에 각 파장에서 측정한 HInd 및 Ind^-의 흡광도를 기록하고, 그래프 용지에 흡광도 대 파장의 그림을 그려라.

파 장(nm)		
흡광도	HInd	
	Ind^-	

2) 흡광도-농도 표준곡선

다음 표에 HInd의 흡광도가 최대인 파장에서 측정한 농도별 흡광도를 기록하고, 그래프 용지에 이를 도시하여 흡광도-농도 표준곡선을 만들어라.

[HInd]	
흡광도	

흡광도 측정 파장 _______nm

3) 이온화 상수 결정

pH가 다른 용액의 흡광도를 과정 2에서 얻은 표준 곡선과 비교하여 HInd의 농도를 결정하라. 이 농도를 순수 HInd의 농도로부터 Ind^-의 농도가 된다.

pH	흡광도	[HInd]	$[Ind^-]$	$\log([Ind^-]/[HInd])$

4) log([Ind⁻]/[HInd])에 대하여 pH를 그래프에 표시하여 절편값을 결정하여라. 이 절편으로부터 이온화 상수 KInd를 계산하여라.

5) K_{Ind} 대신 pK_{Ind}값을 계산하는 편이 더 좋은 이유는 무엇인가?

6) 브롬페놀파랑의 색깔이 변하는 pH 범위는 얼마인가?

2. 과 제

3. 고찰 및 의문점

실 험 28

반응속도

1. 목 적

화학반응속도에 미치는 여러 가지 인자(factor)의 영향을 이해하는 데 있다.

2. 원 리

화학반응속도는 반응물질의 성질에 좌우된다. 예를 들면 니트로글리세린의 폭발과 같이 극히 빠른 반응이 있는가 하면 쇠가 녹스는 것과 같이 오랜 시간을 두고 아주 천천히 일어나는 반응도 있다. 반응물이 동일한 반응의 속도에 영향을 끼치는 요인으로는 반응물의 농도, 반응온도, 촉매 등을 들 수 있으며 고체가 관여하는 반응에서는 고체의 표면적도 큰 영향을 미친다.

[1] 농도의 영향

다른 조건이 모두 같다면 특정한 반응의 진행속도는 주로 반응물의 농도에 의존한다. 예를 들면 연소반응에서 산소가 20 % 인 공기 중에서 보다 순수한 산소 중에서는 반응이 훨씬 빨리 진행된다. 반응물의 농도가 커지면 반응속도가 증가되는 것은 충돌이론의 관점에서 보면 쉽게 설명될 수 있다. 즉, 반응물의 농도를 증가시키면 같은 부피 안에 들어 있는 분자나 이온의 수가 많아지므로 그들 사이의 충돌횟수가 많아져서 반응속도가 빨라진다.

[2] 반응속도의 영향

석탄의 산화는 낮은 온도에서는 아주 천천히 일어나지만 고온에서는 급속도로 진행된다. 대부분의 경우에 있어서 균일계에서 반응속도는 온도가 10℃ 상승할 때마다 약 2배로 증가한다. 온도의 상승에 따르는 반응속도의 증가 역시 충돌이론으로 설명된다. 반응물의 온도가 높아지면 분자의 평균속도가 커지므로 같은 시간에 일어나는 분자들의 충돌횟수도 많아진다. 또한, 온도가 상승하면 분자들이 충돌하여 반응이 실제로 일어나는 데 필요한 최소한의 에너지(활성화 에너지)를 갖는 분자수가 증가한다.

3 촉매의 영향

촉매는 반응계에 첨가하였을 때 촉매 자체는 반응에서 소모되지 않으나 반응속도를 빠르게 또는 느리게 해 주는 물질이다. 반응을 빠르게 해 주는 물질을 정촉매, 더 느리게 해 주는 물질을 부촉매라고 하며 촉매는 반응에 필요한 활성화 에너지를 변화시킴으로써 반응속도에 영향을 준다.

4 표면적의 영향

고체가 반응에 관여할 때는 고체 반응물의 표면적이 클수록 반응이 빨리 진행된다. 고체의 부피가 같은 경우에서는 고체입자의 크기가 작을수록 전체 표면적이 커져서 반응이 더 빨리 진행된다.

3. 사용기구 및 시약

기 구	시 약
시험관	옥살산
비커	증류수
온도계	이산화망간
버너	과산화수소
눈금실린더	크롬산나트륨

과망간산칼륨
염산
탄산칼륨
아이어딘산칼륨용액
녹말-아황산염용액

아이어딘산칼륨용액 : 아이어딘산칼륨(KIO_3) 4.3 g 을 물 1 L 에 녹여 갈색병에 넣는다.

녹말-아황산염용액 : 녹말 5 g 을 끓는물 100 mL 에 녹인다. 용액을 실온까지 냉각시키고 물 100 mL를 다시 가한 다음 깨끗한 1 L짜리 갈색병에 넣고 아황산나트륨 1.3 g을 이 용액에 녹인 후 3 M 황산 13 mL를 가한 다음 전체부피가 1 L 가 되도록 물로 희석시킨다.

4. 실험방법

1 농도의 영향

① 아이어딘산칼륨용액 10 mL 와 물 80 mL 를 500 mL 들이 비커에 놓고 비커 밑에 흰 종이를 한 장 깔아 놓는다.

② 깨끗한 다른 눈금실린더로 녹말-아황산염용액 10 mL를 취하여 시계를 보면서 비커 속에 한꺼번에 넣는다.

③ 비커의 용액을 저으면서 용액이 파란색으로 변할 때까지의 시간을 측정한다.

④ 위와 같은 방법으로 아이어딘산칼륨용액 20 mL, 물 70 mL, 녹말-아황산염용액 10 mL 의 경우와, 아이어딘산칼륨용액 30 mL, 물 60 mL, 녹말-아황산염용액 10 mL 인 경우를 실험한다.

⑤ 이 실험결과로부터 아이어딘산칼륨용액의 농도와 반응시간과의 관계를 나타내는 그래프를 그린다.

2 온도의 영향

① 3개의 시험관에 옥살산의 포화용액 6 mL 와 증류수 1 mL 씩을 넣고 실온보다 약 10 ℃ 높은 온도의 물이 있는 중탕용 비커에 시험관을 넣는다.

② 버너를 조심하여 조절하고 물을 잘 저어서 온도가 일정하게 유지되도록 한다.

③ 일정한 온도에 도달한 다음 시험관이 중탕의 온도와 같아지도록 수분동안 방치 한 다음 한 시험관에 과망간산칼륨용액 1 mL를 가하고 시험관을 흔들어 다시 중탕에 넣는다.

④ 물의 온도와 용액의 보라색이 없어지는데 필요한 시간을 측정한다.

⑤ 나머지 두 시험관에 대해서도 각각 실온보다 20 ℃ 및 30 ℃ 높은 온도에서 똑같은 방법으로 이 과정을 되풀이한다.

⑥ 같은 농도의 것으로 실온에서 필요한 시간도 아울러 측정한다.

3 촉매의 영향

① 3 % 과산화수소용액 5 mL 에 이산화망간을 조금 넣는다.

② 이산화망간이 있을 때와 없을 때의 과산화수소의 분해속도를 관찰한다.

4 표면적의 영향

① 두 비커에 1 M 염산 100 mL 씩을 넣는다.

② 한 비커에는 무게가 5 g 정도 되는 탄산칼슘 덩어리를 넣고, 다른 비커에는 같은 무게의 탄산칼슘 가루를 동시에 가하여 이산화탄소의 발생속도를 관찰한다.

5. 주의 및 참고사항

1 아이어딘산칼륨용액과 녹말-아황산염용액은 실험 당일 만든 것을 사용해야 한다.

실험보고서 28. 반응속도

실험일자 : 년 월 일 교시

________ 대학 학과 ________ 학번 ________ 이름 ________

1. 실험 결과

1) 농도의 영향

KIO_3용액(mL)	물(mL)	녹말-아황산염용액(mL)	전체부피(mL)	반응시간(초)

2) 온도의 영향

반응 ________ °C 반응시간(초)

실온 + ________ °C = ________ °C ________

실온 + ________ °C = ________ °C ________

실온 + ________ °C = ________ °C ________

3) 촉매의 영향

H_2O_2의 분해속도의 관찰사항을 적어라.

4) 표면적의 영향

CaCO$_3$의 분해속도에 대한 관찰사항을 적어라.

㊟ 실험 (1)와 (2)에 대해서는 그래프를 모눈종이에 그려서 보고서 뒷면에 첨부하여라.

2. 과 제

1) 실험 (1), (2), (3) 및 (4)에서 일어난 반응의 화학식을 써라.

2) 실험 (1)에서 반응속도가 IO_3^-농도의 변화에 따라 어떤 영향이 있는가? 그 결과를 IO_3^-의 농도와 시간에 대해서 대수식의 형태로 요약하여라.

3) 실험 (2)의 그래프를 보고 20 ℃, 30 ℃, 40 ℃와 50 ℃ 에서의 반응이 완결되는 데 필요한 시간을 추정하여라.

4) 실험 (4)를 분자충돌의 관점에서 여러분들의 관찰을 설명해 보아라.

3. 고찰 및 의문점

실 험 29

화학반응속도-시계반응

1. 목 적

화학반응속도는 농도, 온도 및 촉매의 영향을 받는다. 농도 변화에 따른 반응속도를 측정함으로써 반응속도상수와 반응차수를 결정할 수 있다. 이 실험에서는 소위 시계반응을 이용하여 $2I^- + S_2O_8^{2-} \longrightarrow I_2 + 2SO_4^{2-}$ 반응의 반응속도에 미치는 농도의 영향을 조사하고, 반응속도상수 및 반응차수 구하는 방법은 알아본다.

2. 원 리

이 실험에서는 화학반응속도에 미치는 온도의 영향을 조사하는 것이 목적이다. 다음과 같은 아이어딘화 이온과 과산화이황산 이온과의 반응을 조사대상으로 하여 보자.

$$2I^- + S_2O_8^{2-} \longrightarrow I_2 + 2SO_4^{2-} \qquad (1)$$

이 반응은 실온에서는 상당히 느리게 진행되는데, 그 반응속도는 다음 식으로 나타낼 수 있다.

$$\text{반응속도} = \kappa[I^-]^m[S_2O_8^{2-}]^n \qquad (2)$$

여기서 κ는 반응속도상수이며, m과 n은 반응차수로서 0, 1, 2, 3과 같은 정수이다. 이온의 농도는 mol/L로 나타낸다. 반응속도는 (2)식에서 알 수 있듯이 반응물질의 농도에 따라서 많은 영향을 받는다. 이 밖에도 반응속도는 온도와 촉매의 영향을 받음을 여러분은 잘 알고 있을 것이다. 그러나 이 실험에서는 반응속도에 미치는 농도의 영향만을 조사하기로 한다.

이 실험의 주목적은 속도상수 κ의 값과 반응차수 m과 n을 구하는 일이다. 우리들이 반응속도를 측정하려는 방법은 소위 시계반응이라 부르는 반응인데, 이것은 한 반응의 종말점을 자동적으로 알 수 있는 반응이다. 우리가 조사대상으로 하고 있는 반응 (1)을 녹말 존재 하에서 다음의 반응 (3)과 동일 용기 내에서 동시에 일어나도록 한다.

$$I_2 + 2S_2O_3^{2-} \longrightarrow 2I^- + S_4O_6^{2-} \qquad (3)$$

반응 (3)은 반응 (1)에 비하여 훨씬 빨리 진행된다. 그러므로 반응 (1)에서 생성된 I_2분자는 같은 반응용기에 들어 있던 $S_2O_3^{2-}$이온과 재빨리 반응하여 없어지게 되어 $S_2O_3^{2-}$이온이 완전히 소모되지 않는 한 I_2의 농도는 0이다. 반응이 진행되어 $S_2O_3^{2-}$이온이 모두 소모되면 반응 (1)만이 일어나므로 I_2분자가 용액 속에 남게 되고, I_2 분자가 생성되는 순간 이것이 녹말과 반응하여 청색을 띠게 되어 일정량의 $S_2O_3^{2-}$이온이 모두 반응하여 없어지는데 필요한 시간을 알려주므로 시계와 같은 구실을 한다.

만일 $S_2O_3^{2-}$의 양을 처음부터 $S_2O_8^{2-}$보다 당량 이상으로 월등히 많이 사용하였다면 (1)의 반응이 완결될 때까지 반응계에는 영원히 색변화가 없겠지만, 처음에 I^- 및 $S_2O_8^{2-}$에 비하여 당량보다 훨씬 적은 양의 $S_2O_3^{2-}$을 가하고 반응을 시작하였다면 (1)의 반응이 완결되기 전에 즉, (1)의 반응이 진행되는 도중에 $S_2O_3^{2-}$은 완전히 소모되고 그 순간 I_2와 녹말과의 반응에서 색변화가 일어난다.

반응 (1)에서 1몰의 $S_2O_8^{2-}$에 의해서 1몰의 I_2가 생기게 되는데, 이 1몰의 I_2는 반응 (3)에 따라 2몰의 $S_2O_3^{2-}$와 반응한다. 그러므로 반응이 시작되어 청색이 나타나는 순간까지 소모된 $S_2O_8^{2-}$의 몰수는 처음에 가한 $S_2O_3^{2-}$의 몰수의 절반과 같을 것이다.

따라서 일정량의 I^- 및 $S_2O_8^{2-}$염의 무게를 정확히 재어 반응용기에 넣고, 여기에 역시 정확한 무게를 알고 있는 소량의 $S_2O_3^{2-}$염 및 녹말지시약을 가하여, 반응이 시작되는 순간부터 변색할 때까지의 시간을 측정하면 일정량의 반응물질이 반응하는 데 소요되는 시간을 알 수 있으므로 반응속도를 구할 수 있다.

반응속도는 단위시간에 감소하는 반응물질의 농도로써 주어지므로 여러 가지 농도를 써서 위와 같은 실험을 하면 반응속도를 구하는데 필요한 데이터를 얻을 수 있다.

3. 사용기구 및 시약

기 구	시 약
삼각플라스크(50 mL, 100 mL)	KI
피펫(5 mL, 10 mL, 20 mL)	$(NH_4)_2S_2O_8$
눈금실린더(10 mL)	$Na_2S_2O_3$
온도계(1-100 ℃)	KCl
초시계	$(NH_4)_2SO_4$
스포이트	$HgCl_2$
씻기병	녹말
고무빨개	

4. 실험방법

1 반응속도에 미치는 농도영향

표 29-1은 6종류의 반응에 대한 각 반응물질의 용액의 부피를 나타낸 것이다. 각 반응에 대한 실험법은 거의 같으므로 반응 (1)에 대해서만 설명하기로 한다. 적어도 3개 이상의 반응에 대하여 실험해야 한다.

표 29-1 실온에서의 반응혼합물의 구성

반응	반응플라스크	50 mL 플라스크
1	10.0 mL 0.200 M KI	10.0 mL 0.100 M $(NH_4)_2S_2O_8$
2	5.0 mL 0.200 M KI 5.0 mL 0.200 M KCl	10.0 mL 0.100 M $(NH_4)_2S_2O_8$
3	10.0 mL 0.200 M KI	5.0 mL 0.100 M $(NH_4)_2S_2O_8$ 5.0 mL 0.100 M $(NH_4)_2SO_4$
4	10.0 mL 0.200 M KI	2.5 mL 0.100 M $(NH_4)_2S_2O_8$ 7.5 mL 0.100 M $(NH_4)_2SO_4$
5	4.0 mL 0.200 M KI 6.0 mL 0.200 M KCl	10.0 mL 0.100 M $(NH_4)_2S_2O_8$
6	7.5 mL 0.200 M KI 2.5 mL 0.200 M KCl	7.5 mL 0.100 M $(NH_4)_2S_2O_8$ 2.5 mL 0.100 M $(NH_4)_2SO_4$

① 100 mL 삼각플라스크(반응플라스크)에 피펫으로 10.0 mL의 0.200 M KI 용액을 정확히 취해서 넣고, 여기에 다시 5.0 mL의 0.005 M $Na_2S_2O_3$ 용액을 피펫으로 정확히 재어 넣은 다음 3-4방울의 녹말 용액을 가하여라.

② 50 mL 삼각플라스크에 10.0 mL의 0.100 M $(NH_4)_2S_2O_8$ 용액을 피펫으로 정확히 측정하여 넣어라.

③ 반응플라스크에 온도계를 꽂고, 초까지 읽을 수 있는 시계를 준비하여라.

④ 50 mL 플라스크 속의 용액을 손실없이 조심스럽게 그리고 재빨리 반응플라스크 (100 mL)에 붓고, 반응시작 시간을 기록하는 동시에 잘 흔들어 섞어준다(자석젓게를 쓰면 더 편리하다). 1분 이내에 반응용액은 청색을 띨 것이다. 그 순간의 시간을 기록하여라. 또한 용액의 온도도 ±0.2 ℃ 이내의 눈금을 읽어 기록한다.

⑤ 이와 같은 실험을 표에 있는 혼합물을 써서 실시하되 각 실험 모두 5.0 mL의 0.005 M $Na_2S_2O_3$ 용액과 몇 방울의 녹말지시약을 반응플라스크에 넣고 실험하여라. 한 반응이 끝나고 다음 반응을 시작할 때는 앞 실험에서 사용한 플라

스크를 잘 씻어서 물기를 가능한 한 없애고 실험하여라.

KI, $(NH_4)_2S_2O_8$ 및 $Na_2S_2O_3$ 용액의 부피는 피펫으로 재고, KCl과 $(NH_4)_2SO_4$ 용액의 부피는 눈금실린더로 측정하여라. 뒤의 두 용액들은 반응혼합물을 희석시킬 때에 반응속도에 영향을 끼치는 반응혼합물의 이온세기를 일정하게 유지하기 위하여 물보다는 이것을 쓰는 것이다. 모든 실험에서 온도를 같게 유지하여라. 또 어떤 반응이 제대로 진행되지 않을 경우에는 반복해서 실험하여라.

5. 주의 및 참고사항

1. 반응속도에 미치는 온도의 영향을 조사하려면 반응 (1)의 실험을 40 °C, 20 °C, 10 °C, 0 °C와 같이 여러 온도에서 한다. 여기서 얻은 데이터를 이용하면 다음 식의 활성화에너지 E_a를 구할 수 있다.

$$\log_{10} k = -\frac{E_a}{2.30RT} + \text{상수}$$

여기서 R은 기체상수(1.98 cal/mole·K)이고, E_a의 단위는 cal/mole이다. 여러 온도에서 k를 구하고 logk를 다시 1/T에 대해 도시하면 윗 식에 따라 직선관계를 얻으며, 이 직선의 기울기는 $-E_a/2.3R$이므로, 기울기로부터 E_a를 구할 수 있다.

2. 반응속도에 미치는 촉매의 영향을 조사하려면 반응 (1)에 촉매를 넣고 실험한다. 즉, 반응용액을 혼합하기 전에 0.1 M $(NH_4)_2S_2O_8$가 들어 있는 플라스크에 0.1 M $CuSO_4$ 용액 1방울을 가하여 실험한다.

3. 녹말지시약 조제법

2 g의 가용성 녹말을 5 mg의 $HgCl_2$(방부제)와 함께 물 1 L에 넣고 맑은 용액이 될 때까지 끓여서 만든다.

4. $(NH_4)_2S_2O_8$ 용액은 오래 방치하면 분해되므로 사용 직전에 만드는 것이 가장 좋다.

실험보고서 29. 화학반응속도-시계반응

실험일자 : 년 월 일 교시

__________ 대학 학과 ________ 학번 _________ 이름 ____________

1. 실험 결과

1) 반응차수 및 속도상수의 결정

$$\text{반응 } 2I^- + S_2O_8^{2-} \longrightarrow I_2 + 2SO_4^{2-} \qquad (1)$$

$$\text{반응 속도} = k\,[I^-]^m[S_2O_8^{2-}]^n = \frac{-\triangle[S_2O_8^{2-}]}{t} \qquad (4)$$

실험에서 변색이 일어나는 것은 그 몰수를 알고 있는 일정량의 $S_2O_8^{2-}$가 소모되었을 때이다.

이 색변화는 일정량의 $S_2O_8^{2-}$가 반응하는 데 필요한 시간을 알려준다. 반응속도는 색변화가 일어날 때까지의 시간을 측정함으로써 구한다.

(4)식에서 $S_2O_8^{2-}$이온의 농도변화 $\triangle[S_2O_8^{2-}]$는 각 반응에서 동일하므로 각 반응의 상대 속도는 시간 t에 반비례한다. 우리는 절대속도보다는 상대속도에 관심이 있는 것이므로 편의상 모든 상대속도를 100/t과 같다고 간주한다.

각 반응혼합물에 대한 반응물질의 농도와 상대속도를 계산하여 다음 표를 채워라.

반응	변색까지의 시간 t(초)	반응 플라스크 속의 초기농도 I^-	반응 플라스크 속의 초기농도 $S_2O_8^{2-}$	상대적 반응속도 100/t
1				
2				
3				
4				

5 __________ __________ __________ __________

6 __________ __________ __________ __________

반응 I의 온도 __________ °C

반응 1에서 6까지를 볼 때 각 반응혼합물의 I^- 및 $S_2O_8^{2-}$이온의 농도가 다르므로 각 반응의 상대속도는 서로 다르다. 따라서 이 각 반응의 속도를 온도와 관계 지어서 (4)식을 다음과 같이 나타낼 수 있다.

상대속도 = $k[I^-]^m[S_2O_8^{2-}]^n$ (5)

여기서 k는 상대속도상수이다. 위 표의 데이터를 (5)식에 적용하여 m, n, k을 구해야 된다. 이 문제를 푸는 일은 생각보다 쉽다. I^- 및 $S_2O_8^{2-}$이온의 농도는 한 반응에서 다른 반응으로 넘어갈 때 단조로이 변하고 있음에 착안하여라. 즉, 한 물질의 농도는 일정하게 유지된 채로 다른 것만이 간단한 배수로 되어 있다.

이것은 각 반응혼합물에 대한 데이타를 (5)식에 넣어서 m과 n의 값을 계산할 수 있음을 의미한다.

반응 1 및 2의 데이터를 (5)식에 대입하여라. 단, I^- 및 $S_2O_8^{2-}$ 이온의 농도는 미지농도로 하여라.

상대속도 1 = __________ = k' (__________)^m(__________)^n

상대속도 2 = __________ = k' (__________)^m(__________)^n

첫번째 식을 두번째 식으로 나누면

=

이 방정식을 풀어서 I^-이온의 반응차수 m을 구하면

m = __________ (보통정수)

같은 방법으로 하면 반응 1과 3에서 $S_2O_8^{2-}$의 반응차수 n을 구할 수 있다.

n = ____________

m과 n의 값을 써서 (5)식을 이용하여 반응 1에서 5까지의 상대속도상수 k'를 구하여라.

반응	1	2	3	4	5
k'	_____	_____	_____	_____	_____

k'(평균) ____________

2) 위의 각 반응에 대한 k'이 값이 거의 같은 이유는 무엇인가?

3) k'(평균) 값을 이용하여 반응 6에 대한 상대속도 및 시간 t를 예측하여라.

상대속도(예측) ___________ t(예측) _________ t(측정값) ___________

2. 과 제

3. 고찰 및 의문점

실 험 30

화학반응속도-반응차수의 결정

1. 목 적

반응물의 초기농도를 달리하여 초기 반응속도를 측정함으로써 반응차수를 구할 수 있다. 이 실험에서는 KI를 촉매로 써서 과산화수소를 분해하는 반응에서 산소의 발생속도로부터 반응속도를 구하여 H_2O_2 및 KI에 대한 반응차수를 결정하는 방법을 알아본다.

2. 원 리

반응속도는 반응물이나 생성물의 단위시간 당 농노변화라고 정의되며, 농도, 촉매 및 온도의 영향을 받는다.

과산화수소를 아이어딘화칼륨을 촉매로 써서 분해하면 산소와 물이 생성된다.

$$2H_2O_2 \xrightarrow{KI} 2H_2O + O_2 \qquad (1)$$

촉매로 사용된 아이어딘화칼륨은 계수를 맞춘 반응식에는 나타나지 않지만 반응속도에는 영향을 주며, 이 반응의 속도는 속도법칙에 따라 다음과 같이 나타낼 수 있다.

$$반응속도 = k[H_2O_2]^m[KI]^n \qquad (2)$$

여기서 k는 속도상수이며, m과 n은 각각 H_2O_2 및 KI에 대한 반응차수이다.

이 실험의 목적은 초기반응속도법으로 위 반응의 반응차수 m과 n을 구하는 일이다.

표 30-1과 같이 반응물의 초기농도를 달리하여 반응을 개시하고 반응 초기의 반응속도를 시간의 경과에 따른 산소 발생량으로부터 구한다.

세 반응(반응 a, b 및 c)의 반응속도는 각각 속도법칙에 따라 다음과 같이 나타낼 수 있다.

$$\text{a 반응속도} = k[5]^m[10]^n \qquad (3)$$

$$\text{b 반응속도} = k[10]^m[10]^n \qquad (4)$$

$$\text{c 반응속도} = k[5]^m[20]^n \qquad (5)$$

(4) 식을 식 (3)으로 나누고 대수를 취하면 식 (6)이 얻어지며, 식 (5)를 식 (3)으로 나누고 대수를 취하면 식 (7)이 얻어진다.

$$\log \frac{\text{b 반응속도}}{\text{a 반응속도}} = m \log 2 = 0.3010m \qquad (6)$$

$$\log \frac{\text{c 반응속도}}{\text{a 반응속도}} = n \log 2 = 0.3010n \qquad (7)$$

따라서 a, b 및 c 반응속도를 실험에서 구함으로써 반응차수 m 및 n을 결정할 수 있다.

표 30-1 반응의 초기농도*

반응	3 % H_2O_2 (mL)	0.15 M KI (mL)	H_2O (mL)	전체부피 (mL)
a	5	10	15	30
b	10	10	10	30
c	5	20	5	30

* 용액의 전체 부피를 일정하게 하였으므로 반응물의 부피를 농도로 대치할 수 있다.

3. 사용기구 및 시약

기 구	시 약
삼각플라스크(250 mL)	3 % H_2O_2 용액
물통	0.15 M KI 용액
기체 부피 측정관 또는 뷰렛(50 mL)	
수위 조절 용기(그림의a) 또는 비커(그림의b)	
눈금실린더(25 mL)	
눈금피펫(10 mL) 또는 눈금실린더(10 mL)	
온도계(0-100 °C)	
고무관	
고무마개(2개)	

4. 실험방법

① 그림 30-1과 같이 반응용기와 기체 부피 측정장치를 조립한다. 기체 부피 측정관 대신에 50 mL 뷰렛을 사용해도 좋다. 수위조절용기(그림의 a)가 없으면 그림의 b와 같이 구부러진 사이폰 유리관을 걸친 비커를 이용할 수도 있다. 마개는 기체가 새지 않도록 연한 고무마개를 쓰도록 하여라.

② 물통에 3~5 cm 높이까지 물을 채우고 온도계를 꽂는다.

③ 기체 부피 측정관의 고무마개를 열고 물을 채운다.

④ 수위 조절용기를 아래위로 움직여 수위가 눈금 0점의 아래에 오도록 조절한 다음 마개를 닫는다. (실험을 시작하기 전에 이 장치가 새지 않는지 검사한다. 수위 조절용기를 아래위로 움직일 경우 기체 부피 측정관의 수위가 거의 움직이지 않으면 된다.)

⑤ 0.15 M KI 용액 10 mL와 증류수 15 mL를 반응용기에 넣고 조금 흔들어서 반응물의 온도와 물통의 온도가 같아지도록 한다.

⑥ 여기에 3 % H_2O_2 용액 5 mL를 가하고 곧 마개를 닫은 다음 반응용기를 잘 흔들어 준다.

(이 때 손에 의해서 반응용기의 온도가 상승하지 않도록 반응용기의 윗 부분

을 잡도록 하여라)

⑦ 약 2 mL의 산소가 발생될 때부터 시간을 재기 시작한다. (일정한 압력에서, 여기서는 대기압) 산소의 부피를 측정하는 것이 중요하다.) 그러므로 기체 부피 측정 관과 수위 조절용기의 수위를 같게 조절한 다음 발생된 산소의 부피를 측정하도록 한다.)

⑧ 발생된 산소의 부피가 2 mL씩 증가할 때마다 시간을 측정하여 전체 부피가 14 mL가 될 때까지 계속한다.

⑨ 반응용기를 증류수로 깨끗이 씻고 0.15 M KI 용액 10 mL, 증류수 10 mL 및 3 % H_2O_2 용액 10 mL를 가지고 같은 실험을 반복한다.

⑩ 반응용기를 증류수로 깨끗이 씻고 이번에는 0.15 M KI 용액 20 mL, 증류수 5 mL 및 3 % H_2O_2 용액 5 mL를 가지고 같은 실험을 반복한다.

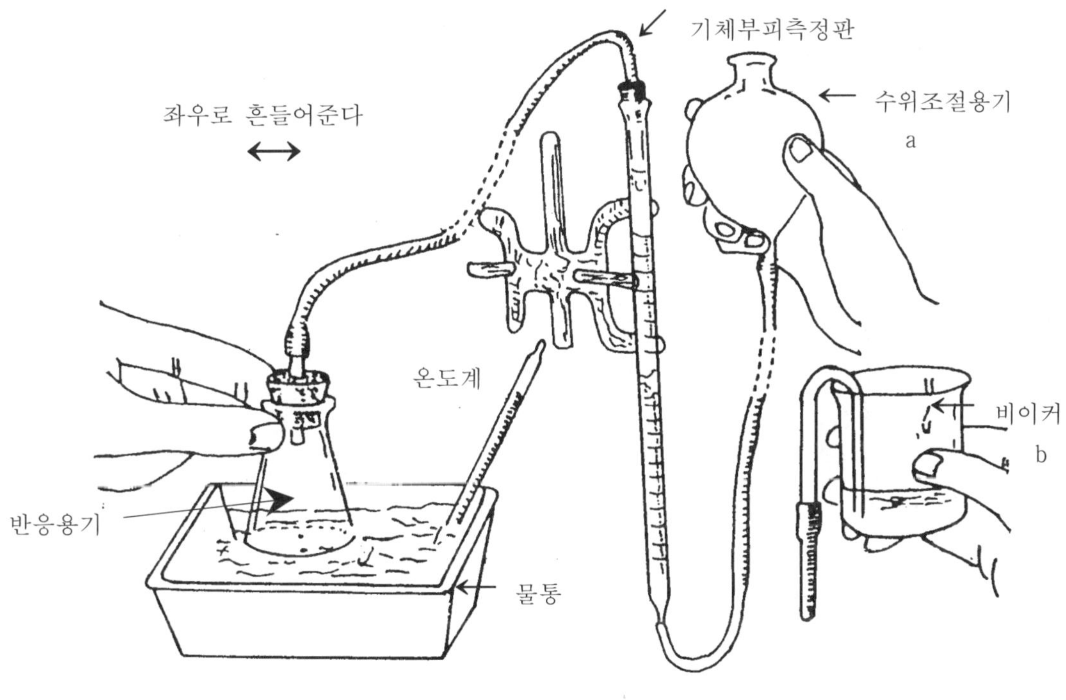

그림 30-1 반응용기에서 발생하는 기체의 부피를 측정하는 장치

실험결과의 처리

① 세 가지 실험(반응 a, b 및 c) 각각에 대하여 발생된 산소의 부피를 세로축으로 하고 경과된 시간을 가로축으로 하여 그래프용지에 그림을 그린다. 이 때 처음 2 mL의 산소가 발생된 시간을 0으로 잡는다.

② 각 실험의 반응 초기에서 얻어지는 직선 부분의 기울기를 구한다. 이것이 각 반응의 초기 반응속도가 된다.

③ 이 값을 식 (6)과 (7)에 대입하여 m 및 n 값을 구하고 반올림하여 정수로 만든다. 이 값이 각각 H_2O_2 및 KI에 대한 반응차수가 된다.

5. 주의 및 참고사항

1 이 실험은 2명의 학생이 한 조가 되어 실험하도록 한다. 한 학생은 반응용기를 흔들어 주면서 시간을 재어 기록하고, 다른 학생은 수위 조절용기를 들어 수위를 조절하면서 기체 부피를 읽도록 한다.

실험보고서 30. 화학반응속도 - 반응차수의 결정

실험일자 : 년 월 일 교시

________ 대학 학과 ________ 학번 ________ 이름 ________

1. 실험 결과

온도 ________ ℃

실 험 1(반응 a)		실 험 2(반응 b)		실 험 3(반응 c)	
부피(mL)	시간 (분)	부피(mL)	시간 (분)	부피(mL)	시간 (분)

a 반응속도 ________

b 반응속도 ________

c 반응속도 ________

m(H_2O_2에 대한 반응차수) ________

n(KI에 대한 반응차수) ________

반응속도식 ________________

2. 과 제

⑴ 각 실험의 반응속도를 나타낸 그림에서 반응속도의 경향을 말하고, 그 이유를 설명하여라.

⑵ 실험 (1)(반응 a)에서 보다 실험 (2) 및 (3)(반응 b 및 c)에서 물통의 온도가 상승하였다면 m 과 n 값이 어떻게 변화하겠는가?

3. 고찰 및 의문점

실 험 31
반응 메카니즘- 할로젠화 알킬의 가수분해

1. 목 적

할로젠화 알킬의 가수분해반응은 반응메카니즘의 이론을 개발하는 데 매우 귀중한 자료를 제공해 준다. 이 실험에서는 염화 t-부틸의 가수분해반응의 반응속도를 구하고, 그 결과를 반응메카니즘을 밝히는 데 사용한다.

2. 원 리

할로젠화 알킬의 가수분해반응을 연구한 결과 할로젠화 알킬의 구조와 반응성 간의 관계 및 반응메카니즘에 관하여 많은 지식을 얻게 되었다.

$$RX + OH^- \longrightarrow ROH + X^-$$

$$RX + H_2O \longrightarrow ROH + H^+ + X^-$$

위 반응식에서 R은 알킬기, X는 할로젠(염소, 브로민 또는 아이어딘)을 나타낸다.

이 실험에서는 다음과 같이 염화 t-부틸의 가수분해반응에 대한 반응속도를 구하고, 그 결과를 반응메카니즘을 밝히는 데 사용해 보고자 한다.

$$(CH_3)_3CCl + H_2O \longrightarrow (CH_3)_3COH + H^+ + Cl^- \tag{1}$$

일정량의 할로젠화 알킬을 에탄올과 물의 혼합용매에 녹이고 적절한 시간 간격으로 가수분해반응에서 생성된 염산을 수산화나트륨 표준용액으로 적정함으로써 반응속도를 구한다.

이 반응이 1차반응이면 (2)식을, 2차반응이면 (3)식을 따르게 된다.

$$1차반응\ \log \frac{C_o}{C_t} = \frac{kt}{2.303} \quad 또는 \quad \log C_o - \log C_t = \frac{kt}{2.303} \qquad (2)$$

$$2차반응\ \frac{1}{C_t} - \frac{1}{C_o} = kt \qquad (3)$$

여기서 C_o와 C_t는 각각 반응 초기와 t시간 후의 반응물의 농도이고, k는 주어진 온도에서의 속도상수이다.

3. 사용기구 및 시약

기 구	시 약
삼각플라스크(500 mL)와 마개	염화 t-뷰틸
삼각플라스크(250 mL) 3개	에탄올
비커(250 mL, 2 L)	아세톤
눈금실린더(100 mL)	0.100 M 표준 수산화나트륨 용액
눈금피펫(5 mL)	메틸오렌지 지시약
피펫(20 mL)	
뷰렛(50 mL)	
온도계(0-100 ℃)	
시계	

4. 실험방법

① 500 mL 삼각플라스크에 약 125 mL의 에탄올과 125 mL의 물을 넣고 이것을 30 ℃의 물이 담긴 2 L 비커(물중탕의 역할을 함)에 세워 두어 같은 온도에 도달하게 한다.

② 작은 비커에 70 ℃로 데운 물을 미리 준비해 두었다가 물중탕의 온도가 떨어지면 데운 물을 방울방울 가하여 30 ℃의 온도를 유지하도록 한다.

③ 눈금피펫으로 2.5 mL의 염화 t-부틸(밀도 0.851)을 물-에탄올 혼합용액에

가하고 시간을 재기 시작한다.

④ 삼각플라스크를 마개로 막고 흔들어서 잘 섞는다.

⑤ 약 5분 후(정확한 시간을 기록하여라) 피펫으로 20 mL의 혼합용액을 취하여 약 10 mL의 아세톤이 담긴 250 mL 삼각플라스크에 옮긴 다음 흔들어서 잘 섞는다.

⑥ 즉시 메틸오렌지 지시약 4-5방울을 가하고 0.1 M 수산화나트륨 표준용액으로 적정 한다.

⑦ 6-8분 간격으로(정확한 시간을 기록하여라) 약 1시간 동안 이 조작을 되풀이 한다.

5. 주의 및 참고사항

[1] 산·염기 적정에 관해서는 실험 17의 방법을 참고하여라.

실험보고서 31. 반응메카니즘 - 할로젠화 알킬의 가수분해

실험일자 : 　　년　　월　　일　　교시

________ 대학　학과 ________ 학번 ________ 이름 ________

1. 실험 결과

1) 온도 ________°C

염화 t-부틸 ________mL

염화 t-부틸 ________g

실험	시간(분)	NaOH(mL)	염화 t-부틸의 농도, C_t(M)	log C_t	$1/C_t$
1					
2					
3					
4					
5					
6					
7					
8					
9					
10					

2) 그래프 용지 한 장에 log C_t를 t에 대해서 또 $1/C_t$를 t에 대해서 그려라 (실험보고서를 제출할 때 보고서 뒤에 첨부하여라)

이 그림으로 미루어 이 가수분해반응은 1차반응인가 또는 2차반응인가? 반응온도에서의 속도상수를 구하여라.

3) 반응차수는 어느 반응물에 의존하는가를 어떻게 나타내겠는가?

4) 반응물의 농도를 달리하면 이 가수분해반응의 반응차수가 변하겠는가?

5) 이 반응의 반응메카니즘을 제시하여라. 여러분이 제안한 반응메카니즘을 뒷받침하기 위하여 어떤 정보가 더 필요한가?

2. 과 제

3. 고찰 및 의문점

실 험 32
촉매반응

1. 목 적

촉매는 화학반응에서 속도를 증가시키는 물질을 말한다. 이 실험에서는 $KClO_3$ 및 H_2O_2의 분해반응에 사용되는 MnO_2와 Fe_2O_3의 촉매효과를 비교하여 촉매작용을 이해하는 데 있다.

2. 원 리

화학반응의 속도를 증가시키는 여러 방법 중에 촉매를 사용하는 방법은 매우 중요하다. 공업적으로 중요한 반응의 반응속도를 증가시키기 위하여 촉매가 사용되고 있고, 또한 생명체내의 많은 반응이 촉매에 의하여 촉진되어진다. 촉매란 반응에서 소모되지 않으면서 반응 속도를 증가시키는 물질을 말한다. 이러한 촉매가 반응속도를 증가시키는 이유는 촉매가 사용되는 반응에서는 촉매 없이 진행되는 반응과 다른 반응 경로로 반응이 진행되어 반응의 활성화 에너지를 낮추기 때문이다.

촉매는 균일 촉매와 불균일 촉매로 분류된다. 균일 촉매란 반응물과 같은 상으로 존재하는 촉매이며, 불균일 촉매는 반응물과 다른 상으로 존재하는 촉매로서 일반적으로 고체이다. 그리고 생명체 내의 생화학적 반응에 관여하는 효소라는 촉매는 매우 선택적으로 생화학 반응의 속도를 증가시키는 생명체의 신진대사에 중요한 물질이다.

촉매는 다음과 같은 세 가지 특성을 가지고 있다.

1. 촉매는 반응에서 전체적으로 소모되지 않는다. 따라서 반응 중에 반응물과 반응하여 다른 물질이 된다하더라도 결국 다시 생성물과 함께 생성된다.

2. 촉매는 활성화 에너지를 낮추는 새로운 경로를 따라 반응을 진행시키기 때문에 반응속도를 증가시킨다.
3. 촉매는 반응물과 생성물의 평형 상태를 바꾸지 않는다. 즉, 촉매는 정반응의 속도를 증가시키면 역반응의 속도도 같은 비율만큼 증가시킨다.

   염소산칼륨 ($KClO_3$) 이나 질산칼륨을 높은 온도에서 가열하면 산소가 발생하면서 분해된다. 이 때 온도가 높을수록 산소는 더욱 빠른 속도로 발생된다. 이와 같은 실험결과에서 $KClO_3$의 용융점 부근에서 매우 느린 속도로 분해되기 때문에 감지하기는 힘들지만 산소를 내놓을 것으로 추측할 수 있다.

3. 사용기구 및 시약

기 구	시 약
시험관	$KClO_3$
링	MnO_2
클램프	Fe_2O_3
스탠드	3 % H_2O_2

4. 실험방법

[1] MnO_2 및 Fe_2O_3의 촉매작용에 의한 $KClO_3$의 분해

① 길이 20 cm의 깨끗한 시험관을 잘 말려서 그 속에 5 g의 $KClO_3$를 넣고 그림 32-1과 같이 클램프에 끼워 스탠드에 수직으로 장치하고 0.5 g가량의 MnO_2를 종이에 준비하여 실험대 위 손쉬운 곳에 놓아둔다.

② 준비가 끝나면 $KClO_3$가 들어 있는 시험관을 $KClO_3$가 용융될 때까지 조심스럽게 가열한다 (가열할 때 알코올 램프를 사용할 경우 화재의 원인이 되므로 특히 주의할 것).

③ 한 곳만 가열하면 유리가 깨어질 염려가 있고, 또 고체가 부분적으로 가열되어 고르게 녹지 않으므로 시험관 옆부분과 밑바닥을 고르게 가열해야 한다.

④ $KClO_3$가 전부 용융되었으면 불꽃이 꺼진 성냥불똥을 시험관 윗부분에 대어 산소의 발생여부를 조사한다.

⑤ 버너의 불꽃을 끄고 조심스럽게 MnO_2를 용융된 $KClO_3$에 가한 다음 곧 성냥불똥으로 산소의 발생을 검사한다 (성냥불똥이 시험관 안으로 떨어지지 않도록 주의한다).

⑥ 같은 실험을 MnO_2 대신 Fe_2O_3를 써서 반복하여 그 효과를 MnO_2의 경우와 비교한다.

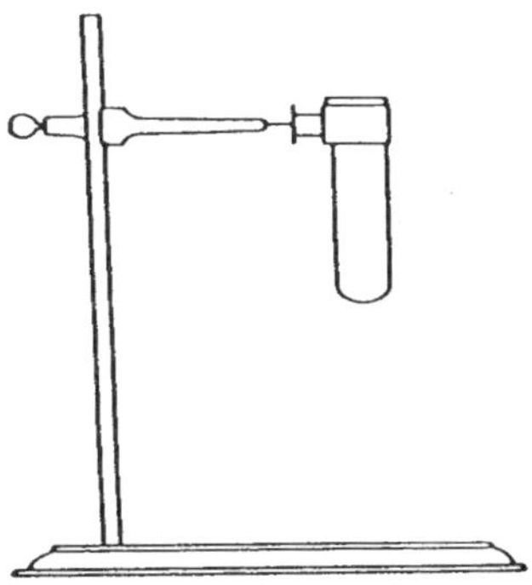

그림 32-1 링스탠드 클램프에 고정시킨 시험관

2 MnO_2의 촉매작용에 의한 H_2O_2의 분해

① 작은 시험관에 3 mL의 3 % H_2O_2를 넣고 우선 촉매를 가하지 않은 상태에서 성냥불똥으로 산소의 발생여부를 조사한다.

② 다음에는 약 0.2 g의 MnO_2를 가하고 다시 산소의 발생여부를 같은 방법으로 조사한다. MnO_2 대신에 Fe_2O_3를 써서 반복 실험해 본다.

③ 이때의 효과를 MnO_2의 경우와 비교 검토한다.

실험보고서 32. 촉매반응

실험일자 : 년 월 일 교시

________ 대학 학과 ________ 학번 ________ 이름 ________

1. 실험 결과

1) MnO_2 및 Fe_2O_3의 촉매작용에 의한 $KClO_3$의 분해

· 광범위한 연구에 의하면 촉매는 어떤 반응을 일으키게 하는 데 원동력이 되는 것이 아니고, 이미 일어나고 있는 느린 반응의 반응속도를 크게 한다는 사실이 알려져 있다. 이 실험에서 순수한 $KClO_3$는 그 녹는점에서 KCl과 O_2로 분해하고 있다고 말할 수 있을까?

· 이 실험에서 일어난 반응을 반응식으로 나타내어라. MnO_2나 Fe_2O_3의 역할은 무엇인가?

2) MnO_2의 촉매작용에 대한 H_2O_2의 분해

· 이 실험에서 관찰한 사항을 설명하고 그 반응에 대한 반응식을 써라.

· 실온에서 (25 ℃) 3 % H_2O_2는 아주 안정하다고 할 수 있는가?

· 이 실험에서 모든 촉매는 주어진 반응에 대해서 똑같은 효과를 나타낸다 고 할 수 있겠는가?

2. 과 제

1) 정촉매와 부촉매를 설명하라.

2) 촉매란 무엇인가?

3) 온도와 촉매반응의 관계를 설명하라.

3. 고찰 및 의문점

실 험 33
제산제와 아스피린의 정량

1. 목 적

산과 염기는 우리 생활과 아주 밀접한 관계를 가지고 있다. 위산과다에 복용하는 제산제 (antacid tablet) 등은 염기이고, 감기약으로 복용하는 아스피린은 약산이다. 따라서 앞에서 제조하고 표준화한 염산과 수산화나트륨 표준용액으로 제산제 및 아스피린을 정량할 수 있다. 여기서는 식용소오다 (탄산수소나트륨), 아스피린을 약염기-강산 및 약산-강염기 시료의 제산제 적정법으로 적정하여 두 가지 시료의 순도를 결정하는 시험을 수행한다.

2. 원 리

산과 염기의 중화반응과 산-염기 적정의 원리에 대해서는 실험 17에서 간단히 기술하였다. 이 실험에서는 좀더 실제적이고 응용적인 산-염기 적정으로서, 약염기인 시판용 식용 소오다 ($NaHCO_3$) 및 제산제와 약산인 아스피린 ($C_6H_4(OCOCH_3)COOH$, 살리실산아세틸)을 염산과 수산화나트륨 각각의 0.5 M 표준용액으로 적정하여 이들의 순도를 결정한다.

일부 시판용 제산제의 산-염기 반응은 다음과 같으며,

$$NaHCO_3 + HCl \longrightarrow NaCl + H_2O + CO_2 \quad (1)$$

$$Mg(OH)_2 + 2HCl \longrightarrow MgCl + 2H_2O \quad (2)$$

$$NaAl(OH)_2CO_3 + 4HCl \longrightarrow NaCl + AlCl_3 + 3H_2O + CO_2 \quad (3)$$

아스피린의 산-염기 반응은 다음과 같다.

$$C_6H_4(OCOCH_3)COOH + NaOH \longrightarrow C_6H_4(OCOCH_3)COONa + H_2O \quad (4)$$

이들 복용약들은 물에 쉽게 녹지 않고 산 또는 염기와 반응이 그리 빨리 이루어지지 않는다. 이러한 난점을 해결하기 위해 역적정 (back titration) 으로 하는 것이 편리하다. 즉, 과량의 산 또는 염기를 가하고 반응이 완결하도록 가열하여 준 다음 반응하고 남은 산 또는 염기를 염기 또는 산 표준용액으로 적정하여 계산하고 남은 산 또는 염기의 몰수를 처음 가해준 몰수에서 빼주면 반응한 산 또는 염기의 몰을 구할 수 있다.

3. 사용기구 및 시약

기 구	시 약
삼각플라스크 (250 mL)	0.5 M HCl 표준용액
뷰렛 (25 또는 50 mL)	0.5 M NaOH 표준용액
뷰렛집게	식용소오다 또는 기타 시판용 제산제
스탠드	아스피린 정제 4-5정
막자사발	페놀프탈레인 지시약
무게재는 종이	
가열판 혹은 가열교반기	

4. 실험방법

1 제산제의 역적정

① 시판용 제산제 약 1 g을 0.001 g까지 정확히 알아서 250 mL 삼각플라스크에 넣고 0.5 M HCl 표준용액을 정확히 40 mL 가하여 가열판 위에서 가급적 천천히 약 5분간 가열한다. 이 때 비등하여 용액이 튀어나가지 않도록 한다.

② 용액을 가열하는 동안 50 mL 뷰렛에 0.5 M NaOH 표준용액을 채우고 눈금을 맞춘다.

③ 끓인 용액을 수용액상에서 냉각시켜 실온으로 한 후 페놀프탈레인 지시약 2-3방울을 가하여 용액이 무색에서 엷은 분홍색을 나타낼 때까지 적정한다.

이것을 3회 반복한다.

④ 가해준 HCl의 몰수에서 적정에 소비된 NaOH 표준용액의 몰수를 빼주어서 반응한 HCl의 몰수를 구하고, 제산제 속의 활성 성분량을 환산한다.

⑤ 제산제의 순도를 결정하고, 제품에 표시된 성분함량과 비교한다.

[2] 아스피린의 직접 적정

① 아스피린 정제 4-5정을 막자사발에 갈아서 약 2 g을 0.001 g자리까지 정확히 달아 250 mL 삼각플라스크에 넣고 약 50 mL의 증류수를 가하여 완전히 녹인다.

② 여기에 페놀프탈레인 지시약 2-3방울을 가하고 0.5 M NaOH 표준용액으로 적정 한다. 이것을 2회 반복한다.

③ 직접적정은 역적정과 달리 0.5 M NaOH 표준용액의 소비량이 아스피린 중 활성 성분량으로 환산할 수 있다. 따라서 아스피린의 순도를 결정하고 성분함량 표시와 비교한다.

5. 주의 및 참고사항

[1] 제산제를 시료로 선택할 경우에는 성분이 무엇인지 분명히 알고 사용하여라. 성분에 따라서 몰수계산에 주의하라. 즉 1몰의 $NaHCO_3$의 중화에 HCl 1몰이 소모되지만 1몰의 $Mg(OH)_2$의 중화에는 2몰의 HCl이 소모된다.

[2] 가열판 (hot plate) 대신 알코올 램프로 용액을 가열할 경우 특히 비등하여 용액이 튀어나오지 않도록 주의하여야 한다. 비등석을 첨가하여 가온하면 이 현상을 어느 정도 막을 수 있을 것이다.

[3] 가열시 후드를 작동시켜 실험실의 통풍이 잘 되도록 유의한다.

[4] 비커는 반드시 집게를 사용하여 다룬다. 장갑을 준비하여도 편리하다.

실험보고서 33. 제산제와 아스피린의 정량

실험일자 : 년 월 일 교시

_________ 대학 학과 _________ 학번 _________ 이름 _________

1. 실험 결과

1) 실험(1)에서 얻은 데이터를 이용하여 제산제의 순도를 결정하여라.

	(1회)	(2회)	(3회)
· 제산제의 무게 (W g)	______	______	______
· 가해준 HCl의 부피 (mL)	______	______	______
· 가해준 HCl의 몰 농도 (M)	______	______	______
· 소비된 NaOH의 부피 (mL)	______	______	______
· 소비된 NaOH의 몰 농도 (M)	______	______	______
· 반응에 사용된 HCl의 밀리몰 (mmol) 수	______	______	______

· 반응에 사용된 HCl의 평균 밀리몰 (mmol) 수 평균값 ______ mmol

· 제산제의 순도 (%) ______ %

2) 실험(2)에서 얻은 데이타를 이용하여 아스피린의 순도를 결정하여라.

	(1회)	(2회)	(3회)
· 아스피린의 무게 (g)	______	______	______
· 소비된 NaOH의 부피 (mL)	______	______	______
· 소비된 NaOH의 몰 농도 (M)	______	______	______

· 소비된 NaOH의 밀리몰 (mmol) 수 ________ ________ ________

· 소비된 NaOH의 평균 밀리몰 (mmol) 수 평균값 __________ mmol

· 아스피린의 순도 (%) __________ %

2. 과 제

실험 (1)과 (2)에서 행한 실험 방법상의 차이점을 써라.

3. 고찰 및 의문점

실 험 34

산화-환원 적정 (과망간산법)

1. 목 적

산화되거나 환원될 수 있는 물질을 산화제 또는 환원제의 표준용액으로 적정하여 그 소비된 양으로부터 정량하는 산화-환원 적정법을 다룬다. 산화제로서는 가장 흔히 쓰이는 $KMnO_4$용액을 선택하고 $Na_2C_2O_4$로 표정한 후 소독제로 쓰이는 과산화수소를 시료로 선택하여 그 순도를 결정한다. 적정의 종말점은 과망간산 이온의 자체색의 변화로 알 수 있어 외부 지시약이 필요 없는 특징을 가지는 과망간산법을 통해 구할 수 있다.

2. 원 리

산화-환원 적정은 산화제 또는 환원제의 표준용액을 써서 시료물질을 완전히 산화 또는 환원시키는 데 소모된 양을 측정하여 시료물질을 정량하는 부피분석법의 하나이다. 산화제는 다른 물질에서 전자를 빼앗아 자신은 환원되고, 환원제는 다른 물질에 전자를 내주어 자신은 산화된다. 산화-환원 적정법에서의 종말점은 과망간산 적정법에서처럼 지시약을 넣지 않는 경우와, 아이오다인 적정법과 같이 녹말 용액과 같은 특정 지시약을 사용하는 경우, 전위값에 따라 산화형과 환원형의 색깔이 다른 산화-환원 지시약을 쓰는 경우 및 전위차 적정법에서와 같이 전기적인 방법으로 결정하는 방법이 있다.

적정에 이용할 수 있는 산화제는 $K_2Cr_2O_7$, $Ce(SO_4)_2$ 및 NaClO 등이 있는데 가장 대표적인 것은 과망간산칼륨과 아이오다인이다.

산화제중 중크롬산칼륨은 일정량을 달아서 정확한 농도의 용액으로 만들어 바로 사용이 가능하지만, 나머지 산화제들은 바로 사용하기 곤란하여 일차 표준물질로 알려진 환원제로 표준화를 거친 다음 사용해야 한다. 중크롬산칼륨 및 과망간산칼륨은 화학적 산소 요구량 (COD) 을 측정하는 산화제로서 사용하기도 하는데, 전자는 6가 크롬 자체가 환경오염의 원인이 되므로 바람직하지 않기 때문에 산화력은 약간 떨어지지만 오염에 문제가 없는 과망간산칼륨을 많이 사용하고 있다. Ce (IV) 이온도 산화력이 강하나 가격이 고가여서 일반적으로 사용하기 어렵다. 하이포염소산나트륨은 가정용 세탁시 표백제로 사용되고 있고, 염소가스는 음용수의 소독용으로 사용되고 있다. 과망간산칼륨은 미량의 이산화망간을 포함하고 있어서 순수한 물질로 얻기 어렵기 때문에 옥살산나트륨 같은 일차 표준물질을 사용하여 과망간산칼륨의 농도를 표준화한다. 과망간산칼륨은 산성 및 염기성에서 모두 산화력이 있으나 보통은 산성용액에서 수행한다.

산성용액에서 MnO_4^- 이온이 Mn^{2+} 이온으로 환원되면서 시료를 산화시킨다.

$$MnO_4^- + 8H^+ + 5e^- \longrightarrow Mn^{2+} + 4H_2O \qquad E^o = 1.51 \text{ Volt} \tag{1}$$

황산 산성 용액에서 철 (II) 염과 과망간산칼륨을 반응시킬 때는 다음 식과 같은 반응이 일어나게 되어 과망간산 이온 (MnO_4^-) 의 적자색이 사라진다.

$$MnO_4^- + 5Fe^{2+} + 8H^+ \longrightarrow Mn^{2+} + 5Fe^{3+} + 4H_2O \tag{2}$$

즉, 일정량의 황산철 (II) 시료 용액에 뷰렛으로부터 과망간산칼륨 용액을 떨어뜨려서 적정할 경우, Fe^{2+} 이온이 모두 산화되어 Fe^{3+} 이온으로 바뀌면 과량으로 들어간 1방울의 과망간산칼륨 용액의 MnO_4^-의 적자색이 남아 있게 되어 종말점을 알 수 있다.

3. 사용기구 및 시약

기 구	시 약
메스플라스크 (100 mL)	0.02 M $KMnO_4$ 표준용액
삼각플라스크 (250 mL)	H_2SO_4 (1:1)
피펫 (10 mL, 5 mL)	3 % H_2O_2
갈색 시약병온도계	옥살산나트륨 ($Na_2C_2O_4$)
뷰렛 (50 mL)	
뷰렛클램프 및 스탠드	
물중탕과 전열기 (500 W)	
화학저울	
무게재는 병 (10 mL)	
고무빨게	
눈금실린더 (100 mL)	

4. 실험방법

[1] 0.02 M 과망간산칼륨 용액의 표준화

과망간산칼륨 용액의 농도를 결정하는 데 쓰이는 일차 표준물질로는 산화비소(III), 옥살산, 옥살산나트륨, 순수한 철 및 모어염 등이 있으나, 이 실험에서는 옥살산나트륨을 쓰기로 한다. 옥살산나트륨 ($Na_2C_2O_4$) 은 과망간산칼륨과 반응하여 다음과 같은 산화-환원 반응을 일으킨다.

$$2MnO_4^- + 5C_2O_4^{2-} + 16H^+ \longrightarrow 2Mn^{2+} + 10CO_2 + 8H_2O \qquad (3)$$

① 순도가 높은 옥살산나트륨 약 0.7 g을 취하여 화학저울로 정밀하게 무게를 달아 100 mL 메스플라스크에 조심스럽게 넣고 소량의 증류수를 넣어 흔들어서 완전히 용해시킨 후 눈금까지 조심스럽게 증류수를 채운 다음 잘 섞어 준다.

② 이 용액 10 mL를 피펫으로 정확하게 취하여 250 mL 삼각플라스크에 넣고 전체액량이 약 70 mL로 되게 증류수를 가하여 희석시킨 후 황산 (1:1) 5mL를 가한다.

③ 이 삼각플라스크를 70~80 ℃로 유지된 물중탕에 담궈 놓고 잘 흔들어 주면서 뷰렛으로부터 과망간산칼륨 표준용액을 천천히 가하여 적정한다. 적정 도중에

는 가한 과망간산칼륨 용액의 자주색이 퇴색되어 없어질 것이나 당량점에 가까워지면 용액을 잘 흔들어 주지 않으면 색깔이 쉽사리 없어지지 않는다. 적정 용액의 마지막 1방울에 의하여 희미한 분홍색이 약 30초 동안 없어지지 않고 지속되는 점을 종말점으로 잡는다.

④ 미리 준비한 다른 삼각플라스크에 종말점에서와 같은 양의 순수한 증류수와 황산 (1:1) 5 mL를 넣고 여기에 과망간산칼륨 용액 1방울을 가하여 생긴 용액의 색과 같도록 종말점의 색을 비교하면 종말점이 더욱 명료해진다.

⑤ 이상의 실험을 두 번 반복하여 평균값을 구하고, 이 값으로부터 과망간산칼륨 용액의 정확한 몰 농도를 다음 식에 따라 구하여라.

$$M_T = \frac{2}{5}\,\frac{\left(\dfrac{W_A}{M_A}\cdot\dfrac{v_A}{V_A}\right)}{V_T} \qquad (4)$$

여기서 M_T는 과망간산 용액의 몰 농도, W_A는 옥살산나트륨의 취한 무게, M_A는 옥살산나트륨의 분자량 (134.0 g/mol), V_A는 옥살산나트륨 용액의 전체 부피 (100 mL), v_A는 실제 적정에 사용한 부피 (10 mL) 이며 V_T는 소비된 과망간산칼륨 용액의 부피 (mL) 이다.

2 과망간산 적정법에 의한 과산화수소 용액의 정량

과산화수소는 산성 용액에서 과망간산칼륨에 의하여 다음과 같이 된다.

$$2MnO_4^- + 5H_2O_2 + 6H^+ \longrightarrow 2Mn^{2+} + 5O_2 + 8H_2O$$

① 3 % 과산화수소 (비중 1.01) 10 mL를 피펫으로 정확하게 취하여 100 mL 메스플라스크에 넣고 눈금까지 조심스럽게 증류수로 채우고 잘 섞는다.

② 이 용액 5 mL를 피펫으로 정확하게 취하여 250 mL 삼각플라스크에 넣고 증류수로 묽혀서 전체 용량이 100 mL 정도로 되게 한 다음 황산 (1:1) 10 mL를 가한다.

③ 이것을 상온에서 뷰렛으로부터 0.02 M $KMnO_4$ 표준용액을 조심스럽게 천천히 떨궈 적정한다. 마지막 1방울에 의하여 희미한 분홍색이 없어지지 않고 30초 이상 지속되는 점이 종말점이다.

④ 이상의 실험을 두 번 반복하여 평균값을 구하고, 이 값으로부터 과산화수소수의 정확한 농도 (%) 를 다음 식에 의해서 구한다.

$$H_2O_2(\%) = \frac{V_T \times F \times 0.0017}{W} \times 100$$

W는 과산화수소수의 취한 무게(g)
V_T는 0.02M $KMnO_4$의 소모량(mL)
F는 0.02M $KMnO_4$의 농도계수(실제로 0.02M면 F≒1.0이고, 0.022M면 F＝1.1이다)
0.0017은 0.02M $KMnO_4$ 1mL에 상당하는 H_2O_2의 무게(g)

5. 주의 및 참고사항

1 $KMnO_4$ 용액은 햇빛에 두면 어느 정도 분해가 되므로 갈색병에 보관하여 농도 변화를 방지하여라.

2 과거에는 농도계산이나 표준용액의 농도로 노르말 농도 (N)를 사용하여 $NV_T = N_A'V_A'$의 관계식을 사용하였으나 최근에는 모두 몰 농도 (M)를 사용하고 있다. 따라서 두 농도의 상호관계를 알아 혼동이 없기 바란다.

실험보고서 34. 산화-환원적정(과망간산법)

실험일자 : 년 월 일 교시

_________ 대학 학과 ________ 학번 ________ 이름 ____________

1. 실험 결과

1) 과망간산칼륨 용액의 농도 결정 ________________g

· 옥살산나트륨의 무게 ________________g

· 소비된 과망간산칼륨 용액의 부피 1회 ________________mL

2회 ________________mL

3회 ________________mL

평균 ________________mL

· 과망간산칼륨 용액의 몰 농도 계산식 ________________________

· 과망간산칼륨 용액의 몰 농도 ________________M

· 0.02 M 과망간산칼륨 용액의 농도계수 ________________F

2) 과망간산 적정법에 의한 과산화수소 용액의 정량

· 3 % 과산화수소의 비중 ________________

· 취한 과산화수소 용액의 부피 ________________mL

· 취한 과산화수소 용액의 무게 ________________g

· 소비된 과망간산칼륨 표준용액의 부피 1회 ________________mL

2회 ____________________mL

3회 ____________________mL

평균 ____________________mL

· 과산화수소의 농도 (%) 계산식 ______________________________

· 과산화수소의 농도 (%) ________________%

2. 과 제

1) 과망간산칼륨 적정을 산성 용액에서 행할 때 염산이나 질산을 사용하지 않고 황산용액을 사용하는 이유는 무엇인가?

2) 과망간산칼륨으로 산화-환원 적정하는 다른 예들을 화학반응식으로 써라.

3. 고찰 및 의문점

실 험 35

아이오다인 적정법에 의한 표백제의 정량

1. 목 적

아이오다인이 관여된 산화-환원 적정법을 아이오다인 적정법이라고 한다. 아이오다인이 산화제로 작용을 하는 직접 적정에서는 강한 환원제들이 시료가 되고, 시료가 강한 산화제일 경우에는 아이오다인 이온이 산화되어 유리된 아이오다인의 양을 다른 환원제 표준용액을 사용하여 간접적으로 측정하여 시료의 양을 정하는 두 가지 방법을 사용한다. 여기서는 가정용 표백제를 정량하는 예로써 아이오다인 적정법을 익힌다.

2. 원 리

산화-환원 반응에 아이오다인이 관여된 산화-환원 적정법을 아이오다인 적정법이라고 한다. 아이오다인 (I_2) 은 표준 환원전위값이 크지 않기 때문에 직접법 (iodimetry) 과 간접법 (iodometry) 으로 적정이 가능하다.

직접법은 $SnCl_2$, H_3AsO_3 같은 강한 환원제를 산성용액에서 I_2용액으로 산화시키는 방법이고, 간접법은 강한 산화제를 산성용액에서 I^-이온과 반응시켜 생긴 I_2를 싸이오황산나트륨 용액으로 적정하여 간접적으로 정량할 수 있는 방법이다. 이 같은 두 방법의 원리는 다음의 아이오다인의 환원방정식에서 알 수 있다.

$$I_2 + 2e^- \longrightarrow 2I^- \qquad E^\circ = 0.53 \text{ Volt} \tag{1}$$

$$S_2O_3^{2-} + I_2(I_3^-) \longrightarrow S_4O_6^{2-} + 2I^-(3I^-) \tag{2}$$

두 아이오다인 적정법에서 반응의 종말점을 아이오다인 자신의 연한 황갈색이 사라지거나 생기는 것으로 알 수 있겠으나 불명확하므로 종말점 가까이에서 녹말 용액을 소량 가하여 아이오다인 (I_2) 은 아이오다인 이온 (I^-) 의 존재하에서 진한 청색을 띠게 하고, 간접법에서는 이러한 아이오다인-녹말의 색깔이 소멸되는 지점을 종말점으로 하면 더욱 명확하게 종말점을 인식할 수 있다.

이 실험에서는 싸이오황산나트륨 ($Na_2S_2O_3$) 용액을 표준화하고 간접법으로 황산구리 및 가정용 표백제인 하이포염소산나트륨 (NaClO) 을 정량하는 법을 다룬다. 간접법인 아이오다인 적정법 (iodometry) 은 2단계 산화, 환원 반응에 의해 진행된다.

싸이오황산나트륨 용액의 표준화를 하였을 때 중크롬산칼륨에 의한 반응은 다음과 같다.

		E^o (V)	
1단계 :	$Cr_2O_7^{2-}\ (aq) + 14H^+ + 6e^- \rightleftarrows 2Cr^{3+}\ (aq) + 7H_2O$	+1.33	
	$6I^- \rightleftarrows 3I_2 + 6e^-$	−0.54	
	$Cr_2O_7^{2-}\ (aq) + 14H^+ + 6I^- \rightleftarrows 2Cr^{3+}\ (aq) + 3I_2 + 7H_2O$	+0.79	(3)
2단계 :	$2S_2O_3^{2-} \rightleftarrows S_4O_6^{2-} + 2e^-$	−0.09	
	$I_2 + 2e^- \rightleftarrows 2I^-$	+0.54	
	$2S_2O_3^{2-} + I_2 \rightleftarrows 2I^- + S_4O_6^{2-}$	+0.45	(4)

한편 하이포염소산나트륨 용액에 과량의 KI 용액을 산성하에서 가하면 하이포염소산 이온은 다음과 같이 아이오다인화이온을 아이오다인으로 산화시킨다.

		E^o (V)	
1단계 :	$HClO\ (aq) + 2H^+ + 2e^- \rightleftarrows Cl^- + H_2O$	+1.49	
	$2I^- \rightleftarrows I_2 + 2e^-$	−0.54	
	$HClO\ (aq) + 2H^+ + 2I^- \rightleftarrows I_2 + Cl^- + H_2O$	+0.95	(5)

2단계 반응은 중크롬산칼륨에서의 반응과 같다.

녹말은 I^-이온의 존재하에 미량의 I_2와 착화합물을 형성하여 진한 청색을 띤다. I_2는 I^-이온과 반응하여 선형구조($I-I-I^-$)의 삼아이오다인화이온, I_3^-의 착이온을 형성한다.

n녹말-I_3^-는 그림 35-1과 같이 가역적인 착화합물을 형성하여 진한 청색을 띰으로써 지시약의 역할을 한다. I^-이온 농도가 10^{-3} M 이상이면 I_2를 10^{-6} M 이하의 낮은 농도에서도 검출할 수 있다.

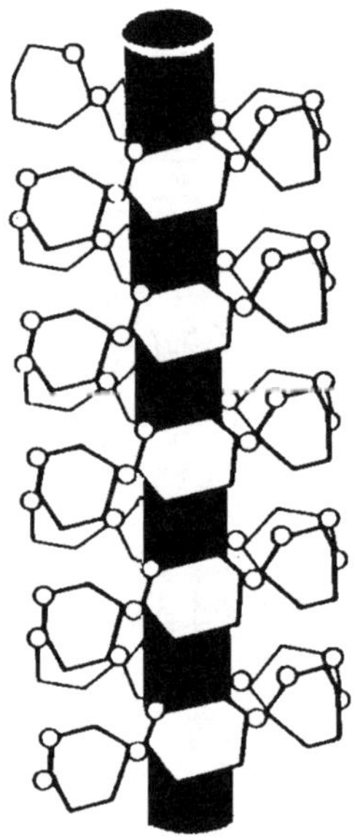

그림 35-1 전분-I_3^-의 착화합물. 전분 분자는 선형인 삼요오드화 이온을
감싸기에 충분한 동공을 이루면서 헬릭스 구조를 형성하고 있다.

녹말지시약은 I_2의 농도가 낮은 종말점 부근에서 첨가해주어야 한다. 그렇지 않으면 녹말-I_3^-의 청색반응은 가역적이 되지 못하여 오차를 유발하게 된다.

직접법과 달리 간접법에서는 오히려 강산성 조건에서 I^-에서 I_2로 산화되는 반응이 촉진되는 한편, 이러한 조건에서 I^-는 I_2로 공기 중에서 자동 산화되므로 가능한

빨리 생성된 I_2를 싸이오황산나트륨 표준용액으로 적정해야 한다.

3. 사용기구 및 시약

기 구	시 약
눈금실린더 (10 mL, 100 mL)	0.05 M $Na_2S_2O_3$ 표준용액 (500 mL)
삼각플라스크 (500 mL)	KI
메스플라스크 (250 mL)	$K_2Cr_2O_7$
뷰렛 (50 mL)	$CuSO_4 \cdot 5H_2O$
피펫 (25 mL)	CH_3COOH
무게재는 병 (10 mL)	1 M HCl
삼중대저울	1 % 녹말용액
화학저울	가정용 표백제
씻기병	(5 % 하이포염소산나트륨 용액)
뷰렛클램프	
스탠드	

4. 실험방법

[1] 싸이오황산나트륨 용액의 표준화

싸이오황산나트륨 용액의 농도를 결정하는데 쓰이는 일차 표준물질로는 아이오다인, 중크롬산칼륨, 아이오다인화칼륨, 브롬화칼륨 등이 있다. 이 실험에서는 중크롬산칼륨을 사용하여 싸이오황산나트륨 용액을 표준화하기로 한다.

① 중크롬산칼륨 ($K_2Cr_2O_7$) 약 0.5 g을 화학저울로 정확하게 달아서 250 mL 메스플라스크에 넣고 소량의 증류수로 완전히 용해시킨 후 눈금까지 조심스럽게 채운 다음 잘 흔들어 섞는다.

② 그 용액 25 mL를 피펫으로 정확히 취하여 500 mL 삼각플라스크에 넣고 1 M HCl 25 mL를 가한다. 또 다시 여기에 2 g의 아이오다인산칼륨을 넣고 잘 흔들어 섞은 후 뚜껑을 닫고 약 5분간 방치한다.

③ 이 삼각플라스크에 증류수 약 200 mL를 가하여 묽힌 후 유리되어 나온 I_2를 표준화하고자 하는 0.05 M $Na_2S_2O_3$ 용액으로 조심스럽게 적정한다. 적정할 때 $Na_2S_2O_3$ 용액을 뷰렛으로부터 1방울씩 천천히 떨궈야 하며, 적정 도중 삼각플라스크의 내용물은 계속 잘 흔들어 섞어주어야 한다.

④ 종말점에 가까워지면 아이오다인 용액이 묽어져서 엷은 황색으로 되는데, 이 때 1 % 녹말용액 1-2 mL를 지시약으로서 가하여 청색을 띠게 한다. 적정을 계속하여 마지막 1방울로 청색이 없어지는 점이 종말점이다. 종말점에서 Cr^{3+}의 농도가 진하면 Cr^{3+} 이온의 녹색으로 말미암아 청색이 소멸되는 것을 알아보기가 어려우므로 희석시켜 주어야 한다. 이 때의 반응은 다음과 같다.

$$K_2Cr_2O_7 + 14HCl + 6KI \longrightarrow 3I_2 + 2CrCl_3 + 7H_2O$$

$$I_2 + 2Na_2S_2O_3 \longrightarrow 2NaI + Na_2S_4O_6$$

⑤ 0.05 M $Na_2S_2O_3$ 표준용액의 농도계수 (f) 와 정확한 몰 농도 (M) 는 다음 식에 의해서 구한다 (0.05 M $Na_2S_2O_3$ 1 mL ≡ 0.00245 g $K_2Cr_2O_7$)

$$f = \frac{K_2Cr_2O_7\text{의 취한 양 (g)}}{0.00245} \times \frac{25}{250} \,/\, 0.05\text{ M } Na_2S_2O_7\text{의 소모량 (mL)}$$

$$M = f \times 0.05$$

[2] 아이오다인 적정법에 의한 $CuSO_4$의 정량

아세트산을 가한 황산구리 (II) 용액에 아이오다인화칼륨을 가하여 유리되는 아이오다인을 싸이오황산나트륨의 표준용액으로 적정하여 정량하기로 한다. 이 때 황산구리 (II) 는 아이오다인화칼륨을 산화하여 아이오다인을 유리시키고 자신은 환원되어 아이오다인화구리 (I) 로 된다.

$$2CuSO_4 + 4KI \longrightarrow I_2 + 2CuI + 2K_2SO_4$$

① 0.3 g 정도의 $CuSO_4 \cdot 5H_2O$를 정확히 달아서 250 mL 삼각플라스크에 넣고 여기에 증류수 50 mL를 가하여 녹인다.

② 이 용액에 아세트산 4 mL와 KI 결정 2 g을 어림저울로 달아 넣고 흔들어서

I_2 를 유리시킨다.

③ 이 유리된 I_2를 녹말 용액을 지시약으로 하여 0.05 M $Na_2S_2O_3$ 표준용액으로 적정하여 $CuSO_4 \cdot 5H_2O$를 정량한다. (녹말지시약 1 mL를 종말점 가까이에서 가한다.)

다음식에 의하여 $CuSO_4 \cdot 5H_2O$의 함량을 구하라.

$$CuSO_4 \cdot 5H_2O(\%) = \frac{V \times f \times 0.0125}{W(g)} \times 100$$

W(g) = $CuSO_4 \cdot 5H_2O$를 취한 무게
f = 0.05 M $Na_2S_2O_3$의 농도계수
0.0125 g = $Na_2S_2O_3$의 농도가 정확히 0.05 M일 때 1 mL에 상당한 $CuSO_4 \cdot 5H_2O$의 질량
V = 0.05 M $Na_2S_2O_3$용액의 소모량(mL)

3 아이오다인 적정법에 의한 하이포염소산나트륨의 정량

산성조건하에서 하이포염소산나트륨 (NaClO) 용액에 아이오다인화칼륨을 가하여 유리되는 아이오다인을 싸이오황산나트륨의 표준용액으로 적정하여 하이포염소산나트륨 용액의 % 농도를 결정한다.

$$NaClO\ (aq) + 2H^+ + 2I^- \rightleftarrows I_2 + NaCl + H_2O$$

① 250 mL 삼각플라스크에 50 mL의 증류수를 넣고 여기에 KI 3 g을 어림저울로 달아 넣고 완전히 용해시킨다.

② 가정용 표백제인 하이포염소산나트륨 용액을 20 mL 취하든지 또는 이 용액의 무게를 정확히 측정하여 삼각플라스크에 넣는다.

③ 1 M H_2SO_4 25 mL와 3 % 몰리브데늄산 암모늄을 촉매로 하여 플라스크에 첨가한다.

④ 약 2분간 삼각플라스크를 정지시킨 후 0.05 M 싸이오황산나트륨 표준용액으로 적정한다. 종말점 부근에서 전분용액 5 mL를 가하여 종말점까지 적정한다. 위의 과정을 두 번 더 반복한다.

⑤ 하이포염소산나트륨의 함량을 구한다. (0.05 M $Na_2S_2O_3$ 1 mL ≡ 0.0037 g NaClO)

5. 주의 및 참고사항

1 실험시간이 짧은 학교에서는 농도계수 (f) 를 결정한 0.05 M $Na_2S_2O_3$ 표준용액을 미리 준비하여 주고 실험 2만을 시키는 것도 좋다.

2 I_2는 I_3^-상태로 용액에 존재하므로 반응식에 I_2대신에 I_3^-를 사용하는 경우가 많다. 그러나 여기서는 간편하게 I_2로 나타내었음을 주의하라.

3 녹말지시약 제조법

가용성 녹말 2 g을 소량의 물에 개어서 1 L의 끓는 물에 넣고 맑은 용액이 될 때까지 냉각시킨다. 장시간 보관할 경우 방부제로서 Hg_2I_2 10 mg 가량 가한다.

4 하이포염소산 용액이 피부나 눈에 들어가지 않도록 주의하여라.

5 일차 표준물질로 사용한 중크롬산칼륨 용액을 반드시 폐수통에 회수하도록 하여라.

6 만약 녹말용액 제조시 방부제로 Hg_2I_2를 첨가하였다면 빛을 조사하거나 열을 받으면 Hg와 HgI_2로 되어 맹독성 물질이 되므로 주의하여야 한다.

실험보고서 35. 아이오다인 적정법에 의한 표백제의 정량

실험일자 : 년 월 일 교시

______ 대학 학과 ______ 학번 ______ 이름 ______

1. 실험 결과

1) 싸이오황산나트륨 용액의 농도계수 (f) 결정

· 무게재는 병의 무게 ______g

· 무게재는 병과 중크롬산칼륨의 무게 ______g

· 중크롬산칼륨의 무게 ______g

· 소비된 싸이오황산나트륨 용액의 부피 1회 ______mL

2회 ______mL

3회 ______mL

평균 ______mL

· 싸이오황산나트륨 용액의 몰 농도계수 (f) 계산식 ______

· 싸이오황산나트륨 용액의 몰 농도 (M) ______M

2) 아이오다인 적정법에 의한 황산구리의 정량

· 취한 황산구리 결정의 무게 ______g

· 소비된 싸이오황산나트륨 표준용액의 부피 ______mL

· 황산구리의 함량 계산식 ______

· 황산구리의 함량 (%) ______%

3) 아이오다인 적정법에 의한 하이포염소산나트륨의 정량

· 취한 하이포염소산 용액의 무게 ______________g

· 소비된 싸이오황산나트륨 표준용액의 부피 ______________mL

· 하이포염소산나트륨의 함량 계산식 ______________________________

· 하이포염소산나트륨의 함량 (%) ______________%

2. 과 제

1) 아이오다인 적정법에서 사용되는 아이오다인화칼륨의 농도를 구할 필요가 없는 이유는 무엇인가?

2) 직접 아이오다인 적정법보다 간접 아이오다인 적정법이 많이 사용되는 이유는 무엇인가?

3) 아이오다인 적정법에 있어서 지시약으로 사용되는 녹말 용액을 종말점 가까이에서 가하는 이유는 무엇인가?

4) 황산구리와 하이포염소산나트륨의 함량 계산식의 차이점은 무엇인가?

3. 고찰 및 의문점

실 험 36

음이온의 정성분석-점적시험

1. 목 적

음이온들의 정성분석법은 거의 양이온 정성분석에 이용한 반응을 역으로 생각하면 가능하다. 이 실험에서는 몇 가지 대표적인 음이온들을 간단한 점적시험 (spot test) 법으로 검출하고 확인하는 방법을 익혀 화학반응의 특성을 이용하는 원리를 다룬다.

2. 원 리

음이온의 정성분석은 다음과 같은 몇 가지 단계로 분류하여 수행된다.

(가) 중성 및 산성용액에서 Ag^{+} 및 Ba^{2+}와 같은 양이온과 침전을 형성하는가?

(나) 약산 또는 강산의 음이온인가?

(다) 휘발성 산의 음이온인가?

(라) 음이온의 산화제 또는 환원제 또는 둘 다로 행동하는가?

불용성 Ag염을 형성하는 것은 염화물 및 황화물 등이고, 강산의 음이온은 가용성이며, 산화제로는 크롬산 이온, 과망간산 이온 등이 있고, 환원제로는 I^{-}, NO_2^{-}등이 있다.

이 실험에서는 NO_3^{-}, Cl^{-}, Br^{-}, I^{-}, SO_4^{2-}, SO_3^{2-}, S^{2-}, PO_4^{3-} 및 CO_3^{2-}의 음이온들을 점적시험 방법으로 검출, 확인한다.

이 방법은 시료 중의 한 가지 성분을 검출하기 위하여 소량의 시료용액에 적당한 특정 시약을 떨어뜨려서 그 성분화학종과 특유한 반응을 일으키게 함으로써 어떤 성분이 포함되어 있는가를 확인하는 방법이다. 이 방법의 결점은 여러 가지 성분이 포함되어 있는 복잡한 혼합시료인 경우에는 한 성분이 다른 성분의 검출을 방해한다는 것이다. 그러므로 시료가 복잡할수록 조심스럽게 적당한 조건을 택하여 점적시험을 하도록 해야 한다. 그러나 서로 방해하는 성분화학종이 포함되어 있는 시료를 정성분석하는 데는 이들 성분을 점적시험하기에 앞서 먼저 이들 성분을 서로 분리하도록 해야 한다. 또한 용액의 pH를 변화시키든지 가리움제 (masking agent)를 가하여 한 가지 화학종을 반응하지 못하게 하고 다른 화학종만을 반응시켜 검출하는 방법을 쓴다.

[1] 황산 이온 SO_4^{2-}

이 이온은 강산의 음이온으로서 Ba^{2+}나 Pb^{2+}과 같은 양이온과 침전을 형성한다.

$$Ba^{2+} + SO_4^{2-} \rightleftarrows BaSO_4\ (s)$$

그 외에도 Ba^{2+}은 다음의 음이온들과 난용성 침전을 형성한다.

$$Ba^{2+} + CO_3^{2-} \rightleftarrows BaCO_3\ (s)$$

$$Ba^{2+} + SO_3^{2-} \rightleftarrows BaSO_3\ (s)$$

$$3Ba^{2+} + 2PO_4^{3-} \rightleftarrows Ba_3(PO_4)_2\ (s)$$

그러나 이들은 약산의 염으로 산성용액에서는 모두 가용성 염으로 된다. 따라서 산성상태에서 Ba^{2+}를 가했을 때 침전을 이루면 황산이온 (SO_4^{2-}) 의 존재를 확인할 수 있다.

[2] 아황산이온 SO_3^{2-}, 황화이온 S^{2-} 및 탄산이온 CO_3^{2-}

이들은 약한 휘발성 산의 음이온으로 산을 가함으로써 산무수물로 되어 휘발한다.

$$SO_3^{2-} + 2H^+ \rightleftarrows H_2SO_3\ (aq) \rightleftarrows SO_2\ (g) + H_2O$$

$$S^{2-} + 2H^+ \rightleftarrows H_2S\ (g)$$

$$CO_3^{2-} + 2H^+ \rightleftarrows H_2CO_3\ (aq) \rightleftarrows CO_2\ (g) + H_2O$$

SO_2 및 H_2S 등은 바로 감지해 낼 수 있다. SO_3^{2-} 이온의 존재는 Br_2나 H_2O_2를 첨가 후 SO_4^{2-} 이온의 확인 실험으로 검출할 수 있다. S^{2-} 이온은 Pb염을 가하여 검은색 침전으로 확인할 수 있다.

3 염화이온 Cl^-, 브롬화이온 Br^- 및 아이오다인화이온 I^-

이들은 강산의 음이온으로서 산성용액에서 음이온은 이들과 난용성 염을 형성하지만, 기타 다른 음이온들과의 염은 모두 가용성이다. AgCl, AgBr 및 AgI의 침전에 암모니아를 가하면 AgCl은 가용성 착이온이 되므로 AgBr과 AgI로부터 분리해 낼 수 있다. Br^- 이온의 존재는 산화제를 가하여 Br_2로 산화시킨 후 $CHCl_3$ 층으로 Br_2를 분배시켜 갈색으로 변색되는 것으로 확인할 수 있다.

I^- 이온은 Fe^{3+}를 가하면 선택적으로 I_2로 되어 $CHCl_3$층으로 분배시키면 보라색을 띠게되는 것으로 확인할 수 있다.

4 인산이온 PO_4^{3-}

다소 약한 비휘발성 산의 음이온으로서 몰리브데늄산 암모늄 용액 (ammonium molybdate solution) 을 이용하여 확인할 수 있다.

$$2NH_4^+ + 12MoO_4^{2-} + H_3PO_4\,(aq) + 21H^+ \rightleftarrows (NH_4)_3PO_4\cdot 12MoO_3\,(s) + 12H_2O$$

산성용액에서 과량의 암모늄이온을 가하면 노란색 침전이 생성되는 것으로 인산이온의 존재를 확인할 수 있다.

5 질산이온 NO_3^-

모든 질산염은 가용성이기 때문에 침전으로 확인할 수 없으므로 질산이온을 일산화질소로 환원시킨 후 Fe^{2+}와의 갈색 착이온을 형성시켜 확인할 수 있다.

1단계 : $4H^+ + NO_3^- + 3Fe^{2+} \longrightarrow 3Fe^{3+} + NO + 2H_2O$

2단계 : $NO + Fe^{2+} \longrightarrow Fe(NO)^{2+}$

6 미지시료

위의 예비시험이 끝나면 실험 지도선생으로부터 미지시료를 지급받아 1 mL씩 나누어 위의 시험법을 적용하여 포함된 성분이온을 모두 알아내도록 한다. 미지시료에는 이들 이온이 4~5종 포함되어 있을 것이다. 어떤 경우에는 이들 이온이 서로 방해하는 수가 있을 것이므로 조심스럽게 실험하고, 방해할 때는 그 이유를 밝혀보도록 노력해야 한다.

3. 사용기구 및 시약

기 구

시험관 (10×100 mm)
시험관대
시험관용 솔
눈금피펫 (50 mL)
리트머스 종이
점적판
(유리판을 사용할경우 밑에 흰종이를 댄다.)
스포이트
물중탕
전열기 (500 W)
씻기병
label
스포이트붙은 지시약병 (50 mL)
스포이트붙은 지시약병
(50 mL, 갈색, $AgNO_3$용)
시험관 집게

시 약

0.5 M Na_2CO_3
0.05 M Na_2CO_4
1 M $BaCl_2$
0.5 M Na_2HPO_4
6 M HNO_3
0.5 M $(NH_4)_2MoO_4$
3 % H_2O_2
6 M HCl
0.1 M $Fe(NO_3)_3$
0.5 M NaCl
0.5 M NaBr
0.5 M NaI
0.1 M $AgNO_3$
3 M, 6 M H_2SO_4
6 M NaOH
0.5 M NH_4Cl
$CHCl_3$
Br_2 용액
$FeSO_4$ 포화용액

4. 실험방법

이상의 예비실험에서는 점적시험 (spot test) 으로 분석하였으나 여기서는 소형의 시험관을 이용한다. 시료 용액을 0.5~1.0 mL씩 취하여 반응시 일어나는 현상을 관찰한다.

[1] 황산이온의 확인

시료용액에 6 M HCl을 가하여 산성용액으로 만든 다음 0.1 M $BaCl_2$용액 1 mL를 가하여 흰색 침전 생성여부를 확인하여라.

[2] 아황산이온의 확인

0.1 M $BaCl_2$를 가하여 아무런 변화가 없는지를 확인하여라. 시료용액에 Br_2용액(브롬수) 약 2 mL를 가한 후 흰색 침전이 있는지를 확인하여라.

[3] 황화이온의 확인

시료용액에 과량의 6 M HCl을 가하고 H_2S의 냄새를 확인하여라. 더 정확히 확인하려면 아세트산납을 묻힌 여과지를 시험관에 대고 검은색으로 변하는지를 확인하여라.

[4] 탄산이온의 확인

시료용액에 수산화칼슘 용액을 가하면 흰색 침전이 생긴다. 따로 시료용액에 6 M HCl을 가하고 서서히 가열한 다음 냉각 후 수산화칼슘 용액에 흰 침전이 생성되는지를 확인하여라.

[5] 염화이온의 확인

시료용액에 0.1 M $AgNO_3$ 1 mL를 가하고 생성된 침전을 원심분리한다. 침전을 증류수로 세척한다. 세척한 침전에 증류수 3 mL, 6 M NH_3 0.5 mL를 정확히 넣은 다음, 이 혼합용액으로 침전을 녹인다. 원심분리 후 여액을 다른 시험관에 따라내고, 이 여액에 6 M HNO_3를 가하면 흰색 침전이 생기는지 확인하여라.

6 브롬화이온의 확인

시료용액에 염소수 (Cl_2) 2 mL를 가하고 혼합한 다음 $CHCl_3$를 1 mL가하여 분배시켰을 때 $CHCl_3$층 색깔이 갈색을 띠는지 확인하여라.

7 아이오다인화이온의 확인

시료용액에 6 M HCl을 가하여 산성으로 한다. S^{2-}나 SO_3^{2-}의 존재를 확인한 다음, 0.1 M $FeCl_3$ 1 mL를 가한다. $CHCl_3$ 1 mL를 가하여 분배시켰을 때 $CHCl_3$층의 색깔이 보라빛인지 확인하여라.

8 인산이온의 확인

시료용액에 0.5 M $(NH_4)_2MoO_4$ 1 mL, 6 M HNO_3 1 mL를 넣고 혼합한다. 노란색 침전이 생성되었는지 확인하여라. 아무런 변화가 없다면 40 °C에서 수분 동안 물중탕을 한 후 어떠한 변화가 생겼는지를 관찰하여라.

9 질산이온의 확인

시료용액에 3 M H_2SO_4를 가하여 산성용액으로 하여라. $FeSO_4$ 포화용액 (0.16 g $FeSO_4 \cdot 7H_2O$/ mL)을 1 mL 가하고 시험관을 기울여 진한 황산 1 mL를 서서히 가한다. 두 액의 경계면에서 갈색고리가 생성되는지 확인하여라.

5. 주의 및 참고사항

1 H_2S는 매우 유독하고 특유한 계란 썩는 냄새가 나므로 깊이 흡입하지 않도록 유의하여라.

2 끓여서 H_2S를 발생시킬 때는 반드시 후드 안에서 수행하여라.

3 SO_2 가스도 자극을 주며 유독하므로 깊이 흡입하지 않도록 주의하여라.

4 6 M HCl, 6 M HNO_3, 6 M NH_3를 취급할 때 피부에 묻지 않도록 주의하여라.

5 시약은 모두 스포이트가 붙은 지시약병을 사용하여 여러 조가 공동으로 사용하도록 하면 좋다.

6 시험관에는 각각 표지를 붙여서 실험 결과를 구분할 수 있도록 하여라.

실험보고서 36. 음이온의 정성분석 - 점적시험

실험일자 : 년 월 일 교시

_________ 대학 학과 ________ 학번 _________ 이름 ___________

1. 실험 결과

1) 탄산이온 검출시 CO_3^{2-}과 HCO_3^- 이온이 모두 검출된다. 미지시료 중 이들의 존재를 밝힐 수 있는 근거를 열거하여라 (힌트:용액의 pH를 고려하여라).

2) 다음의 화학종을 혼합하였을 때 반응 생성물의 구조를 써라. 반응이 진행되지 않았다면 N. R. (no reaction) 로 적어라.

① Cl^-, Br^-, I^-, Fe^{3+} ______________________

② Fe^{2+}, Br_2용액 ______________________

③ Cl^-, Br^-, I^-, Cl_2용액 ______________________

④ CO_2 (g), $Ca(OH)_2$ ______________________

⑤ SO_2 (g), $CaCl_2$, HCl ______________________

⑥ SO_3^{2-}, H_2O_2 (산) ______________________

⑦ S^{2-}, SO_3^{2-} (산) ______________________

⑧ $Pb(CH_3COO)_2$, H_2S (g) ______________________

⑨ Ag^+, Cl^-, NH_3 (과량) ______________________

⑩ Ag^+, I^-, NH_3 (과량) ______________________

2. 과 제

1) 다음 각 이온의 정성분석에 이용되는 특유한 화학반응의 알짜 이온방정식 (net ionic equation)을 써라.

CO_3^{2-} :

SO_4^{2-} :

PO_4^{3-} :

CrO_4^{2-} :

Cl^- :

$C_2H_3O_2^-$:

SCN^- :

NH_4^+ :

2) 위에서 취급한 이온들 중 몇 가지만을 포함하는 미지시료용액이 있다. 그 성질은 다음과 같다.

① 미지용액은 색과 냄새가 없었다.

② 6 M HNO_3를 가하여 가열하였더니 식초 냄새가 났다.

③ 이 용액에 0.1 M $AgNO_3$를 가하였더니 흰 침전이 생겼다.

④ 0.1 M $BaCl_2$를 가하여 산성화하였더니 깨끗한 용액을 얻었다.

⑤ 6 M NaOH를 가하였더니 기체를 발생하고, 젖은 붉은 리트머스 종이를 푸른 색으로 변화시켰다.

위와 같은 관찰 정보에 따라 이 시료 중에 어떤 이온이 분명히 들어 있고, 어떤 이온이 분명히 들어 있지 않으며, 또 어떤 이온이 들어 있는지 의심스러운가를 밝혀라.

들어 있는 것 ____________

들어 있지 않은 것 ____________

들어 있는지 의심스러운 것 ____________

3. 고찰 및 의문점

실 험 37

황산철 제조 ; 수득률

1. 목 적

순수한 철을 묽은 황산으로 산화 반응시켜 이온성 화합물인 황산철(II)을 만들고, 황산철염의 물과 에탄올에 대한 용해도 차이를 이용하여 결정화법으로 분리한다.

2. 원 리

묽은 황산과 철가루를 반응시키면 황산철(II)이 얻어진다. 이 반응을 시킬 때 황산을 저으면서 철가루를 조금씩 가해야 하며, 한꺼번에 전량을 가하면 거품이 많이 생겨서 치리하기가 어렵게 된다.

$$Fe + H_2SO_4 + xH_2O \longrightarrow FeSO_4 + H_2 + yH_2O$$

황산철(II)은 물에 녹지만 에탄올에는 용해도가 작으므로 황산철(II) 수용액을 에탄올에 넣어서 석출시킨다. 이 때 저으면서 넣으면 순수한 작은 결정이 얻어지고, 젓지 않으면 큰 결정이 생기는데 이 결정 안에는 용매 분자가 들어가 있을 수 있다.

황산철(II)의 결정을 공기 중에 놓아두면 결정수의 일부를 잃어버리며, 또 표면으로부터 산화되어서 황갈색의 황산수산화철(III)로 변한다.

황산철(II)의 결정을 가열하면 70－80 ℃에서는 5분자의 결정수, 100 ℃에서는 6분자의 결정수를 잃어버리며, 300 ℃에서는 흰색의 무수물로 변한다. 더 높은 온도에서는 이산화황과 삼산화황을 발생시키면서 산화철(II)로 된다.

3. 사용기구 및 시약

기 구	시 약
삼각플라스크(100 mL)	순수한 철 가루
뷰흐너 깔때기	진한 황산
감압여과 플라스크	에탄올
눈금실린더(50 mL)	
유리막대	
비커(100 mL)	
거름종이	
전열기	
물중탕	
피펫(5 mL)	
고무빨개	

4. 실험방법

① 물 20 mL에 진한 황산(약 6 g)을 잘 저어주면서 조심스럽게 가하여 황산을 묽힌다. 이 때 많은 열이 발생하므로 특별히 조심하여 조작하여야 한다.

② 여기에 순수한 철가루 4 g을 저으면서 조금씩 넣는다. 이것을 물중탕에서 가열하여 과잉으로 존재하는 철이 그 이상 녹지 않는 것이 확인되면 더운 용액을 거른다.

③ 거른액을 에탄올 12 mL에 잘 저으면서 가한다. 에탄올은 침전제이므로 결정이 생기지 않으면 조금 더 넣는다.

④ 거른액 약 1 mL를 시험관에 넣고 냉각시켜서 생긴 결정의 색과 모양을 관찰한 다음 거름종이 위에 펴서 말리고 무게를 잰다. 황산철을 말릴 때 거름종이로 눌러 빨리 마르도록 한다.

5. 주의 및 참고사항

1 진한 황산을 물로 묽힐 때 많은 열이 발생하여 다치기 쉬우므로 특히 조심하여야 한다. 묽히는 방법에 주의하여야 한다. (95 % H_2SO_4 (비중=1.840) 6 g은 약 3.3 mL이다.)

2 결정을 거르는 방법에 대해서는 화학 실험의 기본 사항을 참조하여라.

실험보고서 37. 황산철 제조 ; 수득률

실험일자 : 년 월 일 교시

_________ 대학 학과 ________ 학번 __________ 이름 ____________

1. 실험 결과

1) 이 실험에서 관찰한 시험관 중의 황산철(II)결정과 에탄올 중에서 석출 시킨 결정의 크기와 모양을 비교하여라.

2) 황산 6 g이 모두 반응했다고 가정하면 황산철(II)의 수화물, 즉 $FeSO_4 \cdot 7H_2O$가 몇 g 얻어지는가? 진한 황산의 농도는 18 M이다.

3) 얻어진 황산철(II)의 수득률을 계산하여라.

4) 수득률이 이론값과 일치하지 않는 이유를 설명하여라.

5) 결정을 상온에서 건조시키는 이유를 설명하여라.

2. 과 제

3. 고찰 및 의문점

실 험 38
착화합물의 안정도 ; 안정도상수

1. 목 적

착화합물의 안정도 개념을 이해하고 몇 가지 리간드에 따른 색깔변화로서 착물의 상대적인 안정도를 조사한다.

2. 원 리

황산구리용액에 암모니아수를 소량씩 가하면 처음에는 하늘색(sky blue) 침전이 생겼다가 충분히 더 넣으면 짙은 청색으로 된다. 이와 같이 색의 변화는 사아쿠오구리(II) $[Cu(H_2O)_4]^{2+}$ 착이온에서 수산화구리, $Cu(OH)_2$를 거쳐 구리이온이 사아민구리(II)착이온, $[Cu(NH_3)_4]^{2+}$으로 변하기 때문이다. 반응식으로 표시하면 다음과 같다.

$$Cu(H_2O)_4^{2+} + 2NH_4OH \longrightarrow Cu(OH)_2 + 2NH_4^+ + 4H_2O$$

$$Cu^{2+} + 4NH_3 \rightleftarrows Cu(NH_3)_4^{2+}$$

$$\frac{[Cu(NH_3)_4^{2+}]}{[Cu^{2+}][NH_3]^4} = K(4\times10^{12}, 25\ ℃)$$

여기에 평형상수인 K를 착이온의 안정도상수(stability constant)라 하고 이 값이 클수록 착물의 안정도는 크다고 할 수 있다. K의 역수인 1/K을 착이온의 불안정도 상수라고도 하며 이 값이 해리상수(dissociation constant)에 해당한다. 구리이온의 농도에 비하여 리간드인 암모니아의 농도가 대단히 클 때는 사아민구리(II) 착이온이 주생성물이 되나, 리간드의 농도가 상대적으로 크지 않을 때는 중간단계의 여러 가지 착물이 형성하므로 농도와 안정도상수의 관계식이 매우 복잡하게 된다. 그러므로 보다 간편하게 다루기 위해 여기서는 중심금속이온의 농도에 비해 리간드의 농도가 매우 큰 경우만을 다루기로 한다.

사아민구리(II) 착이온의 짙은 청색용액에 시안화칼륨 수용액을 가하면 용액이 다시 황색으로 변한다. 이는 사사이아노구리(II) 착이온, $[Cu(CN)_4]^{2-}$이 사아민구리(II) 착이온보다 더 안정하기 때문이다.

$$Cu(NH_3)_4^{2+} + 4CN^- \rightleftharpoons Cu(CN)_4^{2+} + 4NH_3$$

이 반응의 평형상수 K는 다음과 같다.

$$K = \frac{[Cu(CN)_4^{2-}][NH_3]^4}{[Cu(NH_3)_4^{2+}][CN^-]^4} = \frac{[Cu(CN)_4^{2-}]}{[Cu^{2+}][CN^-]^4} \cdot \frac{[Cu^{2+}][NH_3]^4}{[Cu(NH_3)_4^{2+}]}$$
$$= \frac{K_{Cu(CN)_4^{2-}}}{K_{Cu(NH_3)_4^{2+}}}$$

위 반응식의 평형상수 K를 알면 $K_{Cu(NH_3)_4^{2+}}$ 로부터 $K_{Cu(CN)_4^{2-}}$의 값을 계산할 수 있다($K=5\times10^4$, 25 ℃).

착염의 안정도상수는 분광학적 방법이나 전기화학적 방법으로 측정할 수 있으나, 착이온이 고유의 색을 가질 경우에는 정성적으로 상대적인 안정도를 결정할 수 있다. 이 실험에서는 철(III) 이온에 대한 Cl^-, SCN^-, 살리실산, EDTA, $Fe(CN)_6^{4-}$ 및 F^-이온 등의 착염의 상대적인 안정도를 구하여 보기로 한다.

3. 사용기구 및 시약

기 구	시 약
시험관	0.01 M 철백반
시험관대	0.01 M $CuSO_4$
	2 % KSCN
	2 % $K_4[Fe(CN)_6]$
	2 % 살리실산(95 % 에탄올용액)
	0.1 % PAN
	(α−pyridil azonaphtol dioxane 용액)
	NH_4F
	0.01 M EDTA

4. 실험방법

① 6개의 시험관에 각가 0.01 M 철(III)백반용액 0.5 mL와 2 % KCl 용액을 3방울씩 넣는다. 각 시험관에 실험 결과표의 윗쪽에 표시된 시약을 각각 3방울씩 가하고, 그 변화를 관찰한 다음 표의 빈칸에 용액의 색깔을 기입한다. 단 EDTA 용액은 0.5 mL 이상을 가해야 하며, NH_4F는 약주걱으로 약 0.1 g 가한다.

② 새로운 5개의 시험관을 준비하고 0.01 M 철백반용액 0.5 mL 및 2 % 살리실산용액 3방울씩을 가한다. 각각의 시험관에 실험 결과표에 따라서 색깔변화를 관찰 비교한다.

③ $[Fe(CN)_6]^{4-}$ 이온이 철(III)이온으로 생성된 착염은 가역성이 없으므로 시약을 가 하는 순서를 반대로 한 번 시험해 볼 필요가 있을 것이다. 즉 EDTA와 철(III) 착이온과의 반응을 비교하기 위해서는 시험관에 든 0.01 M 철백반용액에 KSCN한 방울을 가한 후 0.01 M EDTA 용액을 적색이 없어질 때까지 가한 후 $K_4[Fe(CN)_6]$ 용액을 가해 본다(F^- 이온과의 비교에도 같은 방법으로 한다).

④ 철(III)이온의 EDTA염과 플루오르화염은 거의 무색이므로 눈으로는 색을 구

별할 수 없기 때문에 다음과 같이 한다. 0.01 M 철백반용액 0.5 mL에 KSCN 용액 한 방울을 가하고, 0.01 M EDTA 용액을 적색이 없어질 때까지 가한 후 2방울을 더 가하여 가열하고 여기에 0.1 % PAN 지시약 한 방울을 가한 다음, 0.01 M $CuSO_4$ 용액을 가하여 붉은색이 나타나면 다시 한 방울을 더 가한다. 이 용액에 NH_4F 0.1 g을 가하여 그 변화를 보면 된다.

실험보고서 38. 착화합물의 안정도 ; 안정도상수

실험일자 : 년 월 일 교시

_______ 대학 학과 _______ 학번 _______ 이름 _______

1. 실험 결과

실험결과를 다음 표에 정리하여라.

시료 \ 첨가제	Cl^-	살리실산	SCN^-	$Fe(CN)_6^{4-}$	$EDTA^{4-}$	F^-
Cl^-	o					
살리실산		o				
SCN^-			o			
$Fe(CN)_6^{4-}$				o		
$EDTA^{4-}$					o	
F^-						o

실험결과에 따라서 생성된 착이온의 안정도를 순서대로 나열하고 화학식과 안정도 상수를 표시하여라.

2. 과 제

1) 용액 중에서 이온으로부터 AgCl과 AgBr의 생성은 다음과 같다.

$$Ag^+(aq) + Cl^-(aq) \longrightarrow AgCl(s) \qquad K_1 = 1\times10^{10}$$

$$Ag^+(aq) + Br^-(aq) \longrightarrow AgBr(s) \qquad K_2 = 1\times10^{13}$$

다음 반응에 대한 평형상수를 구하여라.

$$AgCl(s) + Br^-(aq) \longrightarrow AgBr(s) + Cl^-(aq)$$

2) 실험에서 생성된 착이온의 안정도상수를 나타내어라.

화학식

안정도상수

3. 고찰 및 의문점

실 험 39

착화합물의 제조 및 성질 ; 이성질체

1. 목 적

착염이란 어떤 화합물이며 또 어떤 화학적 성질을 가지고 있는가를 알아보며, 착염을 이루고 있는 중심 금속이온의 d궤도함수 전자수와 산화수에 따라서 리간드수와 기하학적 모양이 어떻게 달라지는가를 검토해 본다.

2. 원 리

금속이온은 이온결합을 이루고 있는 경우가 많지만, 다른 분자나 이온이 주는 전사쌍을 받아서 배위결합을 이루는 경우도 있다. 예를 들면, 구리 이온은 4개의 암모나아와 배위결합을 한다.

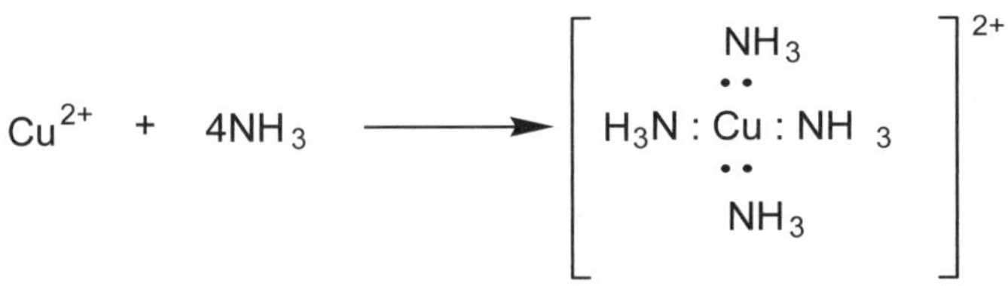

이렇게 생성된 이온을 착이온이라 하고, 이런 이온으로 구성된 화합물을 착화합물이라 한다. 암모니아와 같이 전자쌍을 주는 화학종을 리간드(ligand)라 부르는데, 대개 C, N, O, S 등의 원소를 포함하는 분자나 이온이며, 활로젠화이온도 리간드가 될 수 있다. 수용액 중에서 거의 대부분의 금속이온은 Mn^{2+}같은 유리상태로 존재할 수 없고, 물 분자가 배위된 착이온으로 존재한다. 즉, 수용액 속에서 구리이온은 $Cu(H_2O)_4^{2+}$로 되어 있으나. 보통 4, 6과 같은 값을 가진다. 1개의 리간드가 1개의 중심금속이온 자리에 배위결합을 이루는 경우도 있으며, 이렇게 하여 생성된 착화합물을 킬레이트 화합물(chelate compound)이라 한다. 1개의 중심 원자에 여러 가지 다른 리간드가 동시에 배위되는 경우도 있으며, 이러한 경우 입체이성질체가 가능하다.

착이온은 수화된 이온과 그 성질이 매우 다르며, 또한 착물형성반응에는 색의 변화를 가져오는 경우가 많다. 따라서, 착물형성반응은 금속이온의 검출이나 분리에 많이 이용된다.

이 실험에서는 Co^{2+} 및 Cu^{2+} 이온에서 리간드에 따르는 색 변화를 관찰한 다음, 몇 가지 간단한 착화합물을 만들어 이성질체들을 관찰해보기로 한다.

3. 사용기구 및 시약

기 구	시 약
눈금실린더(100 mL) 또는 피펫(10 mL)	1.7 M $CoCl_2$
삼각플라스크(100 mL)	진한 NH_3
아스피레이터	진한 HCl
감압플라스크	10 % H_2O_2
뷰흐너 깔때기	10 % $NaNO_2$
유리막대	진한 CH_3CO_3H
비커(100 mL)	10 % KCl
시험관	$CuSO_4 \cdot 5H_2O$
시험관대	NH_4Cl
거름종이	CH_3OH
오븐	활성탄

4. 실험방법

1 코발트(II)이온의 착물형성반응

① 2개의 시험관 A, B 각각에 증류수 1 mL와 1.7 M 염화코발트 용액 2방울씩 가한 후 진한 암모니아수를 1방울씩 가한다. 침전이 생기면 침전이 녹을 때까

지 진한 암모니아수를 가한다.

② A 시험관에 진한 염산 1 mL를 가하여 색의 변화를 본다. B 시험관에 10 % 과산화수소 용액 3방울을 가하여 그 변화를 보아라. 시험관을 흔들어 기포의 발생이 그치면 약간 가열하여 기포를 완전히 제거하고 수돗물로 식힌다. 여기에 진한 염산 1 mL를 가하여 보고 A 시험관의 결과와 비교하여라.

③ 시험관에 1.7 M 염화코발트 용액 1 mL와 10 % 아질산나트륨 용액 2 mL 및 진한 아세트산 0.5 mL를 넣고 잘 흔든 후 용액을 A, B 두 시험관에 이등분하여 넣는다. A 시험관에는 10 % 염화칼륨 용액 5방울을 가하여 잘 흔든 후 유리막대로 시험관 내벽을 긁은 다음 방치하여 변화를 보아라. B 시험관에는 10 % 과산화수소 용액 0.5 mL를 가하고 가열한 다음 식히고 10 % 염화칼륨 용액 5방울을 가하여 보아라.

④ 거름종이에 염화코발트 용액 1방울을 묻혀 그 부분을 알코올램프 위에서 타지 않도록 주의하면서 말린다. 색깔의 변화를 관찰하여라.

2 황산아민구리(II)의 제조

① 황산구리 결정 7 g을 달아서 100 mL 삼각플라스크에 넣고, 증류수 15 mL를 가하여 가열한 후 용해시킨다. 완전히 녹으면 실온까지 식힌다.

② 다음의 조작은 후드 내에서 한다. 진한 암모니아수를 조금씩 가하고 처음 생긴 침전이 모두 녹을 때까지 가한다. 이 때 구리이온은 모두 사아민구리(II)의 착이온이 되어 있다.

③ 이 용액에 메탄올 15 mL를 가하면 황산사아민구리(II)의 청색 침전이 생성된다.

④ 뷰흐너 깔때기로 감압 여과한 다음 결정을 다시 메탄올 5 mL로 씻는다.

⑤ 침전을 마른 거름종이에 옮겨 거름종이 사이에 넣고 눌러서 물기를 제거한 다음 오븐에 넣어 말린 후 무게를 달아 수득률을 계산한다.

3 염화육아민코발트(II)의 제조

① 100 mL 비커에 1.7 M 염화코발트 용액 5 mL를 넣고 염화암모늄 0.2 g과 활성탄 0.1 g 및 진한 암모니아수 5 mL를 가한다. 용액을 저으면서 10 % 과산화수소 용액 5 mL를 천천히 가한 다음 후드 내에서 약 5분간 조심스럽게 가열한 후 30분간 방치한다.

② 뷰흐너 깔때기로 이 액을 감압 여과하여 활성탄을 걸러 내고, 거른액은 다른 100 mL 비커에 옮긴 후 20 mL의 진한 염산을 저으면서 가한다. 생성된 황색 침전은 염화육아민코발트(II) 착물이다.

③ 침전을 다시 뷰흐너 깔때기로 감압 여과한 후 마른 거름종이 사이에 넣고 눌러서 물기를 완전히 제거하고 무게를 달아 수득률을 계산한다.

5. 주의 및 참고사항

[1] 공동으로 사용하는 시약은 시약병 옆에 실린더나 피펫을 지정하여 두고 공동으로 사용한다.

[2] 아스피레이터나 뷰흐너 깔때기도 몇 조가 공동으로 사용할 수 있다.

[3] 메탄올을 사용할 때는 흡입하지 않도록 조심하여야 한다.

실험보고서 39. 착화합물의 제조 및 성질 ; 이성질체

실험일자 : 년 월 일 교시

_______ 대학 학과 _______ 학번 _______ 이름 _______

1. 실험 결과

1) 실험 (1)에서 생성된 착이온의 색을 쓰고 예상되는 착이온의 화학식을 써라.

실 험	착이온의 색	착이온의 화학식
① A	______	______
B	______	______
② A	______	______
B	______	______
③ A	______	______
B	______	______
④ 건조시	______	______

2) 실험 (2)와 (3)의 수득률을 계산하라.

	실험 2	실험 3
침전의 양	______g	______g
이론적인 침전량	______g	______g
수득률	______g	______g

3) $[Co(NH_3)_4Cl_2]^+$가 팔면체 구조라면 몇 개의 기하이성질체가 있겠는가? 그 구조를 그려라

4) $[Pt(NH_3)_2Cl_2]$의 사각평면 착물에는 몇 개의 기하이성질체가 있겠는가? 그 구조를 그려라.

5) 교과서를 참조하여 다음 화합물을 국어 및 영어로 명명하여라.

1. $[Cr(NH_3)_5Br]Br_2$

2. $[Pt(NH_3)_2Cl_2]$

3. $[Ag(NH_3)_2]Cl$

4. $[Co(H_2O)_6]Cl_3$

5. $K_4[Fe(CN)_6]$

2. 과 제

3. 고찰 및 의문점

실 험 40

철 착화합물의 제조 ; 한계시약

1. 목 적

철 착염인 $K_3Fe(C_2O_4)_3$은 $Fe(NH_4)_2(SO_4)_2 \cdot 6H_2O$로부터 두 가지 단계의 반응을 거쳐 얻어지는데, 처음 단계는 리간드의 치환반응이고 두번째 단계는 산화반응이다. 반응 생성물인 $K_3Fe(C_2O_4)_3$는 재결정 방법을 사용하여 순수하게 얻는다. 얻어진 화합물의 수득률 계산을 통해서 한계시약의 의미를 알아본다.

2. 원 리

화합물 $K_2Fe(C_2O_4)_3 \cdot 3H_2O$는 두 단계 과정으로 합성할 수 있다. 처음 반응은

$$Fe(NH_4)_2(SO_4)_2 \cdot 6H_2O + H_2C_2O_4 \xrightarrow{\text{가열}} FeC_2O_4 \cdot 2H_2O + (NH_4)_2SO_4 + H_2SO_4 + 4H_2O$$

이다. 위 반응의 주 생성물인 $FeC_2O_4 \cdot 2H_2O$는 다른 생성물과는 분리되어져 용액 속에 남는다. $FeC_2O_4 \cdot 2H_2O$는 두번째 반응에서 $K_3Fe(C_2O_4)_3 \cdot 3H_2O$로 변하게 된다. 즉,

$$2[FeC_2O_4 \cdot 2H_2O] + H_2C_2O_4 + H_2O_2 + 3K_2C_2O_4 \cdot H_2O \xrightarrow[-H_2O]{} \underset{\text{녹색결정}}{2[K_3Fe(C_2O_4)_3 \cdot 3H_2O]}$$

표 40-1에 중요한 화합물의 그램분자량과 이름을 참고로 실었다.

$K_3Fe(C_2O_4)_3 \cdot 3H_2O$ 합성반응의 효율을 측정하기 위해 수득률을 계산하여야 한다.

$$\text{퍼센트 수득률}(\%) = \frac{\text{실제 수득량}}{\text{이론 수득량}} \times 100$$

이론 수득량은 반응에 관여한 처음 물질로부터 이상적인 조건하에서 얻어진 생성물의 최대량을 계산한 것이나 실험에서는 이 값에 도달할 수 없다.

표 40-1 여러 가지 화합물의 그램분자량과 이름

화 학 식	이 름	g 분자량 (g/mol)
$Fe(NH_4)_2(SO_4)_2 \cdot 6H_2O$	디암모늄이황산 철(III) 육수화물	392
$FeC_2O_4 \cdot 2H_2O$	옥살산 철(II) 이수화물	180
$H_2C_2O_4$	옥살산	90
$K_3Fe(C_2O_4)_3 \cdot 3H_2O$	옥살산 철 칼륨 삼수화물	491
$K_2C_2O_4 \cdot H_2O$	옥살산 칼륨 일수화물	184

이 실험에서 이론 수득량은 $K_3Fe(C_2O_4)_3 \cdot 3H_2O$의 최대 그램수가 될 것이고, 이 값은 처음 취한 반응물의 양으로부터 구해질 것이다. 퍼센트 수득률을 결정하기 위해서는 각 반응물의 몰수를 계산할 필요가 있고, 그 때 한계시약(limiting agent)을 발견하게 되는데, 이것이 $K_3Fe(C_2O_4)_3 \cdot 3H_2O$의 이론 수득량을 결정한다.

3. 사용기구 및 시약

기 구

링스탠드
비커(100 mL, 200 mL)
피펫(15 mL, 25 mL)
스포이트
눈금실린더(25 mL)
알코올램프
유리막대
도가니 집게
씻기병
무게다는 병
뷰렛클램프
온도계
거름종이
깔때기

시 약

$Fe(NH_4)_2(SO_4)_2 \cdot 6H_2O$
포화 $K_2C_2O_4 \cdot H_2O$ 용액
3 % H_2O_2
1 M $H_2C_2O_4$
3 M H_2SO_4

4. 실험방법

① 200 mL 비커에 15 mL 증류수를 넣고 $Fe(NH_4)_2(SO_4)_2 \cdot 6H_2O$를 약 6 g 정도 용해시키고 나서 3 M H_2SO_4 5방울을 가한다. 이 용액에 눈금실린더를 이용하여 1 M $H_2C_2O_4$ 용액 25 mL를 가한다. 이 혼합액에 열을 가해 끓이며, 튀는 것을 막기 위해 계속 저어준다. 용액이 끓기 시작하면 즉시 가열을 중지하고 $FeC_2O_4 \cdot 2H_2O$ 의 황색 침전이 생길 때까지 방치한다.

② 커다란 비커 집게를 사용하여 뜨거운 액체를 조심스럽게 따라 내고 고체만 남아 있게 한다. 증류수 20 mL를 가하여 침전물을 세척한 후 따뜻하게 하고 저어준 후 다시 액체를 따라 내고 고체만 남게 한다.

③ 비커 속의 고체 $FeC_2O_4 \cdot 2H_2O$에 포화 $K_2C_2O_4 \cdot H_2O$ 용액 (증류수 1 L에 300 g의 $K_2C_2O_4 \cdot H_2O$를 녹인 것) 10 mL를 가한다. 링스탠드와 구멍이 1개 있는 마개, 뷰렛 클램프를 사용하여 용액 속에 온도계를 담근다. 용액이 40 ℃가 되게 조심스럽게 열을 가한다. 25 mL 눈금실린더에 3 % H_2O_2 용액 20 mL를 만들어 매우 천천히(분당 몇 방울씩) 전부 가하고, 계속 저으면서 온도는 약 40 ℃로 유지한다.

④ 만약 적은 양의 $Fe(OH)_3$의 담적색 침전이 나타나더라도 너무 염려하지 말고 H_2O_2를 전부 가한 후 열을 가하여 끓인다. 끓는 용액에 1.0 M $H_2C_2O_4$ 용액 8 mL를 가하고(처음에 즉시 5 mL를 가하고 나중에 매우 천천히 3 mL를 가함) 계속 끓인다.

⑤ 링스탠드에 거름종이를 끼운 깔때기를 설치하고 깨끗한 100 mL 비커에 끓는 용액을 여과한다. 비커에 표지를 붙이고 커다란 비커로 그것을 덮어두고, 다음 실험 때까지 실험대 서랍에 넣어둔다. 비커를 서랍에 넣어두는 이유는 $K_3Fe(C_2O_4)_3 \cdot 3H_2O$가 빛을 받으면 분해하기 때문이다. 분해된 생성물은 CO_2($C_2O_4^{2-}$로부터 산화된 것)와 철화합물 Fe(II) (Fe(III)로부터 환원된 것)이다.
비커로 덮어두는 이유는 수분의 증발을 막기 위해서이고, 용액상으로 남겨두는 것은 다른 염들로부터 순수한 $K_3Fe(C_2O_4)_3 \cdot 3H_2O$ 결정을 분리하기가 불가

능하기 때문이다. 또한 증발을 보다 더디게 하는 것이 결정을 성장시키며 순수한 결정이 되게 한다.

⑥ 다음 실험에 앞서 거름장치를 설치한다. 유리막대를 사용하여 비커 속의 $K_3Fe(C_2O_4)_3 \cdot 3H_2O$를 깔때기의 거름종이로 옮긴다. 결정이 용액과 분리되었을 때 거름종이와 함께 깔때기에서 빼내고 결정을 넓게 펴서 말린다. 무게다는 병이나 혹은 시험관의 무게를 분석 저울로 잰다.

⑦ 거름종이 위의 결정이 말랐으면 앞서 무게를 확인한 병에 옮긴다. 화합물과 무게다는 병의 무게로부터 무게다는 병의 무게를 빼어 화합물 $K_3Fe(C_2O_4)_3 \cdot 3H_2O$만의 무게를 얻은 후 결정이 담겨 있는 병을 조교선생에게 제출하여라.

⑧ 모든 정성적 관찰사항을 기록하고, 기타 시약은 과량이라고 가정하고 $Fe(NH_4)_2(SO_4)_2 \cdot 6H_2O$ 의 처음 무게로부터 퍼센트 수득률을 계산하여라.

실험보고서 40. 철 착화합물의 제조 ; 한계시약

실험일자 : 년 월 일 교시

__________ 대학 학과 __________ 학번 __________ 이름 __________

1. 실험 결과

1) 이 실험에서 나다난 첫 단계만 실시히였디고 가정히지. 즉, $Fe(NH_4)_2(SO_4)_2 \cdot 6H_2O$와 $H_2C_2O_4$가 반응하여 주생성물 $FeC_2O_4 \cdot 2H_2O$와 몇 가지 부산물이 생겼을 때 처음에 $Fe(NH_4)_2(SO_4)_2 \cdot 6H_2O$ 4.88 g과 1.33 M $H_2C_2O_4$ 25 mL를 반응 시켰을 때

① 한계시약을 찾아라.

② FeC_2O_4의 이론 수득량을 계산하여라.

2) 실온에서 용액 1 L에 $K_2C_2O_4 \cdot H_2O$ 299.5 g이 녹아 있는 포화 $K_2C_2O_4 \cdot H_2O$ 용액 10.00 mL에 녹아 있는 $K_2C_2O_4 \cdot H_2O$의 몰수를 계산하여라.

3) 1.002 M $H_2C_2O_4$ 8.031 mL 속에 녹아 있는 $H_2C_2O_4$의 그램수를 계산하여라.

4) H_2O_2 19.5 mL (무게로 3 % 용액) 속에 녹아 있는 H_2O_2의 몰수를 계산하여라(단, 용액의 밀도는 1.01 g/mL이다).

5) 왜 최종 생성물의 수득률만 계산하는 것보다 합성의 각 단계별로 수득률을 계산하는 것이 더 의미가 있는가?

2. 과 제

3. 고찰 및 의문점

실 험 41
백반 제조 ; 복염

1. 목 적

알루미늄으로 백반을 합성하여 색깔, 결정 모양을 관찰하여 착염과 비교해 본다.

2. 원 리

일반적으로 백반(alum)이란 $MAl(SO_4)_2.12H_2O$의 조성을 갖는 알루미늄 복염을 말하며 여기서 M(I)은 Li^+을 제외한 모든 알칼리금속 이온이다(Li^+은 크기가 너무 작아서 구조적으로 불안정하다).

백반결정은 $[M(H_2O)_6]^+$, $[Al(H_2O)_6]^{3+}$ 및 2개의 SO_4^{2-}이온으로 구성되며 결정구조는 입방결정계(cubic)에 속하는 정팔면체의 큰 결정을 갖는 것이 특징이다. 또한 여러 다른 원소들에 의해서 알루미늄 백반과 같은 구조를 갖는 동형결정(isomorphous crystal)의 여러 백반이 만들어지기도 한다. 이것의 일반식은 $M(I)M(III)(AX_4).12H_2O$이다. M(I)은 알칼리 금속, NH_4^+, Tl^+ 등이고 M(III)은 비교적 작은 반경(r=0.5−0.7Å)을 갖는 Al^{3+}, Cr^{3+}, Mn^{3+}, Fe^{3+} 등이며, AX_4^{2-} 음이온은 SO_4^{2-}, BeF_4^{2-}, $ZnCl_4^{2-}$ 등이다. 예를 들면 칼륨-알루미늄 백반($KAl(SO_4)_2{\cdot}12H_2O$), 암모늄-철 백반($NH_4Fe(SO_4)_2{\cdot}12H_2O$), 나트륨-크로뮴 백반[$NaCr(SO_4)_2{\cdot}12H_2O$] 등이 있다. 본 실험에서는 알루미늄으로 $KAl(SO_4)_2{\cdot}12H_2O$를 합성하여 본다.

3. 사용기구 및 시약

기 구	시 약
감압거름장치	Al 분말
증발접시	진한 황산
삼각플라스크(200 mL)	K_2SO_4
거름종이	알루미논 시약
	10 % NaOH용액
	염산
	NH_4OH

4. 실험방법

① Al 분말 2 g을 200 mL 삼각플라스크에 넣고 여기에 10 % NaOH용액을 7−8 mL 가하고 물중탕에서 가열한다.

② Al 분말이 녹을 때까지 10 % NaOH용액 7−8 mL를 3−4번 더 가하여, 더 이상 녹지 않는 Al의 잔재는 여과장치로 걸러서 버린다.

③ 여과액에 60 % 황산을 천천히 가하여, 침전이 생기면 감압장치로 여과하고 침전물을 뜨거운 물로 씻는다.

④ 이 침전에 60 % 황산을 천천히 가하여 완전히 녹인 다음 이 용액에 K_2SO_4 6.1 g 을 뜨거운 증류수 50 mL에 녹인 용액과 혼합하여(만약 이때 녹지 않은 침전이 있으면 걸러서 버린다) 증발접시에 옮기고 진한 황산 3방울을 가하여 처음 부피의 1/2정도까지 농축하여 플라스크로 옮기고 서서히 냉각한다.

⑤ 이 때 생성된 결정을 약산성의 황산용액(10^{-3} M)에 녹여서 재결정한다. 이 결정이 백반이다. 결정의 색과 모양을 관찰하고 거름종이 위에서 말리고 질량을 단다.

⑥ Al^{3+}이온의 존재를 확인하기 위하여 백반결정 소량을 물 3−4 mL에 녹인 후 진한 염산 2방울과 알루미논 시약 1 mL를 가한다. 1−2분 방치한 후 알칼리성이 될 때까지 NH_4OH를 가하고 관찰 결과를 기록한다.

실험보고서 41. 백반 제조 ; 복염

실험일자 : 년 월 일 교시

_________ 대학 학과 ________ 학번 __________ 이름 ___________

1. 실험 결과

1) 실험과정에 대한 화학반응식을 단계적으로 쓰시오.

2) 백반의 수득률을 계산하시오.

3) 결정의 색깔과 결정 모양을 기술하시오.

4) 알루미논 시약을 첨가한 반응의 반응식과 관찰 결과를 쓰시오.

5) 왜 약산성의 황산용액으로부터 재결정하는가?

6) 착염과 복염의 차이점을 설명하여라.

7) 백반의 용도를 설명하여라.

2. 과 제

3. 고찰 및 의문점

실 험 42

코발트 착화합물의 확인 ; 분자식 결정

1. 목 적

주어진 $Co(NH_3)_xCl_y$ 화합물을 NaOH로 처리하면 분해반응이 일어나 용액 중에 Co_2O_3, NH_3, Cl^-가 존재하게 되는데, Mohr의 방법을 사용하여 Cl^-의 양을 결정하고, EDTA를 사용하여 코발트 양을 결정함으로써 주어진 화합물의 분자식을 얻는다. 이 실험에서는 분석방법으로 산염기 적정과 유사한 적정을 하는데 산염기 적정과는 다른 특별한 지시약을 사용하게 된다.

2. 원 리

강한 염기인 NaOH를 코발트가 들어 있는 용액에 넣으면 아래와 같은 분해반응이 일어난다.

$$Co(NH_3)_xCl_y \xrightarrow{\text{과잉 NaOH}} \tfrac{1}{2}Co_2O_3 + xNH_3 + yCl^- \qquad (1)$$

따라서, 용액 속에는 Na^+, OH^-, NH_3와 고체의 Co_2O_3가 들어 있다. 원심분리기를 이용하여 Co_2O_3를 가라앉힌 후, 위 용액 중에서 적은 양을 취하여 모어 (Mohr) 방법으로 Cl^-를 분석한다. 이 방법에서는 Cl 이온을 규정 $AgNO_3$ 용액으로 적정한다. 적정하기 직전에 지시약으로 K_2CrO_4를 넣어준다. Cl^-이온이 AgCl로 침전한 직후 Ag^+용액은 Ag_2CrO_4의 붉은 침전을 형성하므로 용액의 색깔이 곧 핑크색으로 변한다. 바로 이 점이 종말점에 해당한다.

코발트를 분석하기 위해서는 질산을 사용하여 Co_2O_3가 들어 있는 염기성 용액을 산성화시킨다. 산화코발트(III)는 환원되어 Co(II)로 바뀐다(식 2, 3).

$$Co_2O_3 + HNO_3 \longrightarrow [Co(H_2O)_6]^{3+} \qquad (2)$$

$$4[Co(H_2O)_6]^{3+} + 2H_2O \longrightarrow 4[Co(H_2O)_6]^{2+} + O_2 + 4H^+ \qquad (3)$$

Co(II) 용액을 암모니아를 사용하여 pH=9로 맞추고 지시약 murexide를 넣어준다. murexide는 곧 주황-노랑의 착물을 형성한다. 이 용액을 EDTA로 적정하면 murexide는 금속에서 떨어져 나오며 보라색을 띠게 된다.

$$Co^{2+} + EDTA \longrightarrow Co(EDTA)^{2-} \qquad (4)$$

$$Co(murexide)^{+} + EDTA \longrightarrow Co(EDTA)^{2-} + murexide \qquad (5)$$

3. 사용기구 및 시약

기 구	시 약
비커	1.0 M (표준용액)
열판	6 M NaOH
메스플라스크 (100 mL)	2 M, 6 M HNO_3
모세관피펫	0.25 M K_2CrO_4
원심분리기	$AgNO_3$ (표준용액)
피펫 (10 mL)	6 M NH_3
pH 시험지	murexide
	0.05 M EDTA
	페놀프탈레인
	양이온 교환수지

4. 실험방법

[1] Cl^-의 총 농도 결정

① 코발트 화합물을 정확히 2 g 재어 50 mL의 물이 들어 있는 비커에 넣는다. 10 mL의 6 M NaOH를 넣고 열판 위에서 20분간 가열한다. 암모니아 가스가 나오면 마시지 않도록 주의하여야 한다. 가열하는 동안 비커에서 물이 끓어 밖으로 튀지 않도록 주의한다. 끓이기가 끝나면 반응 혼합물을 식힌 후, 100 mL 메스플라스크에 넣는다. 이 때 흘리지 않도록 주의해야 한다. 위의 용액을 다 넣은

후 5 mL 정도의 증류수를 비커에 넣고 저은 다음, 이 용액을 메스플라스크에 넣는다. 이러한 과정을 반복하여 메스플라스크의 표시선까지 차도록 맞춘다.

② 메스플라스크를 거꾸로 들었다가 바로 세웠다가를 몇 번 반복하여 혼합물을 균일하게 한다. 다음 플라스크를 바로 세워 놓으면 몇 분 안에 Co_2O_3이 생기게 된다. 모세관피펫을 이용하여 원심분리기의 시료용기를 채운 후 2-3분간 돌린다. 이 때 시료용기가 평형이 되도록 하고 돌려야 한다. 원심분리기를 사용하는 목적은 용액 중에 떠 있는 Co_2O_3를 분리하기 위함이다. 모세관피펫을 이용하여 원심분리용 시료용기에서 맑은 용액을 꺼내 깨끗하고 건조된 비커에 넣는다. 이 과정을 약 25 mL가 모일 때까지 계속한다.

③ 위에서 얻은 용액을 정확히 10 mL를 다른 깨끗한 비커에 옮겨 넣는다. 2 M 질산을 사용하여 용액의 pH를 8 정도가 되도록 한다. 만일 너무 많은 산을 넣었으면 NaOH 용액을 넣어 주어 pH가 8 정도가 되도록 한다. 이 용액에 증류수를 넣어 전체 부피가 30-40 mL가 되도록 한다. 1 mL의 0.25 M K_2CrO_4를 지시약으로 넣은 후 표준 $AgNO_3$ 용액으로 적정한다. Ag^+ 용액을 넣을 때마다 잘 흔들어 주어야 한다. 종말점은 붉은 핑크색이 처음으로 계속 유지되는 점이다. 이 색은 Ag_2CrO_4가 생성되었기 때문이다.

2 코발트의 결정

① 정확히 0.4 g의 $Co(NH_3)_xCl_y$를 달아 40 mL의 물에 넣는다. 이 용액에 3 mL의 6 M NaOH를 넣어 준다. 20 mL의 6 M 질산을 넣은 후 10-15분간 흔들어주면서 가열한다. 용액의 색은 핑크색이 되어야 한다.

② 증류수를 사용하여 200 mL가 되도록 한 후 20 mL 가량의 6 M 암모니아를 넣는다. 지시약 (murexide)을 넣고 용액의 색이 노란 주황색으로 바뀌는지를 살핀다.

③ 0.05 M EDTA를 사용하여 용액의 색이 보라빛으로 될 때까지 적정한다. 만일 용액의 색이 어두운 오렌지색으로 바뀔 때 6 M 암모니아를 몇 방울 넣어주면 다시 노란-오렌지색이 된다.

5. 주의 및 참고사항

1 모어 (Mohr) 적정 : 모어는 과량의 Ag^+이온에 대한 지시약으로 Ag_2CrO_4를 사용하는 방법을 발견하였다. 모어 적정에서는 정확히 측정된 CrO_4^{-2} 이용액 중에 존재하며, 모든 AgCl이 침전한 후 다음에 넣은 Ag^+는 Ag_2CrO_4를 형성한다. 모어 적정을 하기 위해서는 아래 반응들의 K값을 사용해야 한다.

$AgCl = Ag^+ + Cl^-$, $K_{sp} = 1.8 \times 10^{-10}$

$Ag_2CrO_4 = 2Ag^+ + CrO_4^{2-}$, $K_{sp} = 2.4 \times 10^{-12}$

$CrO_4^{2-} + H_2O = HCrO_4^- + OH^-$, $K_b = 3.3 \times 10^{-8}$

$2HCrO_4^- = Cr_2O_7^{2-} + H_2O$, $K = 43$

종말점 근처에서 Ag^+에 Cl^-가 여러 개 붙어 있는 착물은 거의 무시할 정도로 매우 적은 양이다. 반응에 있어 pH의 조절이 매우 중요하다.

실험보고서 42. 코발트 착화합물의 확인 ; 분자식 결정

실험일자 : 년 월 일 교시

________ 대학 학과 ________ 학번 ________ 이름 ________

1. 실험 결과

1) Cl^-의 총농도

표준용액 $AgNO_3$의 농도 ________________ M

적정에 필요한 $AgNO_3$의 부피 ________________ mL

% Cl^-의 총농도 ________________ %

2) 코발트

$Co(NH_3)_xCl_y$의 무게 ________________ g

적정에 필요한 EDTA의 부피 ________________ mL

퍼센트 코발트 ________________ %

3) 분자식

x값은 ________________

y값은 ________________

분자식 ________________

4) 산화수와 배위수를 설명하여라.

5) 배위수와 혼성화의 관계를 설명하여라.

6) 본 실험에 사용된 착물의 자기적 성질과 금속의 전자배열을 설명하여라.

7) y값이 다른 여러 화합물이 가능한데, 이들 화합물을 분별할 수 있는 방법을 제시하여라.

2. 과 제

3. 고찰 및 의문점

실 험 43

니켈 팔면체 및 사각평면 착물들의 제조 ; 착이온 구조

1. 목 적

전이 금속 배위화합물은 전형금속과는 매우 다른 특이한 성질들을 지니게 되는데 이는 전이금속이 가지고 있는 d 궤도함수 때문이다. d 궤도함수에 전자가 몇 개 들어 있느냐에 따라 전이금속들은 특별한 배위수, 즉, 특별한 구조를 선호하며 따라서 매우 다른 화합물로 나타나게 된다. 본 실험에서는 대표적인 전이금속 중의 하나인 니켈을 사용하여 팔면체 화합물과 사각평면 화합물을 제조하여 화학적, 물리적 성질을 연구한다.

2. 원 리

전이금속이온에 리간드를 반응시켜 착물을 형성하는 것은 일종의 루이스 산-염기 반응이다. 전이금속은 부분적으로 비어 있는 d 궤도함수를 가지고 있어서 리간드로부터 전자를 받아들이게 된다. 리간드가 없는 상태에서 Ni^{2+} 이온의 경우 축퇴(degenerate)된 5개의 3d궤도함수를 가지고 있다.

6개의 리간드를 x, y, z축에 따라 도입하는 경우 $d_{x^2-y^2}$, d_{z^2}의 경우 축상에 모여 있으나 d_{xy}, d_{xz}, d_{yz}는 축과 축 사이에 놓여 있다. $d_{x^2-y^2}$, d_{z^2}의 경우 다른 세 궤도 함수 보다 리간드에 가깝다. 각각의 리간드는 2개의 전자를 내놓고 있으므로 d_{xy}, d_{xz}, d_{yz} 궤도에 있는 전자들의 경우 반발력이 작을 것을 예상할 수 있다. 따라서 NiL_6 화합물의 경우 5개의 d 궤도함수들은 더 이상 축퇴되어 있지 않다. 따라서 d 궤도함수들은 아래와 같이 나뉘어 지게 되고 Ni^{2+}의 경우 d^8이기 때문에 전자들이 다음과 같이 놓이게 된다.

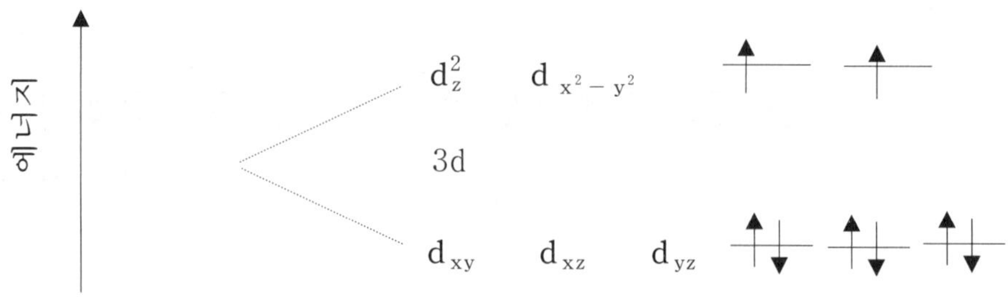

전이금속 화합물에서 d 궤도함수가 나뉘어짐으로 안정화되는 에너지는 상당량이기 때문에 전이금속 화합물들의 열역학적 및 반응속도론적 성질들에 지대한 영향을 준다.

이 실험에서는 Ni^{2+}의 배위화학을 다루게 되는데, 수용액 속에서는 $Ni(OH_2)_6{}^{2+}$로 존재하며 다음과 같은 전자의 전이 때문에 녹색을 띠게 된다. 만일 리간드인 물이 다른 리간드로 바뀌는 경우 궤도분리가 달라지기 때문에 색깔이 바뀌게 된다.

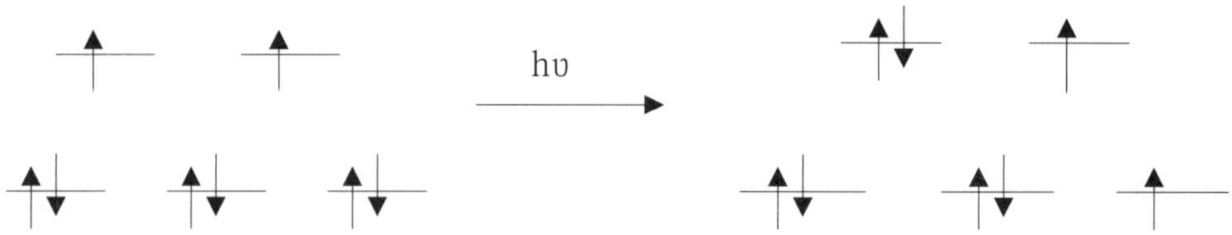

Ni^{2+}의 경우 팔면체 화합물을 많이 형성하지만, 4개의 리간드가 붙어서 사각평면 구조를 이루기도 한다. 특히, CN^-의 경우 매우 안정한 $Ni(CN)_4{}^{2-}$ 화합물을 형성한다.

평면 구조에서의 d 궤도함수의 분리는 팔면체 구조에서의 분리와 매우 다르며 다음과 같다.

팔면체 구조에서는 쌍을 이루지 못한 전자가 2개 있었으나, 평면 구조에서는 쌍을 이루지 못한 전자가 없다. 따라서 팔면체 구조와 평면 구조 화합물의 경우 매우 다른 자기적 성질을 가지게 되며, 화합물의 구조가 팔면체인지 평면 구조인지를 결정하는 여러 실험적 방법들이 있다.

본 실험에서 합성할 니켈 화합물은 $[Ni(NH_3)_6]Cl_2$와 $Ni(dtp)_2$이며, 아래의 식에 따라 합성하게 된다.

$$Ni(H_2O)_6^{2+} + 6H_2O \longrightarrow Ni(NH_3)_6^{2+} + 6H_2O$$

$$Ni(H_2O)_6^{2+} + 6dtp^- \longrightarrow Ni(dtp)_2 + 6H_2O$$

dtp = diethyldithiophosphate($^-S-P(=S)(OEt)_2$)

3. 사용기구 및 시약

기 구	시 약
여과지	$NiCl_2 \cdot 6H_2O$
비커	진한 암모니아수
뷰흐너 깔때기	에탄올
	아세톤
	NH_4dtp
	$Ni(NO_3)_2 \cdot 6H_2O$

4. 실험방법

1 $[Ni(NH_3)_6]Cl_2$의 합성

① 10 g의 $NiCl_2 \cdot 6H_2O$를 20 mL의 물에 녹인다. 과량의 진한 암모니아 용액을 넣고, 반응 혼합물을 얼음중탕에 넣어 식힌다. 뷰흐너 깔때기를 사용하여 결정을 여과하여 얻고, 10 mL의 진한 암모니아 용액으로 씻는다. 다음 3번 가량 10 mL의 에탄올로 씻은 후, 마지막으로 아세톤으로 씻은 후 공기 중에서 말린다. 반응 생성물의 무게를 잰다.

② 약간의 반응 생성물을 물에 녹인 후 용액을 가열할 경우 (따뜻하게 해 줄 경우), 어떠한 일이 일어나는지 관찰하라. 다른 새 용액에 묽은 질산을 넣었을 경우 어떠한 일이 일어나는지 관찰하고 설명하라.

2 $Ni(dtp)_2$의 합성

① 50 mL의 물에 10 g의 NH_4dtp를 녹인다. 50 mL의 물에 7.5 g의 $Ni(NO_3)_2 \cdot 6H_2O$을 녹인 용액을 저어주면서 NH_4dtp 용액을 넣는다. 혼합용액을 2−3분간 저은 후, 생긴 침전을 여과한다. 결정을 물로 씻어준다.

② 정제되지 않은 결정을 뜨거운 에탄올에 녹인 후, 용액이 아직 뜨거울 때 여과한다(약 100 mL 정도의 에탄올이 필요하다). 여과된 용액을 얼음중탕에 15분 이상 넣어 두면 결정이 생기게 된다. 결정을 여과한 후, 공기 중에서 건조한 후 무게를 측정한다.

실험보고서 43. 니켈팔면체 및 사각평면 착물들의 제조 ; 분자식 결정

실험일자 : 년 월 일 교시

__________ 대학 학과 __________ 학번 __________ 이름 __________

1. 실험 결과

1) $[Ni(NH_3)_6]Cl_2$의 수득률을 계산하여라.

2) $[Ni(dtp)_2]$의 수득률을 계산하여라.

3) $Ni(dtp)_2$은 찬 메탄올에서 보다 뜨거운 메탄올 용액에서 더 잘 녹는가? 온도가 오름에 따라 화합물의 용해도가 감소할 수 있는가?

4) $Ni(dtp)_2$의 최대 빛 흡수는 689 nm, 524 nm에서 일어났다. 이 파장은 $\triangle_1$, $\triangle_1 + \triangle_2$에 대응하는 것이다. $\triangle_1$과 $\triangle_2$를 kJ/mole 단위로 계산하여라.

2. 과 제

3. 고찰 및 의문점

실 험 44
Ferroin 착물의 반응 ; 반응메카니즘

1. 목 적

철 페난트롤린 (phenanthroline) 화합물인 페로인의 여러 가지 반응에 대한 속도를 측정하고, 그 결과를 분석하여 반응메카니즘에 대한 정보를 얻는다. 즉, 실험을 통해서 얻은 데이터로부터 반응차수, 반응속도, 활성화 에너지를 계산하며, 반응메카니즘에 해당하는 속도식을 구하여 반응메카니즘을 정한다.

2. 원 리

산화상태가 +2인 철이온은 많은 리간드와 결합을 형성하여 다양한 화합물들을 형성한다. 페난트롤린은 질소원자에 공유되지 않은 전자쌍들을 가지고 있으며, 금속과 결합하기에 적당하기 때문에 착물형성에 매우 유리하다. Fe^{2+} 이온은 3분자의 페난트롤린과 결합하여 일그러진 팔면체를 형성한다.

페로인은 다양한 반응이 일어난다. 예를 들면, Cu^{2+}같은 다른 금속 이온들의 경우도 페난트롤린과 화합물을 형성하는데 페로인과 반응하여 Fe^{2+}로부터 Cu^{2+}로 페난트롤린 리간드가 이동할 수도 있다.

$$Fe(phen)_3^{2+} + 3Cu^{2+} \longrightarrow Fe^{2+} + 3Cu(phen)^{2+} \quad (1)$$

페난트롤린은 염기이다. 따라서, H_3O^+의 농도가 아주 높을 경우 철이온에서 떨어져 나와 짝산을 형성하기도 한다.

$$Fe(phen)_3^{2+} + 3H^+ \longrightarrow Fe^{2+} + 3phenH^+ \quad (2)$$

Fe^{2+}이온은 $P_2O_7^{4-}$(pyrophosphate ion)과 같은 이온들과도 착물을 형성한다. 따라서, $P_2O_7^{4-}$의 농도가 매우 높은 경우 $P_2O_7^{4-}$에 의해 페난트롤린 중에서 하나가

치환될 수도 있다.

$$Fe(phen)_3^{2+} + P_2O_7^{4-} \longrightarrow Fe(phen)_2(P_2O_7)^{2-} + phen \qquad (3)$$

Fe^{2+} 이온이 $P_2O_8^{4-}$(peroxodiphosphate)에 의해 Fe^{3+}로 산화되는 반응도 있을 수 있다.

$$2Fe(phen)_3^{2+} + P_2O_8^{4-} \longrightarrow 2Fe(phen)_2PO_4 + 2phen \qquad (4)$$

위의 식 (1)-(4)는 반응 각각에 대해서 증명되지는 않았지만 화학량론을 보여주고 있다. 화학반응이 일어날 경우 위의 반응들이 단계별로 별도로 일어나지는 않는다. 반응속도론적인 연구를 통해 화학반응이 일어나는 메커니즘을 추정할 수 있다. 본 실험에서는 식 (4)에 대해서 깊이 연구를 하고 그 결과를 자세히 연구하지 않은 식 (1)-(3)의 경우와 비교하게 된다. 만일 실험을 세심하게 하여 실험값을 얻었다면 반응의 메커니즘에 대한 여러 특성들을 찾아낼 수 있을 것이다.

3. 사용기구 및 시약

기 구	시 약
Spectronic 20 분광광도계	100명의 학생들이 둘씩 짝지어 실험할 경우 :
분광광도계 시료용기	500 mL 5×10^{-4} M ferroin
피펫 (1 mL)	150 mL 5×10^{-4} M 페난트롤린
	100 mL 0.02 M $Cu(NO_3)_2$
	100 mL 0.10 M $Na_4P_2O_7$
	100 mL 1.0 M HNO_3
	500 mL 0.02 M $K_4P_2O_8$

4. 실험방법

본 실험은 세 가지 종류의 반응속도 측정으로 나뉘어지며, 세 가지 실험을 모두

하기에는 시간이 충분하지 않다. 따라서, 그룹을 둘, 혹은 셋으로 나누어 실험을 하고, 실험에서 얻은 데이터를 함께 나누는 편이 유리하다.

① A 그룹에서는 peroxodiphosphate에 대한 반응을 연구하여 페로인, peroxodiphosphate 에 대한 반응차수 및 30 ℃에서의 반응속도를 결정한다.

② B 그룹에서는 비교하기 위해서 다른 세 가지 반응의 속도를 결정하며, free 페난트롤린의 $P_2O_8^{4-}$의 산화 반응에 대한 효과를 연구한다.

③ C 그룹에서는 $P_2O_8^{4-}$의 반응에 대한 활성화 에너지를 결정한다.

모든 실험은 동시에 진행되고 실험 순서는 동일하다.

1. 6개의 분광광도계 시료용기를 받아 연필로 각각의 튜브에 0–5까지 써 놓는다. 튜브 0에는 증류수를 넣어 흡광도 측정 때 바탕값 측정을 위해 사용한다.
2. 본 실험에 필요한 시약 용액의 양을 계산하여 필요한 용액보다 조금 많은 양을 눈금실린더에 받아온다.
3. 피펫을 사용하여 일정한 양의 시약 용액을 적당한 시험관에 넣은 후 전체 부피가 4.5 mL가 되도록 한다. 이 때 페로인 용액을 넣어서는 안 된다. 시약 용액이 들어 있는 모든 시험관을 작은 비커에 넣어 물중탕에 넣고 원하는 온도가 되도록 한다. 원하는 온도에서 0.2 ℃를 벗어나지 않도록 해야 한다.
4. 5–10분간 물중탕에 넣어두어 원하는 온도에서 평형을 이루면 첫번째 반응 시료 용기에 정확히 0.5 mL의 5×10^{-4} M 페로인 용액을 넣는다. 마개로 막고 세게 흔들어주고 시료용기의 겉을 닦아준 후 510 nm에서 첫번째 흡광도를 측정한다. 이 때의 시간을 0으로 한다. 다른 용액에 대해서도 첫번째 용액처럼 측정을 하여 기록한다.
5. 각 시료용기에 대해 첫번째 이후 3–4분마다 반복하여 흡광도를 측정한다. 만일 흡광도에 차이가 나지 않으면 시간을 조금 더 늘려 5–6분마다 흡광도를 측정한다. 흡광도를 신속히 읽은 후 곧 물중탕에 넣어두어 온도가 변하지 않도록 해야 한다. 실험을 통해 각 시료용기마다 10–12개의 데이터를 얻으면 충분히 반응곡선을 그릴 수 있다. 각 그룹마다 흡광도가 0.2 이하 아래로 내려

갈 때까지 실험을 하든지 혹은 1시간 정도 한다. 반대수 종이에 측정한 흡광도대 시간을 그린다. 만일 실험을 하는 도중에 도시를 시작했다면 자신의 실험이 잘되가고 있는지, 얼마나 자주 측정을 해야 하는지 혹은 얼마나 잘못되었는지 등을 곧 알 수 있다.

그 룹	No.	온 도	mL 0.02M $K_4P_2O_8$	mL H_2O	다른 시약
A	1	30 °C	0	4.5	없음
	2		0.5	4.0	
	3		1.0	3.5	
	4		2.0	2.5	
B	1	30 °C	0	3.5	1.0 mL 1.0 M HNO_3
	2		0	3.5	1.0 mL 0.02 M $Cu(NO_3)_2$
	3		0	3.5	1.0 mL 0.10 M $Na_4P_2O_7$
	4		0.5	3.0	1.0 mL 5×10^{-4} M phen
	5		0.5	2.0	2.0 mL 5×10^{-4} M phen
C	1	25 °C	0.5	4.0	없음
	2	35 °C	0.5	4.0	

실험보고서 44. Ferroin 착물의 반응 ; 반응메커니즘

실험일자 : 년 월 일 교시

_______ 대학 학과 _______ 학번 _______ 이름 _______

1. 실험 결과

1) 반응차수와 반응속도를 정하여라.

실험 데이터를 도시하여 반응차수를 결정하여라.

반응차수를 결정한 후 기울기를 측정하여 반응속도를 정하여라.

활성화 에너지 E_a를 계산하여라

2) 반응메커니즘을 정하여라.

예상되는 반응메커니즘을 쓰고, 각 메커니즘에 해당하는 속도식을 구한 후 실험결과와 비교하여 반응메커니즘을 정하여라.

3) ① 페로인은 본 실험에서 사용할 시약말고도 다른 많은 시약들에 의해 산화될 수 있다. 예를 MnO_4^-에 의해 산화되는 경우의 반응식을 완성하여라.

$$Fe(phen)_3^{2+} + H^+ + MnO_4^- \longrightarrow Mn^{2+} + H_2O + Fe(phen)_3^{3+}$$

② 다음의 속도방정식에서

$$\text{속도 (moles liter}^{-1}\text{min}^{-1}) = k[A]^m[B]^n$$

m=0, n=0 : m=1, n=0 : m=1, n=1 : m=2, n=1의 각 경우에 대해서 k의 단위는 무엇인가?

③ 반응 상수는 아레니우스에 따라, 즉 온도에 따라 변한다.

$$k = Ae^{-Ea/RT}$$

만일 온도가 20 ℃에서 30 ℃로 올라갔을 때 반응상수가 3.00배가 되었다면 활성화 에너지는 얼마인가?

④ 설탕은 산성용액에서 가수분해되어 포도당과 과당이 된다.

$$C_{12}H_{22}O_{11} + H_2O \longrightarrow C_6H_{12}O_6 + C_6H_{12}O_6$$

설탕의 농도를 시간에 따라 측정하였더니 다음과 같았다.

시간, 분	0	30	60	90	180
포도당, M	1.00	0.90	0.81	0.72	0.53

위의 실험데이터를 도시하여 가수분해가 설탕의 농도에 1차임을 보이고 반응상수를 정하여라.

2. 과 제

3. 고찰 및 의문점

실 험 45
분광광도계에 의한 정량분석

1. 목 적

분광광도계의 측정원리를 익히고, 발색시킨 금속표준용액의 흡광도를 측정하여 얻은 검정곡선 (calibration curve)에 의하여 금속 이온을 정량한다.

2. 원 리

분광광도계를 이용한 화합물의 분석은 기기분석의 범주에 속하나 간단히 금속이온을 발색시킨 후 분광광도계를 이용하여 금속을 정량하는 방법이 보편적으로 널리 쓰인다 (부록의 분광광도계 사용법 참조).

본 실험에서 Fe(III)는 싸이오시안산을 가해 발색시킬 수 있으나 Fe(II)는 o-페난트롤린(phen)을 가하여 발색시키는 것이 좋다. 발색제인 phen은 약한 염기이고, 산성용액에서는 페난트롤륨, $phenH^+$으로되고 Fe(II)와 반응하여 주황색 착물을 만든다. $Fe^{2+} + 3\ phenH^+ = Fe(phen)_3^{2+} + 3H^+$

이 반응의 평형상수는 25 ℃에서 2.5×10^6이고 pH가 2보다 작으면 반응이 완전히 진행되지 않는다. 따라서 보통 용액의 pH가 3.5정도에서 분석하는 것이 좋다. 브로모티몰블루 지시약을 이용하여 시트르산염을 가하면 pH 3.5를 얻을 수 있다. 그리고 시료용액에 히드로퀴논 또는 히드록실아민 염산염($NH_2OH \cdot HCl$) 같은 환원제를 발색시키기 전에 넣어 용액 속에 존재하는 Fe^{3+}의 철을 Fe^{2+}의 철로 환원시켜야 한다.

3. 사용기구 및 시약

기 구	시 약
메스플라스크 (1 L, 100 mL)	$FeSO_4(NH_4)_2SO_4 \cdot 6H_2O$
피펫	진한 황산
분광광도계 및 흡광용기 (cuvette)	브로모티몰블루 지시약 (0.05 g 브로모티몰블루 지시약/100 mL 95 % 에탄올)
어림 저울	시트르산나트륨 용액 (250 g을 1 L 메스플라스크에 놓고 증류수를 표시선까지 채움)
뷰렛	히드록실아민 염산염 (10 g을 100 mL 메스플라스크에 넣고 증류수를 표시선까지 채움)
	5 % o－페난트롤린 염산염용액
	미지시료의 Fe(II)용액

4. 실험방법

[1] Fe(II)의 표준용액 조제

① 0.702 g의 순수한 $FeSO_4 \cdot (NH_4)_2SO_4 \cdot 6H_2O$를 1 mL의 진한 황산을 포함하는 100 mL 정도의 증류수에 녹이고 1 L들이 메스플라스크에 넣고 증류수를 표선까지 채워 묽힌다.

② Fe(II)의 표준용액 5 mL를 피펫으로 정확히 취하여 삼각플라스크에 넣고 증류수 90 mL와 브로모티몰블루 지시약 한 방울을 가한 후 시트르산나트륨 용액을 뷰렛을 이용하여 지시약의 색이 변할 때까지 적가하고 들어간 시트르산나트륨 용액의 부피를 기록해 둔다. 그리고 그 용액은 버린다.

2 5 % o-페난트롤린염산염 용액의 조제

o-페난트롤린염산염 0.25 g을 철이 포함되지 않은 증류수 100 mL에 녹인다. 이 때 잘 녹지 않으면 알코올을 소량 가해도 좋다.

3 발색조작

100 mL들이 메스플라스크 5개에 각각 철 표준용액 3.0, 6.0, 9.0, 12.0, 15.0 mL 씩을 정확히 취하고, 여기에 $NH_2OH \cdot HCl$ 용액 1 mL를 놓고, 15분 동안 방치하여 Fe^{3+}를 Fe^{2+}로 모두 환원시킨다. 다음, o-페난트롤린 용액을 각각 10 mL씩 가하고 시트르산나트륨 용액을 위해서 적가한 같은 부피만큼 각각 가하여 pH 3.5로 조절하면 발색된다. 그리고 증류수를 표시선까지 채운다.

4 검정곡선 (Calibration Curve) 작성

분도계의 흡수파장을 510 nm 부근에서 위에서 준비한 철의 표준용액에 대한 각각의 흡광도를 측정하여 검정선을 그린다.

5 미지시료의 정량

미지시료용액 5 mL를 정확히 취하여 위와 같은 방법으로 발색시켜 흡광도를 측정하고 철의 농도를 검정선으로부터 구한다. 이 때 1 L 중의 철의 mg수로 환산하면 ppm단위가 된다.

실험보고서 45. 분광광도계에 의한 정량분석

실험일자 : 년 월 일 교시

_______ 대학 학과 _______ 학번 _______ 이름 _______

1. 실험 결과

1) 적가한 시트르산나트륨 용액의 부피 : _______ mL

2) ppm 농도를 계산하여 기입하고 측정한 흡광도를 기록한다.

100 mL중 저장용액의 부피 (mL)	철의 농도 (ppm) (Fe로서)	흡광도(A)
3.0		
6.0		
9.0		
12.0		
15.0		

3) 위 결과를 별지의 그래프지에 검정선을 그려라.

미지시료의 흡광도 : ______________

미지시료의 농도　 : _______________(ppm)

2. 과 제

1) 철(Fe^{2+})을 o−페난트롤린으로 발색시키는 구조식을 써라.

2) 검정선이 직선이 아니고 벗어나는 경우(곡선인 경우), 실제 이용에 어떤 영향이 있는가?

3. 고찰 및 의문점

실 험 46
유기금속 화합물의 합성

1. 목 적

유기금속 화합물에 있어서 탄소는 직접 금속원자와 결합된다. 이러한 화합물은 사실상 주기율표에 있는 모든 금속원자들로부터 제조되어 왔다. 본 실험에서는 카르보닐기 (CO), $C_5H_5^-$고리 (비편재화된 π 궤도 시스템으로 5개의 탄소가 금속 원자와 결합을 하는)를 가진 유기금속 철화합물인 $[CpFe(CO)_2]_2$ (Cp = C_5H_5)을 아이어딘으로 산화시켜 새로운 유기금속 철화합물 $CpFe(CO)_2I$을 합성하고, 이 화합물의 화학적, 물리적 성질을 연구한다.

2. 원 리

유기금속 화합물은 금속과 유기그룹의 탄소원자 사이에 결합이 있는 화합물을 의미한다. 최근들어 엄청나게 많은 유기금속화합물들이 합성되었다. 본 실험에서 사용할 화합물은 $[CpFe(CO)_2]_2$ (Cp = C_5H_5)로 이합체 형태로 존재하는 화합물이다. 각 철원자는 $C_5H_5^-$와 결합을 하고 있는데, $C_5H_5^-$ 고리는 일종의 비편재화된 π 궤도 시스템으로 5개의 탄소원자가 철원자와 결합하고 있다. 또한 각 철원자는 말단의 CO, 다리형태의 CO와 결합을 하고 있다. 한편 철원자들 사이에 공유결합성 결합을 하고 있다.

이 실험에서 사용할 화합물은 쉽게 산화되어 +2의 상태로 된다. 아이어딘은 다른 할로겐처럼 산화제로 쓰이며, 이 실험에서 사용할 화합물과 쉽게 반응하여 $CpFe(CO)_2I$를 형성한다.

$$[CpFe(CO)_2]_2 + I_2 \longrightarrow 2CpFe(CO)_2I$$

이 실험에서 사용할 시약들은 수용액에 녹지 않음으로 극성 유기용매인 CH_2Cl_2를 사용하게 된다. 한편 반응이 짧은 시간 내에 완결되도록 하기 위해서 과량의 아이어딘을 사용하게 된다. 실험실에 들어오기 전에 사용할 아이어딘의 양을 미리 계산해 오는 것이 바람직하다.

실험 후 과량의 아이어딘을 용액 중에서 제거하여 반응 생성물만 남도록 해야 한다. CH_2Cl_2 용액을 $Na_2S_2O_3$ 수용액과 흔들어 주어서 과량의 아이어딘을 제거할 수 있다. 아이어딘과 싸이오황산나트륨은 반응하여 수용액에 녹는 NaI와 $Na_2S_4O_6$를 형성한다. CH_2Cl_2와 물은 함께 섞이지 않기 때문에 두 용액은 분별깔때기를 사용하여 쉽게 나눌 수 있다.

$$I_2 + 2Na_2S_2O_3 \longrightarrow 2NaI + Na_2S_4O_6$$

CH_2Cl_2 용액 내에는 반응생성물은 남아 있게 되고 약간의 물이 들어 있게 된다. 남아 있는 물을 제거한 후 생성물을 얻게 된다. 물의 제거를 위해 무수 Na_2SO_4를 넣어 주면 CH_2Cl_2에 불용성인 수화물이 생성되며 여과로 제거한다.
생성물을 분리하기 위해 CH_2Cl_2 용액에 과량의 핵산을 넣어준 후 낮은 압력하에서 용매를 날려보낸다. CH_2Cl_2의 휘발성이 뛰어나 먼저 제거되게 되는데, 생성물이 핵산 용액에 불용성이기 때문에 CH_2Cl_2의 양이 줄자 곧 침전이 생기게 된다.

아이어딘, $[CpFe(CO)_2]_2$, $CpFe(CO)_2I$ 모두 다 짙은 색깔의 결정성 화합물이라 고체의 색깔만으로는 원하는 화합물을 합성했는지 알기가 어렵다. 그러나 물리적, 화학적 특성을 살펴보면 곧 알 수 있다.

3. 사용기구 및 시약

기 구	시 약
모세관 튜브	무수 Na_2SO_4
코르크	$[C_5H_5Fe(CO)_2]_2$
링스탠드	아이어딘
고무줄	핵산
삼각 플라스크 (125 mL)	0.5 M $Na_2S_2O_3$
감압 플라스크 (250 mL)	광유 (mineral oil)
분별깔때기 (250 mL)	CH_2Cl_2
여과지	
시험관	
온도계	
아스피레이터	

4. 실험방법

① 125 mL 삼각플라스크에 20−30 mL의 CH_2Cl_2를 넣는다.

② 1.0 g−1.5 g의 $[CpFe(CO)_2]_2$를 측정하여 플라스크에 넣어 녹인다. 실제로 사용한 반응 출발물질의 무게를 정확히 기록한다.

③ 용액에 2당량의 아이어딘을 넣어준다.

④ 마개로 막은 후 천천히 15분간 흔들어 준다.

⑤ 용액을 분별깔때기에 넣고 50 mL의 0.5 M $Na_2S_2O_3$를 넣고, 마개로 막은 후 격렬하게 흔들어준다.

⑥ 가끔 깔때기 안에 생긴 압력을 줄여주기 위해 분별깔때기를 거꾸로 든 채로 잠금꼭지를 열어준다.

⑦ 분별깔때기를 스탠드에 걸어 놓아 용액이 두 층으로 완전히 나뉘도록 한 후 마개를 열고 잠금꼭지를 열어 CH_2Cl_2 용액을 플라스크에 받는다.

⑧ 아이어딘을 완전히 제거하기 위해 다시 한번 이 과정을 반복한다.

⑨ 3.5 g의 무수 Na_2SO_4를 CH_2Cl_2 용액에 넣어준 후 세게 흔들어주어 Na_2SO_4와 물이 반응하도록 한다.

⑩ 깔때기를 준비하고, 밑에 감압플라스크를 놓은 후, 그 위에 거름종이를 올려 놓는다.

⑪ 거름종이의 바닥에 약간의 Na_2SO_4를 넣은 후 CH_2Cl_2 용액을 천천히 부어 여과 한다.

⑫ CH_2Cl_2 용액에 100 mL의 핵산을 넣어준다.

⑬ 플라스크를 막은 후 포착기에 연결하고 포착기는 다시 물 아스피레이터에 연결 한다.

⑭ 용액의 부피가 약 50 mL가 되도록 용액을 날린다. 이 때 용액이 튀지 않도록 조심해야 한다. 만일 반응이 완결되지 않고 반응 출발물질이 남아 있으면, 먼저 플라스크의 바닥에 짙은 붉은색 막을 형성하고, 반응생성물은 작은 결정으로 얻어진다. 이 결정을 여과하여 분리한다. 플라스크의 바닥을 긁어 반응 출발물질이 용액 중으로 떨어져 나오지 않도록 조심해야 한다. 반응생성물은 여과지 위에서 그대로 마르도록 한다.

⑮ 광유중탕 (mineral oil bath)을 사용하여 녹는점을 알아보아라.

5. 주의 및 참고사항

1 $[CpFe(CO)_2]_2$, $CpFe(CO)_2I$는 분해되어 일산화탄소를 낼 수 있기 때문에 주의해야 하며, 본 실험에서는 적은 양을 사용한다.

2 핵산의 경우 화재가 날 염려가 있으므로 사용할 때 화기가 근처에 있으면 안된다.

3 분별깔때기를 사용하여 물과 CH_2Cl_2를 분리할 때 CH_2Cl_2의 비중이 물보다 크기 때문에 아래 부분에 있는 용액이 CH_2Cl_2의 용액이다.

실험보고서 46. 유기금속 화합물의 합성

실험일자 : 년 월 일 교시

__________ 대학 학과 _________ 학번 ___________ 이름 ____________

1. 실험 결과

1) 반응 출발물질과 반응 생성물의 무게를 기록하고, 수득률을 계산하여라.

2) 반응 출발물질과 반응생성물의 물리적 성질들을 기록하여라.

3) 18-전자 규칙을 설명하여라.

4) 본 실험에서 사용한 반응 출발물질과 생성물의 경우 위의 18-전자 규칙을 잘 지키고 있는지를 설명하여라.

5) 본 실험에서 다룬 유기금속 화합물들의 경우 극성 유기용매에는 용해도가 좋으나 물과 같은 용매에는 녹지 않는다. 그 이유를 설명하여라.

2. 과 제

3. 고찰 및 의문점

실 험 47
알데하이드 화합물의 확인

1. 목 적

유기 화합물에서 중요한 위치를 차지하고 있는 알데하이드기는 반응성이 다양하여 많은 유기 반응에서 사용되고 있다. 본 실험에서는 산화 반응을 이용하여 알데하이드기의 작용기를 확인하고 또한 미지 시료의 알데하이드 작용기 유무를 실험적으로 알아보고자 한다.

2. 원 리

알데하이드기를 갖는 화합물은 쉽게 산화되어 같은 탄소수를 가진 유기산이 된다. 즉 알데하이드 화합물은 그 자체로는 환원제로 작용한다. 따라서 Cu^{+2}, Ag^{+}등과 같은 약한 산화제에 의하여 산화되기도 한다.

[1] Tollens 시약 (은거울 반응)

염기성 용액 중에 은-암모니아 착이온을 Tollens 시약이라고 하는데, 실온에서 몇 분 안에 알데하이드에 의하여 환원되어 금속의 은으로 유리된다. 이 실험이 행해진 용기가 완전히 깨끗이 닦여져 있으면 은은 유리 표면에 거울같이 부착될 것이다.

$$R-CHO + 2Ag(NH_3)^{2+} + OH^- \longrightarrow R-\overset{\overset{\displaystyle O}{\|}}{C}O^-NH_4^+ + 2Ag\downarrow + 3NH_3\uparrow + H_2O$$

[2] Benedict 시약

구리(II)의 시트르산 나트륨 용액을 Benedict 시약이라 하는데 알데하이드와 반응하면 구리(II)가 환원되어 Cu_2O의 붉은색 침전이 생긴다. 이와 유사한 시약으로

Fehling 시약이 있는데, 이것은 구리(II)의 타타릭산나트륨 착화합물 용액으로 역시 알데하이드를 산화시켜서 Cu_2O의 붉은 침전을 생성한다.

$$R-CHO + 2Cu(Cit)_2 + 5OH^- \longrightarrow RCOO^- + Cu_2O\downarrow + 3H_2O + 4(Cit)$$

(Cit:시트르산 이온)

산화 반응이외에 유기반응을 이용한 알데하이드의 검출법으로는 sodium metabisulfite와의 부가 반응을 이용한다.

$$RCHO + NaHSO_3 \rightleftharpoons R-\overset{\overset{\large OH}{|}}{C}H-SO_3^-\,Na^+$$

이 반응은 평형 반응이지만 과량의 sodium metabisulfite를 가하면 존재하는 알데하이드는 전부 흰색 침전으로 떨어뜨릴 수 있다.

3. 사용기구 및 시약

기 구	시 약
시험관 (10 cm)	5 % $AgNO_3$
삼각플라스크	10 % NaOH
비커	2 % NH_3
스포이트	아세톤
전기히터	아세트알데하이드, 벤조알데하이드
저울	Na_2CO_3
눈금실린더 (10 mL, 100 mL)	$CuSO_4\cdot5H_2O$
	시트르산나트륨 이수화물
	Sodium metabisulfite

4. 실험방법

1 Tollens 시약

① 10 cm 정도의 시험관을 잘 닦은 후 1 mL의 5 % $AgNO_3$ 용액을 넣고 10 % NaOH 용액 1-2 방울 넣는다.

② 시험관을 잘 흔들어 주면서 2 % 암모니아 용액을 넣는다. 암모니아 용액을 한 방울씩 떨어뜨리면 Ag_2O의 침전이 생기는데, 이 침전이 전부 녹을 때까지 계속 넣는다. Ag_2O가 다 녹은 후에는 넣지 않도록 한다.

③ 확인하고자 하는 시료를 1-2 방울 (또는 5 mg정도) 떨어뜨리고 10분간 방치한다. 아무런 반응이 없으면 시험관을 약 40 ℃ 정도의 물에 담구어 5분간 기다린다. 시료에 알데하이드가 있으면 시험관 내부에 은거울이 생긴다. 위의 과정을 아세톤, 아세트알데하이드, 벤조알데하이드, 포도당 등에 대하여도 확인하도록 한다.

2 Benedict 시약

① 17.3 g의 시트르산나트륨 이수화물과 10 g의 무수 탄산나트륨을 70 mL의 물에 녹인다.

② 다른 비커에서 1.73 g의 황산구리를 10 mL의 물에 녹인 후, 이를 1번 용액과 혼합하여 잘 섞은 다음 100 mL로 희석한다. 만일 용액이 균일하지 않으면 여과한다 (Benedict 시약).

③ 확인하고자 하는 시료를 2-3 방울 (또는 5 mg정도)을 시험관에 넣은 다음 2-3 mL의 Benedict시약을 넣어 끓을 때까지 가열한다. 이때 알데하이드가 있으면 Cu_2O의 붉은 침전이 생성된다. 이 과정을 아세톤, 아세트알데하이드, 벤조알데하이드, 포도당 용액에 대하여도 확인하도록 한다.

3 Sodium metabisulfite의 첨가 반응

① 5 mL의 포화 sodium metabisulfite 용액에 시료 1 mL를 넣어주고 세게 흔들

어 준다.

② 온도가 상승하면 냉각시킨다. 흰색의 침전이 생성되는지 확인하도록 한다.

③ 이 과정을 아세톤, 아세트알데하이드, 사이클로펜탄온, 다이에틸키톤 등에 대하여도 실험한다.

④ 지도 선생님으로부터 미지시료 2-3개를 받아서 ①,②,③번 실험을 되풀이한다.

5. 주의 및 참고사항

1 Tollens 시약을 폭발성이 있으므로 실험하기 직전에 만들어 사용하고, 남은 것은 보관하지 않고 버리도록 한다.

2 Benedict시약과 포화 sodium metabisulfite 용액은 미리 준비하여도 좋다.

3 은거울 반응을 한 시험관은 뜨거운 질산 용액으로 씻으면 용이하다.

실험보고서 47. 알데하이드 화합물의 확인

실험일자 : 년 월 일 교시

__________ 대학 학과 __________ 학번 __________ 이름 __________

1. 실험 결과 (양성에 ○표를 하여라)

1)

	아세톤	아세트알데히드	벤조알데히드	포도당
Tollen 시약				
Benedict 시약				
Sodium metabisulfite				

2) 미지시료

	I	II	III	IV
Tollen 시약				
Benedict 시약				
Sodium metabisulfite				

2. 과 제

1) 위의 실험결과 중 음성 반응을 보이는 것을 어떤 것이며 그 이유는 무엇인가?

2) 벤조알데히드에 대한 $NaHSO_3$의 첨가 반응에 대한 메카니즘을 써라.

3) Sodium metabisulfite의 알데히드 첨가 반응은 알데히드 화합물의 운반, 저장하는 수단으로 사용될 수 있다. 그 이유는 무엇인가?

3. 고찰 및 의문점

실 험 48

유기화합물의 작용기 확인

1. 목 적

유기화합물의 화학반응을 이용하여 화합물에 포함되어 있는 작용기를 확인하고 그 원리를 이해한다.

2. 원 리

유기화합물의 확인 방법에는 분광학적 방법과 화학적 방법을 들 수 있는데, 화학적 방법에는 유도체 합성에 의한 방법과 작용기 확인 방법이 있다. 여기서는 일반화학실험 과정에서 간단히 할 수 있는 작용기 확인 실험의 일부만을 다루고자 한다.

작용기 (functional group)는 분자의 화학적, 물리적 성질을 좌우하는 분자내 원자 및 원자단이며, 작용기를 알면 그 화합물의 종류 및 일반적인 성질들을 예상할 수 있다.

1. 불포화 탄화수소 : 알킨 및 알카인

알킨 (alkene)이나 알카인 (alkyne) 같은 불포화 탄화수소의 이중결합 및 삼중결합은 Br_2 등과 같은 할로젠이 쉽게 첨가될 뿐 아니라 과망간산염 수용액에서 산화된다.

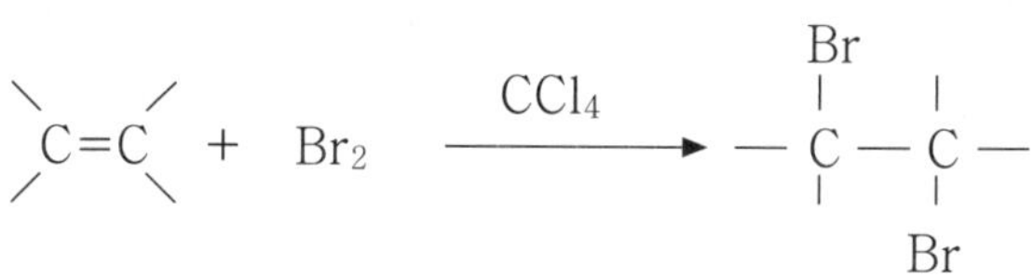

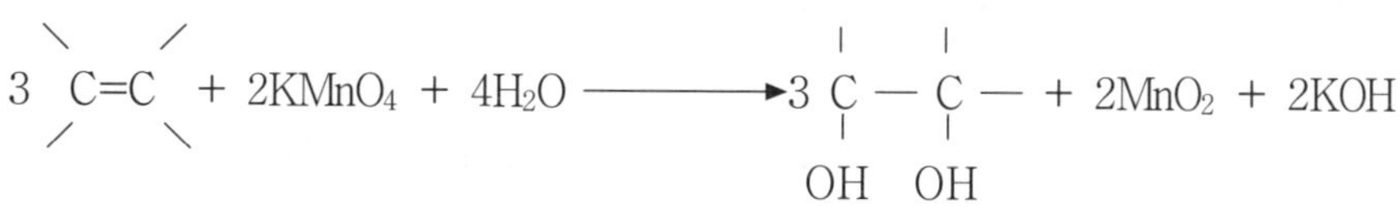

만일, 시료에 Br_2와 $KMnO_4$ 수용액을 처리하여 Br_2 (갈색)나 $KMnO_4$ (보라색)의 색깔이 사라지면 이들은 불포화 탄화수소이다.

2. 할로젠화 알킬

플루오르 화합물을 제외하고는 할로젠화 알킬 (alkyl halide)은 알코올에서 질산은과 반응하여 할로젠화은 (AgX) 침전을 형성한다.

$$RX + AgNO_3 \xrightarrow{EtOH} AgX\downarrow + RONO_2$$

(X = Cl, Br, I)

이 반응의 속도는 할로젠화 알킬의 구조에 따라 다르게 된다. 즉 3° > 2°> 1° 순으로 반응속도가 증가하므로 반응 진행과정을 주의 깊게 관찰하기만 하면 할로젠화 알킬의 구조도 예상할 수가 있다.

한편 브로민화 알킬 (alkyl bromide)과 요오드화 알킬 (alkyl iodide)은 염화 알킬 (alkyl chloride) 보다 빠르게 반응하며 염화물은 가열하면 반응이 진행된다. 이러한 실험결과로 할로젠화 알킬의 할로젠원소의 종류를 구별할 수도 있다.

3. 알코올

알코올의 확인 실험은 하이드록시기 (-OH)를 함유하고 있는지의 여부를 확인하는 이외에도 알코올이 1°, 2°, 3° 중 어느 구조에 해당하는지도 알아낼 수 있다. 실험방법 중 가장 일반적인 것이 Lucas 시험이다. Lucas 시약은 진한 HCl과 $ZnCl_2$의 혼합물이며 이 시약을 알코올과 반응시키면 1° 알코올은 거의 반응하지 않으며 2° 알코올은 1° 알코올보다 빠르고 3° 알코올이 가장 빠르게 진행되어 상응하는 염화 알킬을 만든다.

$$1°\text{알코올, } RCH_2OH + HCl \xrightarrow{ZnCl_2} \text{반응하지 않음}$$

$$2°\text{알코올, } R_2CHOH + HCl \xrightarrow{ZnCl_2} R_2CHCl + H_2O$$

$$3^\circ \text{알코올},\ R_3COH + HCl \xrightarrow{ZnCl_2} R_3CCl + H_2O$$

3. 사용기구 및 시약

기 구	시 약
시험관	CCl_4, Br_2
시험관대	acetone, EtOH, 진한 HCl
피펫	$KMnO_4$, $AgNO_3$, $ZnCl_2$ (무수)
	미지시료 (알킨)
	미지시료 (할로젠화물)
	미지시료 (알코올)

4. 실험방법

[1] 불포화 탄화수소의 확인

① 브로민법 : 깨끗한 시험관에 1 mL CCl_4 용매에 미지시료 50 mg 혹은 두 방울을 녹이고, 2 % 용액 (용매:CCl_4)을 갈색 (브로민색)이 나타날 때까지 가한다. 만일 갈색 이 나타나는데 두 방울 이상이 필요하게 되면 이 반응은 양성반응이다.

② 과망간산 산화법 : 시험관을 사용하여 2 mL의 물 (혹은 아세톤)에 25 mg 혹은 한 방울의 미지시료를 녹이고, 잘 흔들면서 1 %-KMnO4 수용액을 적가한다. 만일 보라색을 나타내는데 KMnO4 용액이 한 방울 이상 소요되면 양성반응이다.

[2] 할로젠화물의 확인

시험관에 5 mL EtOH을 넣고 2 %-$AgNO_3$ 수용액 2 mL을 가한 후 한 방울씩의 미지시료를 가한다. 상온에서 5분 이내에 반응이 관찰되지 않으면 끓는물로 온도를 높이고 이때 반응속도 및 색깔 변화를 관찰한다. 침전물이 생길 경우 AgCl은 백색

AgBr은 엷은 황색, AgI는 황색으로 나타난다. 1°, 2° 및 3°의 구분을 위해서는 알킬기의 구조만 서로 다른 할로젠화물에 대해 동일방법으로 실험하고 관찰하여라.

3 알코올

시험관에 미지 분석시료 1 mL씩을 넣고 Lucas 시약 10 mL을 가한다. 시험관을 흔들면서 각 경우마다 염화 알킬의 생성 속도를 측정한다.

Lucas시약 제조 : 16 g의 $ZnCl_2$ (무수)을 10 mL의 진한 HCl에 녹인다.

실험보고서 48. 유기화합물의 작용기 확인

실험일자 : 년 월 일 교시

_________ 대학 학과 ________ 학번 ________ 이름 ___________

1. 실험 결과

1) 불포화 결합의 확인

2) 할로젠화합물의 확인

3) 알코올의 확인

2. 과 제

1) 실험 (1), (2), (3)에서 일어난 화학 반응식을 기술하라.

(1)

(2)

(3)

2) 화합물을 확인하는 방법으로 분광학적인 방법의 예를 들어라(4가지 이상).

3. 고찰 및 의문점

실 험 49
방향족 니트로 화합물의 합성 및 확인

1. 목 적

방향족 고리의 가장 보편적인 반응은 고리 중의 수소 1개 또는 그 이상이 친전자체들 (전자쌍을 원하는 물질)에 의하여 치환되는 것이다. 할로젠화 반응, 니트로화 반응, 술폰화 반응, 알킬화 반응 등이 그 예이다.

방향족 화합물의 친전자치환 반응에서 친전자체가 들어가는 위치는 벤젠고리에 있는 치환체에 따라 달라진다. 클로로벤젠의 니트로화 반응의 조건과 클로로벤젠의 니트로화 반응을 통하여 p-클로로니트로벤젠을 합성할 때 니트로기가 벤젠고리의 어느 위치로 들어가는지를 알아본다.

2. 원 리

방향족 화합물의 친전자치환반응은 방향족고리에 여러 가지 기능기를 도입할 수 있기 때문에 유기화학에서 대단히 중요한 위치를 차지하고 있으며 많이 연구된 반응이다. 반응은 다음과 같은 3단계로 일어난다고 생각된다.

단계 1 : 친전자체의 형성 (평형 반응)

$$\mathrm{E-Nu} \xrightarrow{\text{촉매}} \mathrm{E}^{\oplus} + \mathrm{Nu}^{\ominus}$$

단계 2 : 친전자체와 방향족 화합물의 반응 (느린 단계)

$$\mathrm{Ar-H} + \mathrm{E}^{\oplus} \xrightarrow{\text{느림}} \underset{\text{중간체}}{\left[\mathrm{Ar}^{\oplus} < \begin{matrix}\mathrm{H}\\ \mathrm{E}\end{matrix}\right]}$$

단계 3 : 양성자 제거에 의한 생성물 형성 (빠른 단계)

양성자를 잃음으로써 완결되며 방향족계를 유지하게 된다.

$$\left[Ar^{\oplus} < \begin{matrix} H \\ E \end{matrix} \right] \xrightarrow{\text{빠름}} Ar-E + H^{\oplus}$$

방향족 화합물의 니트로화에는 여러 가지 방법이 있으나, 가장 많이 사용되는 방법은 진한 황산과 진한 질산의 혼합물을 사용하는 것이다. 니트로화 반응에서 친전자체는 니트로늄 이온 (NO_2^+)으로서 반응은 니트로늄 이온의 농도와 반응 매질, 온도 등에 영향을 받는다. 일반적으로 반응 매질로서는 진한 황산이 가장 좋은데, 그 이유로는 1) 니트로늄 이온의 농도를 증가시킬 수 있으며, 2) 니트로늄 이온 생성 과정에서 생기는 물을 흡수할 수 있기 때문이다.

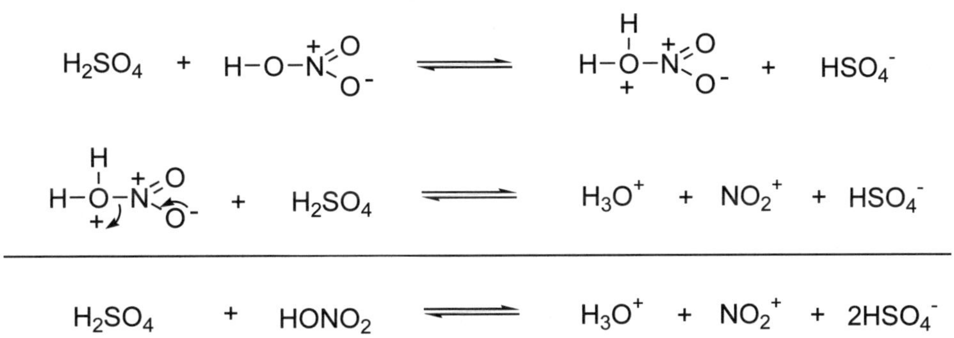

클로로벤젠에 니트로기를 하나만 치환시키고자 할 때는 반응 온도를 보통 0-60 ℃로 유지시켜주며, 더 높은 온도 등의 격렬한 조건에서는 니트로기가 둘 이상 치환될 수도 있다.

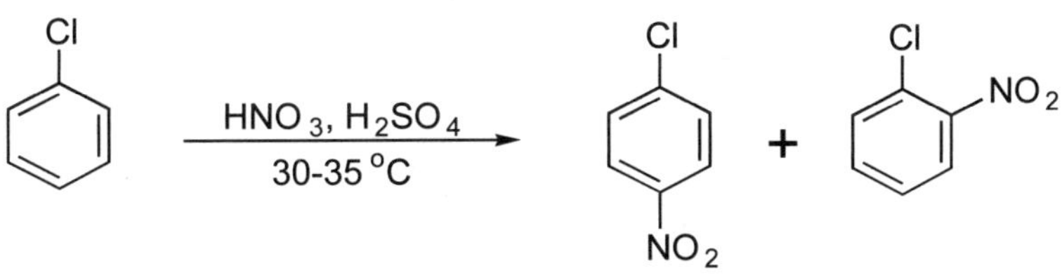

진한 황산 존재하에 30-35 ℃에서 클로로벤젠을 니트로화시키면, p-클로로니트로벤젠이 주생성물로 생성되며, 부생성물로 이성질체인 o-클로로니트로벤젠이 생성된다. 주생성물인 p-클로로니트로벤젠은 오르토 (ortho) 이성질체보다 녹는점이 더 높으며, 알코올에 대한 용해도가 낮기 때문에 재결정 방법을 통하여 두 이성질체를 분리할 수 있다.

3. 사용기구 및 시약

기 구	시 약
삼각플라스크 (100 mL)	진한 HNO_3
비커 (250 mL)	진한 H_2SO_4
깔때기 및 거름대	클로로벤젠
전기히터	메탄올
녹는점 측정장치-모세관	얼음
스탠드와 클램프	10 % NaOH
온도계 (0-100 ℃)	
분젠버너	
구리줄 (1 mm × 20 cm)	
씻기병	
거름종이	
눈금실린더 (10 mL)	
피펫 (10 mL)	
시험관	

4. 실험방법

[1] 클로로니트로벤젠의 합성

① 100 mL 삼각플라스크에 진한 질산 8 mL를 넣는다.

② 이 플라스크에 진한 황산 8 mL를 잘 저어주면서 가한다.

③ 이 때 열이 발생하면 얼음물에 담가 산 용액이 실온 (20 ℃) 이하가 되게 한

다. 피펫으로 클로로벤젠 3 mL를 취한 다음, 이것을 산이 든 삼각플라스크에 한 방울씩 가하며 플라스크를 흔들어준다.

④ 이 때 열이 나면 삼각플라스크를 얼음 속에서 식히면서 가한다.

⑤ 클로로벤젠을 모두 가한 다음 세게 흔들고 실온에서 5분간 방치한 후 얼음물로 차게 냉각한다.

⑥ 반응 혼합물을 얼음 약 20 g이 든 비커에 붓고, 얼음이 모두 녹을 때까지 저어준다.

⑦ 침전을 거르고 소량의 물로 씻은 후 될 수 있는 한 소량의 알코올을 사용하여 침전을 재결정한다.

⑧ 침전을 말린 후 무게를 달고 녹는점을 측정한다.

[2] Beilstein 시험-유기할로젠화물의 검출

① 구리철사를 분젠버너 불꽃으로 아무런 색깔도 보이지 않을 때까지 가열한다.

② 구리철사를 식힌 후, 그 끝에 본 실험에서 합성한 p-클로로니트로벤젠을 소량 묻혀서, 분젠버너 불꽃의 가장자리에서 가열한다. 이 때 불꽃이 초록색을 띠면 이 물질이 할로젠 화합물임을 의미한다.

5. 주의 및 참고사항

[1] 진한 황산이나 진한 질산이 피부에 닿으면 화상을 입을 수 있으므로 특히 조심해야 한다. 시약병이나 기구의 겉 표면에 이들이 묻어있지 않나 조심해야 하며, 만일 피부에 닿았을 때는 즉시 찬물로 씻어내고 산이 닿은 부분에 0.6 M 중탄산소오다를 바른다.

[2] 클로로벤젠, 메탄올은 유독하므로 피부에 닿지 않도록 주의하며, 또한 인화성이 강하므로 불꽃을 가까이 하지 않도록 주의한다.

[3] p-클로로니트로벤젠 : 녹는점 82-84 ℃, 노란색

o-클로로니트로벤젠 : 녹는점 32-33 ℃, 노란색

실험보고서 49. 방향족 니트로 화합물의 합성 및 확인

실험일자 : 년 월 일 교시

________ 대학 학과 ________ 학번 ________ 이름 ________

1. 실험 결과

1)

시 약	분자량	부피 (mL)	무게 (g)	몰 수
클로로벤젠 (C_6H_5Cl)	________	________	________	________
HNO_3 (비중 1.42)	________	________	________	________
H_2SO_4 (비중 1.84)	________	________	________	________

실험적 수득량 ____________g ________몰

이론적 수득량 ____________g ________몰

백분율 수득량 ____________%

녹는점 실험값 __________°C 문헌값 __________°C

2) 방향족고리 화합물이 친전자체와 쉽게 반응할 수 있는 근본적인 이유는 무엇인가?

3) 친전자체가 들어가는 위치는 벤젠고리에 있는 치환체에 따라서 달라지는 이유는 무엇인가? 본 실험에서 ortho, para의 화합물이 생긴 반면 meta가 생기지 않는 이유는 무엇인가?

4) 다음 화합물을 모노니트로화 (mononitration)시킬 때에 생기는 생성물(들)의 구조식을 써라.

a) 브로모벤젠

b) 톨루엔

c) 니트로벤젠

d) 벤젠술폰산

5) 본 실험에서 생긴 부산물인 o-클로로니트로벤젠은 어떻게 되었는가? 또, 어떻게 하면 회수할 수 있겠는가?

6) 중요한 폭발물인 트라이니트로톨루인 (TNT)은 톨루인의 니트로화반응으로 제조된다. 합성을 화학 반응식으로 써라.

2. 과 제

3. 고찰 및 의문점

실 험 50

아스피린 합성

1. 목 적

유기산을 1차 또는 2차 알코올과 소량의 무기산 촉매 존재하에서 가열하여 주면 에스테르가 생성 되는데, 이 과정을 에스터화 반응이라 한다. 이 반응을 이용하여 진통, 해열제로 사용되는 중요한 의약품인 아스피린을 합성하고 재결정을 통하여 정제하여 본다.

2. 원 리

실험실에서도 쉽게 합성할 수 있는 아스피린 (아세트살리실산)은 분자 내에 카르복실기와 에스터기를 포함하는 다음의 구조를 가지는 유기화합물이다.

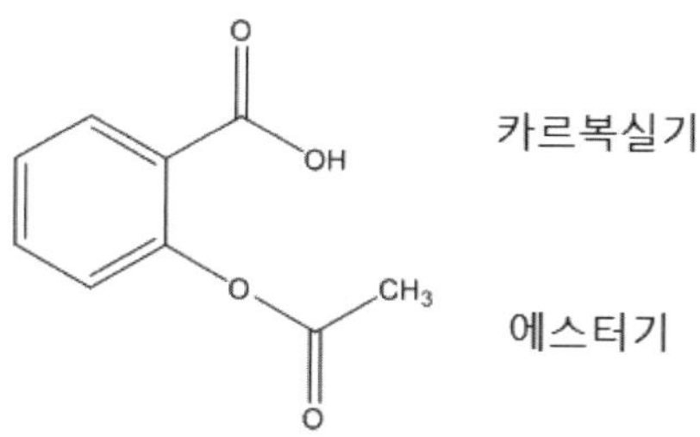

따라서 다음 과정에서 유기산과 일코올이 반응하여 에스디가 생성되는 에스터회 반응을 이용하면 쉽게 아스피린을 합성할 수 있다.

에스터를 만드는데는 유기산과 알코올이 항상 필요한 것은 아니다. 오히려 유기산 (RCOOH) 대신에 유기산할로젠화물 (RCOX) 또는 유기산무수물 (RCOOCOR)을 알코올과 반응시키면 에스터를 더욱 쉽게 만들 수 있다.

실험에서는 소량의 인산을 촉매로 하여 아세트산 무수물과 살리실산을 반응시켜서 아스피린을 합성하고자 한다.

즉, 살리실올 부분과 아세트산 무수물이 반응하면 아세트산 한 분자가 떨어지며 에스터화산의 알코합물인 아스피린이 한 분자 생성된다. 여기서 합성한 아스피린은 불순물이 많으므로 그대로 의약품으로 사용할 수 없다. 아스피린은 녹는점이 135 ℃인 고체화합물이므로, 재결정을 통하여 합성한 아스피린을 정제할 수 있다.

살리실산 **아세트산무수물** **아스피린** **아세트산**

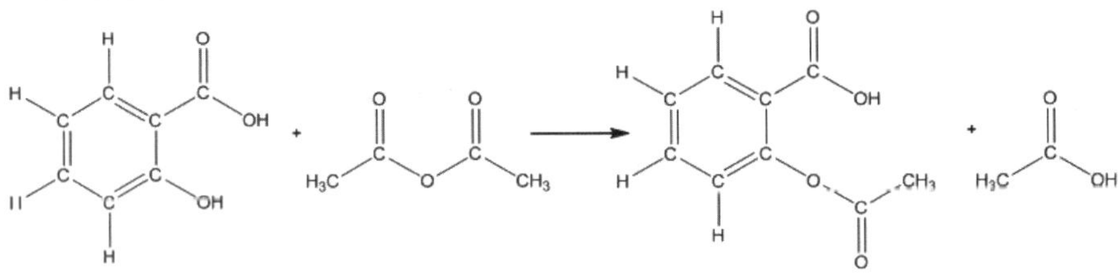

3. 사용 기구 및 시약

기 구

물중탕
전기히터
저울
삼각플라스크 (50 mL)
비커
유리막대
스탠드
클램프
눈금실린더
감압거름장치, 거름종이
녹는점 측정장치
온도계 (0−150 ℃)

시 약

아세트산 무수물
살리실산
85 % 인산
석유이써 (30−60 ℃)
얼음
에틸이써

4. 실험방법

1 아스피린 합성

① 살리실산 2.5 g을 50 mL 삼각플라스크에 넣고 여기에 아세트산 무수물 3 mL를 용기벽을 따라 흘려내림으로써 용기벽에 묻은 살리실산을 모두 씻어 내린다.

② 이 삼각플라스크를 그림 50-1과 같이 물중탕 장치를 한다.

③ 촉매로 85 % 인산을 소량 (3-4방울) 가한 후 온도를 70-85 ℃로 유지하면서 10분 동안 가열하여 반응을 완결시킨다.

④ 여기에 증류수 2 mL를 조심스럽게 플라스크에 가하여 여분의 아세트산 무수물을 분해시킨다.

⑤ 이 때 아세트산의 증기가 발생하는가를 관찰한다.

⑥ 아세트산의 증기가 더 이상 발생되지 않으면 물중탕에서 꺼내어 증류수 20 mL를 가하고 실온까지 냉각시킨다.

⑦ 이 때 아스피린 결정이 생성되는데, 저절로 결정이 생성되지 않으면 유리막대로 삼각플라스크 안쪽 면을 긁어주면서 플라스크를 얼음물에 담가 냉각시킨다.

⑧ 생성된 결정을 흡입여과기로 걸러낸 후 5 mL의 얼음물로 씻는다.

⑨ 얻어진 결정을 다른 거름종이로 옮겨 10~20분간 말린 후 무게를 달아 수득률을 계산하고, 녹는점을 측정하여 순도를 알아본다.

2 아스피린의 정제 및 녹는점

① 합성된 아스피린 1.0 g 정도를 삼각플라스크에 넣고 5 mL의 에틸이써에 녹인다.

② 잘 녹지 않으면 물중탕으로 조금 데우면서 저어준다. 그래도 용액이 맑아지지 않으면 거름종이로 걸러 녹지 않는 물질을 제거한다.

③ 여과된 용액에 석유이써 (끓는점 30-60 ℃) 15 mL를 가한다.

④ 젓거나 흔들지 않는 상태로 이 플라스크를 얼음물에 담가 아스피린 침전을 생성시킨다.

⑤ 생성된 침전을 거르고 소량의 석유이써로 씻는다.

⑥ 침전을 다른 거름종이로 옮겨 펼쳐 말린 후 녹는점을 측정한다.

⑦ 1번 실험에서 얻은 아스피린의 녹는점과 비교한다.

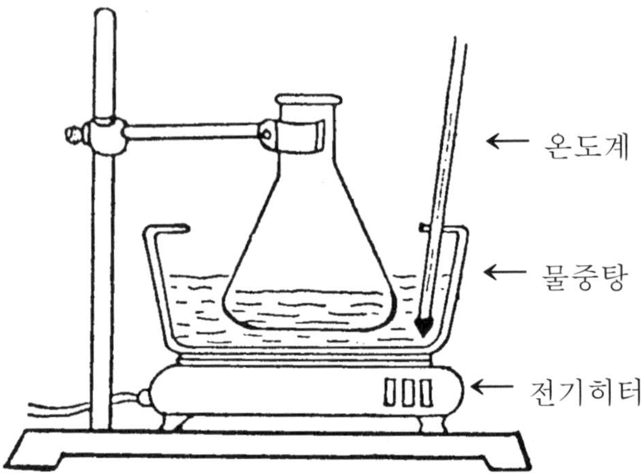

그림 50-1 아스피린의 합성장치

5. 주의 및 참고사항

1 반응 완결 후, 과량의 아세트산 무수물에 물을 가하여 분해시킬 때 발생하는 뜨거운 증기를 조심하여라.

2 에틸이써 및 석유이써는 인화성이 매우 크므로 화기에 특히 주의하여야 한다. 따라서, 아스피린을 에틸이써에 녹여 정제할 때의 가열 조작은 반드시 물중탕에서 해야 한다.

3 합성한 아스피린은 불순하므로 그대로 먹지 않도록 한다.

실험보고서 50. 아스피린 합성

실험일자 : 년 월 일 교시

________ 대학 학과 ________ 학번 ________ 이름 ________

1. 실험 결과

1) 실험 결과

① 아스피린의 합성 ________g

사용한 살리실산의 무게 ________mL

사용한 아세트산 무수물의 부피 ________g

사용한 아세트산 무수물의 무게 (밀도 = 1.08 g/mL)________g

얻은 아스피린의 무게 ________g

아스피린의 이론적 수득량 ________g

실험의 백분율 수득률 ________%

② 아스피린의 녹는점 측정 녹는점 (oC)

불순한 아스피린 ________

재결정한 아스피린 ________

문헌값 ________

2) 살리실산 1.4 g과 아세트산 무수물 3.1 g을 사용하여 아스피린을 만들었다면 이론적으로 몇 g의 아스피린을 얻겠는가?

3) 아스피린을 가수분해하면 살리실산과 아세트산이 된다. 이것을 반응식으로 써라.

4) 실험 과정에서 물을 가하여 여분의 아세트산 무수물을 분해시키는 과정이 있다. 이 때 일어나는 변화를 반응식으로 써라.

5) 본 실험에서 아세트산 대신에 아세트산 무수물을 사용한 이유는 무엇인지 설명하여라.

6) 불순한 아스피린 1.5 g을 0.10 N NaOH를 사용하여 적정해 보니 종말점에서 0.01 N NaOH 용액 70 mL가 소비되었음을 알았다. 적정과정에서 일어나는 반응식을 쓰고 아스피린의 순도(%)를 계산하여라.

2. 과 제

3. 고찰 및 의문점

실 험 51

비누화 반응

1. 목 적

지방의 비누화 반응과 염석에 의한 물질의 분리법을 이해하고 실제로 비누를 제조하여 본다.

2. 원 리

비누 (soap)를 만드는 과정은 지방의 염기성과 가수분해 (비누화) 과정이다. 염기성 용액으로는 주로 양잿물 (NaOH 수용액)을 사용한다. 지방에 양잿물을 넣게 되면 지방은 사슬이 긴 카르복실산의 염 (비누)과 글리세롤로 분해된다. 비누를 순수하게 얻기 위해서는 반응용액에 소금을 넣으면 비누가 침전으로 석출된다.

$$
\begin{array}{lcccl}
CH_2-OCO-R_1 & & & CH_2-OH & & R_1COONa \\
\quad | & & & \quad | & & \\
CH-OCO-R_2 & + \; 3NaOH & \longrightarrow & CH-OH & + & R_2COONa \\
\quad | & & & \quad | & & \\
CH_2-OCO-R_3 & & & CH_2\ OH & & R_3COONa
\end{array}
$$

지방산글리세롤에스터(유지) 　　 글리세롤 　　 지방산나트륨 (나트륨 비누)

비누는 물에 녹는 극성부분 (염 부분)과 기름에 녹는 비극성부분 (탄화수소 부분)으로 이루어져 있는데, 이 비누분자가 더러운 옷이나 피부 등의 표면에 있는 오물과 만나게 되면 탄화수소 부분은 오물과 결합하게 되고, 극성부분인 이온성 카르복시산 염 부분은 물과 결합하게 된다. 많은 양의 비누분자가 있게 되면 비누의 탄화수소 부분이 서로 뭉쳐 방울 (micelle)을 형성하여 물 속에 떠다니게 되며, 물을 버리게 될때 비누와 결합되어 있던 오물도 함께 제거된다.

비누를 만들 때 사용되는 지방으로는 동물성 지방으로 소기름, 돼지비계, 버터,… 등이 있으며, 식물성 기름으로는 옥수수 기름, olive기름, 땅콩기름,… 등 여러 가지가 있다. 사용하고 남은 폐식용유를 이용하여 비누를 만들 수 있다.

3. 사용기구 및 시약

기 구	시 약
비커 (250 mL, 100 mL)	돼지기름
눈금실린더	95 % 에탄올
유리막대	소금
뷰흐너 깔때기 (Bűchner funnel)	NaOH
가열기	

4. 실험방법

① 100 mL 비커에 물 10 mL와 95 % 에탄올 10 mL을 넣고, 여기에 NaOH 3 g을 넣어 녹인다.

② 다른 250 mL 비커에 돼지비계 (또는 다른 지방이나 기름) 5 g을 넣고, 여기에 위에서 만든 용액을 넣는다.

③ 반응 혼합물을 물중탕으로 약 30분간 가열하면서 잘 젓는다. 이 때, 물과 95 % 에탄올이 1:1로 섞인 용액 20 mL를 가열하는 동안 조금씩 첨가한다.

④ 또 다른 250 mL 비커에 물 80 mL와 소금 25 g을 넣고 잘 저어 녹여 둔다.

⑤ 이 소금 수용액을 차게 한 후, 여기에 위에서 가열한 용액을 붓고 몇 분 동안 잘 젓는다.

⑥ 이 반응물을 상온으로 식힌다. 생긴 비누를 여과하고, 찬물 5 mL로 두 번 씻는다.

⑦ 물기를 말린 후, 무게를 잰다.

5. 주의 및 참고사항

1 NaOH 용액이 피부에 닿으면 물로 잘 씻어 주어야 한다.

실험보고서 51. 비누화 반응

실험일자 : 년 월 일 교시

________ 대학 학과 ________ 학번 ________ 이름 ________

1. 실험 결과

· 사용한 돼지기름의 무게 ________g

· 생긴 비누의 무게 ________g

· 소금물을 넣을 때의 현상을 상세히 기록하라.

____

2. 과 제

1) 비누의 세척 작용을 설명하라.

2) 비누를 분리시킬 때 소금을 넣는 이유는?

3) 좋은 비누란 어떤 조건을 갖추어야 하는지 생각하여 보자.

4) Soaps와 Detergents의 차이를 비교하라.

3. 고찰 및 의문점

실 험 52

카페인의 추출과 분리

1. 목 적

화합물의 분리와 정제에 사용되는 추출법을 이용해서 콜라 및 홍차 잎으로부터 카페인을 추출한다

2. 원 리

액체의 용매를 사용해서 고체 및 액체 속에서 어떤 특정한 물질을 용해, 분리하는 조작을 추출이라 한다. 혼합물 속에서 산, 알칼리에 의한 반응 같은 화학반응에 의해서 추출하거나 용매만 이용하여 추출한다. 메틸렌 클로라이드(Methylene Chloride)는 끓는점이 40도 정도 되는 유기용매의 하나로 CH_2Cl_2의 분자식을 가지며 세탁물질 용매와 합성화학의 원료로 사용이 된다.
카페인(Caffein)은 고등식물 속에서 볼 수 있는 퓨린염기이다. 화학식은 $C_8H_{10}O_2N_4$이고 메틸기를 3개 가진 크산틴 구조를 가지고 있다. 흥분성 성분으로 백색의 연한 결정이다. 찬 물에는 녹기 어렵고 뜨거운 물에는 잘 녹으며 쓴 맛이 있다. 녹차 등에서 뜨거운 물로 삼출시켜 타닌 등을 제거하고 분리할 수 있다.

3. 사용기구 및 시약

기 구	시 약
삼각플라스크(200 mL)	메틸렌 클로라이드
비커(100 mL)	NaCl
안전 장갑	$MgSO_4$
스탠드	
자석 젓게	
메스플라스크(500 mL)	
피펫(10 mL, 20 mL)	
가열판	
감압플라스크	
분별 깔대기	
감압 장치	

4. 실험방법

① 100.0 mL 비커 두 개에 각각 60.0 mL와 30.0 mL의 물을 넣고 50 ~ 60 ℃로 가열한다

② 60.0 mL의 물이 담긴 비커에 녹차(티백 6개)와 $CaCO_3$ 0.40 g을 넣은 후 시계접시로 덮은 상태에서 10분간 가열한다.

③ 뜨거운 물을 조금 식힌 다음에 녹차 봉지를 꺼내서 손으로 눌러 짜고, 30.0 mL의 물이 담긴 비커에 넣어 10분간 가열하고 봉지를 눌러 짠다.

④ 이 용액을 ②에서 얻은 용액과 함께 분별 깔대기에 넣는다.

⑤ 메틸렌 클로라이드 6.0 mL와 포화 NaCl 용액 3.0 mL를 함께 넣고 분별 깔대기의 마개를 막은 후 5분간 가볍게 흔들어 준다.

⑥ 분별 깔대기의 뚜껑을 열고 아래쪽 메틸렌 클로라이드 용액을 비커에 받아 내다.

⑦ 위쪽에 남은 수용액 층에 다시 메틸렌 클로라이드 6.0 mL를 가하고 포화

NaCl 10.0 mL를 가하고 추출하는 과정을 반복한다.

⑧ 모두 모은 메틸렌 클로라이드 용액에 건조제 $MgSO_4$를 소모량을 2 순가락 넣고 잘 흔들어 준다.

⑨ 감압 플라스크 무게를 재고 뷰흐너 깔대기를 사용해서 건조제를 걸러낸다.

⑩ 감압 장치를 이용하여 메틸렌 클로라이드를 증발시킨 후 무게를 기록한다.

5. 주의 및 참고사항

1 메틸렌 클로라이드는 유독성이니 흡입하거나 손등의 몸에 접촉되지 않도록 안전 장갑을 꼭 착용한다.

2 메틸렌 클로라이드 인화성이니 가열할 경우는 가열판을 사용하여라. 반드시 불꽃이 없는 조건에서 실험을 조작한다.

실험보고서 52. 카페인의 추출과 분리

실험일자 : 년 월 일 교시

__________ 대학 학과 __________ 학번 __________ 이름 __________

1. 실험 결과

1) 카페인 추출 후 획득한 물질의 색깔과 무게 (W g).

색깔________ 무게________

2) 카페인 함량

(추출된 카페인 무게)/(녹차 무게)*100 = ______%

2. 과 제

1) 카페인의 구조를 그리시오.

2) 추출된 카페인의 몰수는?

3. 고찰 및 의문점

실 험 53
알코올의 정량 분석

1. 목 적

크로뮴산(CrO_3)이 알코올과 반응하여 청록색의 크로뮴(III)으로 환원되는 반응을 이용해서 알코올의 농도를 정량분석 한다.

2. 원 리

현재 혼합물에 들어있는 화합물의 농도를 정량분석하는 방법으로 부피 분석이나 무게 분석의 방법이 많이 사용되어 왔지만 빛을 이용하는 분광 분석법 역시 널리 사용되고 있다. 화합물이 흡수 또는 방출하는 빛의 파장과 흡수 또는 방출의 정도를 측정하여 화합물의 농도를 알아내는 방법을 분광 분석법이라 한다.

모든 화합물은 그 고유의 전자 구조를 가지고 있어 독특한 영역에서 가시광선 및 자외선의 빛을 흡수하는 성질을 가진다. 즉 전자의 에너지 준위들 사이의 에너지 차이인 광자 에너지 $h\upsilon$와 정확히 일치하는 경우에만 빛을 흡수한다. 따라서 빛의 파장을 변화시키면서 분자에 의해서 흡수되는 정도를 나타내는 흡수 스펙트럼은 분자의 종류를 알아낼수 있는 유용한 방법이다. 더불어 일정한 파장의 빛을 흡수하는 정도를 측정하여 용액 속에 존재하는 화합물의 농도 역시 정확히 알아 낼수 있다.

베르-람버트 법칙(Beer-Lambert Law)에 따르면 I_0의 세기를 가지는 빛을 시료에 조사하여 그 중의 일부가 흡수되고 I_f의 세기를 가진 빛이 투과되면 시료에 의하여 흡수된 정도는 흡광도 A로 나타낼 수 있다.

$$A = -\log (I_f / I_0) = \varepsilon \, l \, c \qquad (53-1)$$

여기서 ε를 흡광계수라 하며 l 은 시료용기의 두께, 그리고 c는 시료의 몰 농도이다.

따라서 시료의 흡광 계수와 투과 거리를 알고 있는 경우에는 시료 용액의 흡광도를 측정하면 용액 속에 빛을 흡수하는 물질의 농도를 정량 분석할 수 있다.

에탄올과 같은 알코올은 크로뮴산에 의해서 쉽게 산화되어 카복실산과 탁한 청록색의 크로뮴(III)을 형성화는데, 크로뮴산은 600nm에서 흡광도가 거의 없는 반면 [크로뮴산 + 알토올]은 600nm에서 강한 흡수를 나타낸다.

3. 사용기구 및 시약

기 구	시 약
UV-visible spectrometer	알코올 수용액 (2%, 6%, 10%, 14%, 18%)
큐벳(1cm)	1.0 M 크로뮴산 수용액
삼각플라스크(125 mL, 50 mL)	백포도주
눈금 실린더(100 mL, 10 mL)	

4. 실험방법

실험 1. 베르의 법칙

① 2%, 6%, 10%, 14%, 18%의 에탄올 수용액 1.0 mL씩을 50 mL 삼각플라스크에 옮긴다 .

② 각각의 삼각플라스크에 10.0 mL의 크로뮴산을 넣고 15분간 교반한다.

③ 피펫으로 삼각플라스크의 용액 1.0 mL를 덜어서 삼각플라스크에 넣고 전체 부피가 20mL가 되도록 증류수로 희석한다.

④ 분광기를 이용하여 각 용액의 흡광스펙트럼을 측정한다.

실험 2. 알코올의 정량

① 미지의 용액과 포도주의 용액 각각을 1.0 mL씩 취해서 50 mL 삼각플라스크에 담는다.

② 10.0 mL 크로뮴산을 넣은 후 15분간 잘 흔든다.

③ 피펫으로 용액 1.0 mL를 덜어서 20 mL가 되도록 희석한다.

④ 분광기를 이용하여 각 용액의 흡광스펙트럼을 측정한다.

5. 주의 및 참고사항

1 크로뮴산은 매우 산화성이 강해 위험하니 취급에 주의한다

실험보고서 53. 알코올의 정량분석

실험일자 : 　　년　　월　　일　　교시

__________ 대학　학과 ________　학번 _________ 이름 ____________

1. 실험 결과

1) 베르의 법칙

에탄올 수용액 농도	투광도	흡광도
2 %		
6 %		
10 %		
14 %		
18 %		

흡광도를 y 축으로 에탄올 용액의 농도를 x 축으로 그래프를 그린다.

2) 알코올의 정량분석

알코올 수용액	투광도	흡광도	농도
미지 시료 포도주			

실험 1)의 그래프를 이용하여 알코올 용액의 농도를 결정한다.

2. 과 제

3. 고찰 및 의문점

부록 1. 단위와 그 표기법

화학에서 사용되는 단위로는 국제적 협약으로 만들어진 국제단위계 (International System of Units, SI Units)와 그 밖에 전통적으로 많이 사용되는 단위가 있다. SI 단위는 기본단위, 보충단위 및 유도 단위로 구성되어 있다.

표 1. 기본단위

물 리 량	단 위 명	기 호
길이	미터 (meter)	m
질량	킬로그램 (kilogram)	kg
시간	초 (second)	s
전류	암페어 (ampere)	A
온도	켈빈 (kelvin)	K
물질의 양	몰 (mole)	mol
빛의 세기	칸델라 (candela)	cd

표 2. 기본단위로 표시한 SI 유도 단위의 예

물 리 량	단 위 명	기 호
넓이	제곱 미터	m^2
부피	세제곱 미터	m^3
속력, 속도	초 당 미터	m/s
가속도	제곱 초 당 미터	m/s^2
파수	역 미터	1/m
밀도	세제곱 미터 당 킬로그램	kg/m^3
전류밀도	제곱 미터 당 암페어	A/m
농도	세제곱 미터 당 몰	mol/m^3

표 3. 특별한 이름을 가진 SI 유도 단위

물 리 량	단 위 명	기호	식	SI 기본단위 표시
진동수	헤르츠 (hertz)	Hz		s−1
힘	뉴우튼 (newton)	N		$m \cdot kg \cdot s^{-2}$
압력, 스트레스	파스칼 (pascal)	Pa	N/m^2	$m^{-1} \cdot kg \cdot s^{-2}$
에너지, 일, 열량	주울 (joule)	J	N·m	$m^2 \cdot kg \cdot s^{-2}$
일률	와트 (watt)	W	J/s	$m^2 \cdot kg \cdot s^{-3}$
전하량	쿨롱 (coulomb)	C		s·A
전위, 전위차, 기전력	볼트 (volt)	V	W/A	$m^2 \cdot kg \cdot s^{-3} \cdot A^{-1}$
전기용량	파러드 (farad)	F	C/V	$m^{-2} \cdot kg^{-1} \cdot s^4 \cdot A^2$
전기저항	오옴 (ohm)	Ω	V/A	$m^2 \cdot kg \cdot s^{-3} \cdot A^{-2}$
전기전도도	지멘스(siemens)	S	A/V	$m^{-2} \cdot kg^{-1} \cdot s^3 \cdot A^2$
자기력 선속	웨버 (weber)	Wb	V·s	$m^2 \cdot kg \cdot s^{-2} \cdot A^{-1}$
섭씨 온도	섭씨도(Celsius degree)	℃		K

표 4. SI 접두어

인자	접두어	기호	인자	접두어	기호
10^{18}	exa−	E	10^{-1}	deci−	d
10^{15}	peta−	P	10^{-2}	centi−	c
10^{12}	tera−	T	10^{-3}	milli−	m
10^{9}	giga−	G	10^{-6}	micro−	μ
10^{6}	mega−	M	10^{-9}	nano−	n
10^{3}	kilo−	k	10^{-12}	pico−	p
10^{2}	hecto−	h	10^{-15}	pemto−	f
10^{1}	deca−	da	10^{-18}	ato−	a

표 5. 기본 상수값

물 리 량	기호	값과 단위
진공에서 빛의 속도	c	2.99792×10^{8} m s^{-1}
Avogadro 수	N_A	6.022045×10^{23} mol^{-1}
Faraday 상수	F	9.648546×10^{4} C mol^{-1}
Plank 상수	h	6.62618×10^{-34} J s
물의 어는점 (1 bar에서)		273.15K
기체상수	R	8.31441 J K^{-1} mol^{-1}
Boltzmann 상수	k	1.38066×10^{-23} J K^{-1}
전자의 전하량	e	1.60219×10^{-19} C
전자 질량	m_e	9.10953×10^{-31} kg
진공의 유전율	ε_0	8.854185×10^{-12} J^{-1} C^2 m^{-1}
표준 중력가속도	g	9.80665 m s^{-2}

부록 2. 산과 염기의 해리상수 (25℃)

산과 염기의 해리	K_a	pK_a
$H_2O \rightleftarrows H^+ + OH^-$ (25℃)	1.00×10^{-14}	14.00
(0℃)	0.11×10^{-14}	14.94
(60℃)	9.61×10^{-14}	13.02
$CH_3COOH \rightleftarrows H^+ + CH_3COO^-$	1.76×10^{-5}	4.75
$H_3BO_3 \rightleftarrows H^+ + H_2BO_3^-$	6.0×10^{-10}	9.22
$CO_2 + H_2O \rightleftarrows H^+ + HCO_3^-$	K_1 : 4.4×10^{-7}	6.35
$HCO_3^- \rightleftarrows H^+ + CO_3^{2-}$	K_2 : 4.7×10^{-11}	10.33
$H_2CrO_4 \rightleftarrows H^+ + HCrO_4^-$	K_1 : 2×10^{-1}	0.7
$HCrO_4^- \rightleftarrows H^+ + CrO_4^{2-}$	K_2 : 3.2×10^{-7}	6.50
$HCHO_2 \rightleftarrows H^+ + CHO_2^-$	1.8×10^{-4}	3.74
$HCN \rightleftarrows H^+ + CN^-$	4×10^{-10}	9.4
$HF \rightleftarrows H^+ + F^-$	6.9×10^{-4}	3.16
$H_2O_2 \rightleftarrows H^+ + HO_2^-$	2.4×10^{-12}	11.62
$H_2SO_4 \rightleftarrows H^+ + HSO_4^-$	K_2 : 1.2×10^{-2}	1.92
$H_2S \rightleftarrows H^+ + HS^-$	K_1 : 1.0×10^{-7}	7.00
$HS^- \rightleftarrows H^+ + S^{2-}$	K_2 : 2×10^{-18}	17.7
$HNO_2 \rightleftarrows H^+ + NO_2^-$	4.5×10^{-4}	3.50
$H_2C_2O_4 \rightleftarrows H^+ + HC_2O_4^-$	K_1 : 3.8×10^{-2}	1.42
$HC_2O_4^{2-} \rightleftarrows H^+ + C_2O_4^{2-}$	K_2 : 5.0×10^{-5}	4.30
$H_3PO_4 \rightleftarrows H^+ + H_2PO_4^-$	K_1 : 7.1×10^{-3}	2.15
$H_2PO_4^- \rightleftarrows H^+ + HPO_4^{2-}$	K_2 : 6.3×10^{-8}	7.20
$HPO_4^{2-} \rightleftarrows H^+ + PO_4^{3-}$	K_3 : 4.4×10^{-13}	12.36
$H_2HPO_4 \rightleftarrows H^+ + HHPO_3^-$	K_1 : 1.6×10^{-2}	1.80
$H_2SO_3 \rightleftarrows H^+ + HSO_3^-$	K_1 : 1.2×10^{-2}	1.92
$HSO_3^- \rightleftarrows H^+ + SO_3^{2-}$	K_2 : 5.6×10^{-8}	7.25
$NH_3 + H_2O \rightleftarrows NH_4^+ + OH^-$	1.8×10^{-5}	4.75
$CH_3NH_2 + HOH \rightleftarrows CH_3NH_3^+ + OH^-$	5.0×10^{-4}	3.3
$Ba(OH)_2 \rightleftarrows BaOH^+ + OH^-$	strong	
$BaOH^+ \rightleftarrows Ba^{2+} + OH^-$	K_2 : 1.4×10^{-1}	0.85
$Ca(OH)_2 \rightleftarrows CaOH^+ + OH^-$	strong	
$CaOH^+ \rightleftarrows Ca^{2+} + OH^-$	K_2 : 3.5×10^{-2}	1.5

부록 3. 용해도곱 상수 (18～25℃)

화합물	K_{sp}
아세트산염	
$AgCH_3COO$	4×10^{-13}
할로겐화 및 시안산염	
$AgCN$	10^{-16}
$AgCl$	1.8×10^{-10}
$AgBr$	5×10^{-13}
AgI	8.5×10^{-17}
$CuCl$	3.2×10^{-7}
Hg_2Cl_2	1.1×10^{-18}
$PbCl_2$	1.6×10^{-5}
PbI_2	8.3×10^{-9}
MgF_2	8×10^{-8}
CaF_2	1.7×10^{-10}
탄산염	
Ag_2CO_3	8×10^{-12}
$BaCO_3$	1.6×10^{-9}
$CaCO_3$	4.8×10^{-9}
$CuCO_3$	2.5×10^{-10}
$FeCO_3$	2×10^{-11}
$MgCO_3$	4×10^{-5}
$MnCO_3$	9×10^{-11}
$PbCO_3$	1.5×10^{-13}
$SrCO_3$	7×10^{-10}
크롬산염	
Ag_2CrO_4	2×10^{-12}
$BaCrO_4$	1.2×10^{-10}
$PbCrO_4$	2×10^{-10}
$SrCrO_4$	3.6×10^{-10}
수산화물	
$Al(OH)_3$	10^{-33}
$Ca(OH)_2$	1.3×10^{-6}
$Cr(OH)_3$	10^{-30}
$Cu(OH)_2$	2×10^{-19}
$Fe(OH)_2$	2×10^{-15}
$Fe(OH)_3$	10^{-37}
$Mg(OH)_2$	9×10^{-12}
$Mn(OH)_2$	2×10^{-13}
$Pb(OH)_2$	4×10^{-15}
$Sn(OH)_2$	10^{-27}
$Zn(OH)_2$	5×10^{-17}
옥살산염	
BaC_2O_4	1.5×10^{-8}
CaC_2O_4	1.3×10^{-9}
MgC_2O_4	8.6×10^{-5}
SrC_2O_4	5.6×10^{-8}
황산염	
Ag_2SO_4	1.7×10^{-5}
$BaSO_4$	1.5×10^{-9}
$CaSO_4$	2.4×10^{-5}
$PbSO_4$	1.3×10^{-8}
$SrSO_4$	7.6×10^{-7}
황화물	
Ag_2S	10^{-50}
CdS	10^{-26}
CoS	10^{-21}
CuS	10^{-36}
FeS	10^{-17}
HgS	10^{-50}
MnS	10^{-13}
NiS	10^{-22}
PbS	10^{-26}
SnS	10^{-27}
ZnS	10^{-20}

부록 4. 표준환원 전위 (25℃)

산화제 세기	반쪽반응	E° (V)	환원제 세기
▲	$\frac{1}{2}F_2$ (g) + H^+ + e^- ⇌ HF (aq)	+3.06	
	$\frac{1}{2}F_2$ (g) + e^- ⇌ F^-	+2.87	
	H_2O_2 (aq) + $2H^+$ + $2e^-$ ⇌ $2H_2O$	+1.77	
	PbO_2 (s) + $4H^+$ + SO_4^{2-} + $2e^-$ ⇌ $2H_2O$ + $PbSO_4$ (s)	+1.685	
	Ce^{4+} + e^- ⇌ Ce^{3+}	+1.61	
	Bi_2O_4 (s) + $4H^+$ + $2e^-$ ⇌ $2H_2O$ + $2BiO^+$	+1.6	
	MnO_4^- + $8H^+$ + $5e^-$ ⇌ $4H_2O$ + Mn^{2+}	+1.51	
	Mn^{3+} + e^- ⇌ Mn^{2+}	+1.51	
	Au^{3+} + $3e^-$ ⇌ Au	+1.50	
	HClO (aq) + H^+ + $2e^-$ ⇌ H_2O + Cl^-	+1.49	
	ClO_3^- + $6H^+$ + $5e^-$ ⇌ $3H_2O$ + $\frac{1}{2}Cl^2$ (g)	+1.47	
	Co^{3+} + e^- ⇌ Co^{2+}	+1.45	
	$\frac{1}{2}Cl_2$ + e^- ⇌ Cl^-	+1.3595	
	$Cr_2O_7^{2-}$ + $14H^+$ + $6e^-$ ⇌ $7H_2O$ + $2Cr^{3+}$	+1.33	
	MnO_2 (s) + $4H^+$ + $2e^-$ ⇌ $2H_2O$ + Mn^{2+}	+1.23	
	O_2(g) + $4H^+$ + $4e^-$ ⇌ $2H_2O$	+1.229	
	$\frac{1}{2}Br_2$ (g) + e^- ⇌ Br^-	+1.0652	
	$AuCl_3^-$ + $3e^-$ ⇌ $4Cl^-$ + Au	+1.00	
	NO_3^- + $4H^+$ + $3e^-$ ⇌ $2H_2O$ + NO (g)	+0.96	
	$2Hg^{2+}$ + $2e^-$ ⇌ Hg_2^{2+}	+0.92	
	ClO^- + H_2O + $2e^-$ ⇌ $2OH^-$ + Cl^-	+0.89	
산화력의 세기가 증가됨	HO_2^- + H_2O + $2e^-$ ⇌ $3OH^-$	+0.88	환원력의 세기가 증가됨
	Hg^{2+} + $2e^-$ ⇌ Hg(l)	+0.854	
	O_2 + $4H^+$ (10^{-7} M) + $4e^-$ ⇌ $2H_2O$	+0.815	
	Ag^+ + e^- ⇌ Ag	+0.7999	
		1	
	Hg_2^{2+} + $2e^-$ ⇌ 2Hg (l)	+0.789	
	Fe^{3+} + e^- ⇌ Fe^{2+}	+0.771	
	O_2 (g) + $2H^+$ + $2e^-$ ⇌ H_2O_2 (aq)	+0.682	
	MnO_4^- + $2H_2O$ + $3e^-$ ⇌ $4OH^-$ + MnO_2 (s)	+0.60	
	I_3^- + $2e^-$ ⇌ $3I^-$	+0.54	
	$\frac{1}{2}I_2$ (aq) + e^- ⇌ I^-	+0.536	
	MnO_2 (s) + H_2O + NH_4^+ + e^- ⇌ NH_3 + $Mn(OH)_3$ (s)	+0.50	
	O_2 (g) + H_2O + $4e^-$ ⇌ $4OH^-$	+0.401	
	Cu^{2+} + $2e^-$ ⇌ Cu	+0.337	▼
	BiO^+ + $2H^+$ + $3e^-$ ⇌ H_2O + Bi	+0.32	
	$HAsO_2$ (aq) + $3H^+$ + $3e^-$ ⇌ $2H_2O$ + As	+0.2475	

산화제 세기	반쪽 반응	E° (V)	환원제 세기
▲	$AgCl\ (s) + e^- \rightleftharpoons Cl + Ag$	+0.2222	
	$SbO^+ + 2H^+ + 3e^- \rightleftharpoons H_2O + Sb$	+0.212	
	$SO_4^{2-} + 4H^+ + 2e^- \rightleftharpoons H_2O + H_2SO_4\ (aq)$	+0.17	
	$Sn^{4+} + 2e^- \rightleftharpoons Sn^{2+}$	+0.15	
	$S + 2H^+ + 2e^- \rightleftharpoons H_2S\ (g)$	+0.141	
	$2H^+ + e^- \rightleftharpoons H_2\ (g)$	0.000	
	$O_2\ (g) + 2H_2O + 2e^- \rightleftharpoons OH^- + HO_2^-$	−0.076	
	$Pb^{2+} + 2e^- \rightleftharpoons Pb$	−0.126	
	$CrO_4^{2-} + 4H_2O + 3e^- \rightleftharpoons 5OH^- + Cr(OH)_3\ (s)$	−0.13	
	$Sn^{2+} + 2e^- \rightleftharpoons Sn$	−0.136	
	$Ni^{2+} + 2e^- \rightleftharpoons Ni$	−0.250	
산화력의 세기가 증가됨	$Co^{2+} + 2e^- \rightleftharpoons CO$	−0.277	환원력의 세기가 증가됨
	$PbSO_4\ (s) + 2e^- \rightleftharpoons SO_4^{2-} + Pb$	−0.356	
	$Cd^{2+} + 2e^- \rightleftharpoons Cd$	−0.403	
	$Cr^{3+} + e^- \rightleftharpoons Cr^2$	−0.41	
	$2H^+\ (10^{-7}\ M) + 2e^- \rightleftharpoons H_2\ (g)$	−0.414	
	$Fe^{2+} + 2e^- \rightleftharpoons Fe$	−0.44	
	$S + 2e^-\ (1\ M\ OH^-) \rightleftharpoons S^{2-}$	−0.48	
	$2CO_2\ (g) + 2H^+ + 2e^- \rightleftharpoons H_2C_2O_4\ (aq)$	−0.49	
	$Cr^{3+} + 3e^- \rightleftharpoons Cr$	−0.74	
	$Zn^{2+} + 2e^- \rightleftharpoons Zn$	−0.763	
	$2H_2O + 2e^- H_2\ (g) \rightleftharpoons 2OH^- + H_2\ (g)$	−0.828	
	$SO_4^{2-} + H_2O + 2e^- \rightleftharpoons 2OH^- + SO_3^{2-}$	−0.93	
	$Mn^{2+} + 2e^- \rightleftharpoons Mn$	−1.18	
	$Al^{3+} + 3e^- \rightleftharpoons Al$	−1.66	
	$Mg^{2+} + 2e^- \rightleftharpoons Mg$	−2.37	
	$Na^+ + e^- \rightleftharpoons Na$	−2.714	
	$Ca^{2+} + 2e^- \rightleftharpoons Ca$	−2.87	
	$Sr^{2+} + 2e^- \rightleftharpoons Sr$	−2.89	
	$Ba^{2+} + 2e^- \rightleftharpoons Ba$	−2.90	
	$Cs^+ + e^- \rightleftharpoons Cs$	−2.92	
	$K^+ + e^- \rightleftharpoons K$	−2.925	▼
	$Li^+ + e^- \rightleftharpoons Li$	−3.045	

부록 5. 물의 증기압

온도	증기압	온도	증기압	온도	증기압
0	4.579	21	18.650	42	61.50
1	4.926	22	19.827	43	64.80
2	5.294	23	21.068	44	68.26
3	5.685	24	22.377	45	71.88
4	6.101	25	23.756	46	75.65
5	6.543	26	25.209	47	79.60
6	7.013	27	26.739	48	83.71
7	7.513	28	28.349	49	88.02
8	8.045	29	30.043	50	92.51
9	8.609	30	31.824	55	118.04
10	9.209	31	33.695	60	149.38
11	9.844	32	35.663	65	187.54
12	10.518	33	37.729	70	233.7
13	11.231	34	39.898	75	289.1
14	11.987	35	42.175	80	355.1
15	12.788	36	44.563	85	433.6
16	13.634	37	47.067	90	525.76
17	14.530	38	49.692	95	633.90
18	15.477	39	52.442	99	733.24
19	16.477	40	55.324	100	760.00
20	17.535	41	58.34	101	787.57

* 온도는 섭씨 온도 (℃), 증기압은 mmHg의 단위로 표시되었음

부록 6. 물의 밀도

온도 (℃)	밀도 (g/mL)	온도 (℃)	밀도 (g/mL)
0	0.99981	21	0.99800
1	0.99990	22	0.99777
2	0.99991	23	0.99754
3	0.99994	24	0.99730
4	0.99997	25	0.99705
5	0.99998	26	0.99679
6	0.99997	27	0.99652
7	0.99994	28	0.99624
8	0.99990	29	0.99575
9	0.99985	30	0.99565
10	0.99970	31	0.99534
11	0.99961	32	0.99503
12	0.99950	33	0.99471
13	0.99938	34	0.99437
14	0.99925	35	0.99403
15	0.99910	36	0.99369
16	0.99895	37	0.99333
17	0.99878	38	0.99297
18	0.99860	39	0.99260
19	0.99841	40	0.99222
20	0.99821	41	0.99483

부록 7. 실험실에서 쓰이는 시약

1. 산

A. 황산 (sulfuric acid, H_2SO_4)

10 M 수용액 (98 무게 %)으로 판매되는 매우 센 산으로 물과 많은 열을 내면서 격렬하게 반응한다. 진한 황산을 묽힐 때에는 반드시 산을 물에 서서히 가하면서 잘 저어주어야 한다. 진한 황산은 강한 탈수력을 가지고 있다. 금속을 녹이기 위하여 황산을 사용하는 경우에는 과량을 사용하여서는 안 된다. 남은 황산을 증발시키기가 매우 어렵고, 가열하면 독성이 심한 기체가 발생한다.

B. 질산 (nitric acid, HNO_3)

15 M 수용액 (70 무게 %)으로 판매되는 센 산으로 매우 강한 산화력을 가지고 있기 때문에 금속을 녹이는 데 많이 사용된다. 금속과 산화반응을 일으키며, 갈색의 이산화질소 기체를 발생시킨다. 알루미늄, 크롬, 철 또는 주석의 경우에는 진한 질산에 의하여 산화되어 잘 녹지 않는 금속 산화물의 막을 만들기 때문에 진한 질산에 잘 녹지 않는다. 이러한 경우에는 진한 질산보다 묽은 질산이 더 유용하다.

C. 염산 (hydrochloric acid, HCl)

12 M 수용액 (37 무게 %)으로 판매되는 전형적인 센 산이다. 많은 금속과 반응하여 수소 기체와 금속 양이온을 생성시킨다. 휘발성이 크기 때문에 과량의 염산은 가열하여 쉽게 제거할 수 있다.

D. 인산 (phosphoric acid, H_3PO_4)

15 M 수용액 (85 무게 %)으로 판매되는 약한 산이다. 이온화하면 3개의 양성자를 내어놓는 3가 산이다. 인산은 휘발성이 없고 산화력이 약하다.

E. 아세트산 (acetic acid, CH_3COOH)

가장 많이 사용되는 유기산으로 빙초산이라고도 불리우는 18 M 수용액 (99.7 무게 %)으로 판매된다. 아세트산은 가장 흔히 쓰이는 약한 산이고, 산성의 완충용액을 만드는 데 많이 사용된다. 진한 질산과 혼합하면 폭발성 물질을 만든다.

2. 염기

A. 수산화나트륨 (sodium hydroxide, NaOH)

물에 녹으면 매우 센 염기성을 나타낸다. 고체 NaOH를 물에 녹일 때 많은 열이 발생하므로 주의하여야 한다. 수용액은 염기성이 매우 크기 때문에 공기 중의 이산화탄소를 쉽게 흡수하여 탄산염을 만든다. 그러므로, 수산화나트륨 수용액은 항상 사용하기 직전에 준비하여야 하고, 정밀한 실험을 위해서는 KHP와 같은 1차 표준물질을 사용하여 표준화하여야 한다.

B. 암모니아 수용액 (aqueous ammonium solution, NH_4OH)

진한 암모니아 수용액은 15 M의 암모니아를 포함하고 있고, 전형적인 약염기로 사용된다. 염기성의 완충용액을 만드는 데 많이 사용된다. 양성자와 반응하여 암모늄이온을 만들고 여러 가지 전이금속 이온들과 착이온을 형성한다. 과량의 암모니아 용액은 수산화나트륨 용액을 가하고 가열하면 쉽게 제거할 수 있다.

3. 기타 시약

A. 과산화수소 (hydrogen peroxide, H_2O_2)

보통 30 % 수용액으로 판매되는 강한 산화제이지만 약한 환원력도 가지고 있다. 진한 과산화수소 용액은 피부에 화상을 입힐 수 있으므로 주의하여야 하고, 과량의 과산화수소는 쉽게 제거된다.

B. 과망간산칼륨 (potassium permanganate, $KMnO_4$)

매우 강한 산화제로 산성 용액에서는 Mn^{2+}이온을, 그리고 염기성 용액에서는 물에 녹지 않는 MnO_2를 생성한다. 진한 황산을 섞으면 매우 폭발성이 센 화합물을 형성한다.

C. 중크로뮴산칼륨 (potassium dichromate, $K_2Cr_2O_7$)

강한 산화제로 초록색의 Cr^{3+}이온을 생성한다. 산성 용액에서는 오렌지색의 $Cr_2O_7^{2-}$이온으로 존재하고, 염기성 용액에서는 노란색의 CrO_4^{2-}이온으로 존재한다. 크로뮴이온은 독성이 강하기 때문에 실험 후에 회수하여 적절히 처리한 후 폐기하여야 한다.

D. 싸이오아세트아마이드 (thioacetamide, CH_3CSNH_2)

고체의 유기 화합물로 산성 및 염기성 용액에서 쉽게 가수분해되어 H_2S 기체를 발생시킨다. 정성분석에서 황화물 침전을 얻기 위한 H_2S의 공급원으로 많이 사용된다.

부록 8. Spectronic 20 분광광도계 사용법

Spectronis 20 분광광도계는 손으로 조작하는 홑살 분광광도계이다. 단색화 장치는 보통 회절발인데 340~650 nm 범위에 걸쳐 20 nm의 띠 나비를 제공한다. 이 분광광도계의 광학 장치를 간략히 소개하자면 아래 그림과 같다.

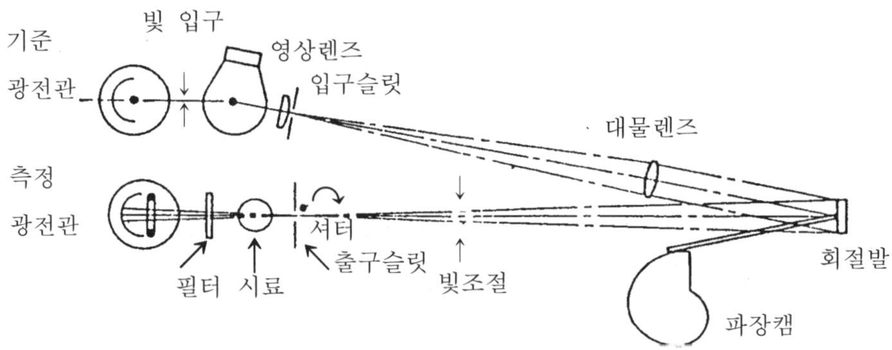

Baush & lomb Spectronic 20 분광광도계의 광학 장치

입사광은 조준기 및 렌즈를 통하여 일련의 빛살을 형성하며, 이 빛살들은 회절발로부터 반사된다. 이 때에 원하는 파장의 빛살이 격막과 시료를 거쳐 광전관에 도달되도록 입사광이 조절될 수 있게 되어 있다. 시료 용액에 의한 흡광도는 그 용액과 바탕 용매의 투광도의 비로부터 결정된다. 실제로는 우선 바탕 용매의 투광도가 100 % (흡광도 = 0)를 나타내도록 입사광의 세기를 조절한 뒤에 같은 조건의 입사광을 시료 용액에 투과시키게 되면 그 비의 값이 자동 결정되므로 시료의 흡광도를 직접 계기로부터 읽을 수 있다.

시료의 농도는 다음의 베르 (Berr)의 법칙에 의해 결정된다.

$$A = \varepsilon \cdot b \cdot c$$

여기서 A는 흡광도, ε는 몰 흡광계수, b는 시료 용기의 두께 (cm)이며, c는 몰 농도이다.

조작방법

1. 분광광도계에 전원을 연결하여 적어도 15분간 예열시킨다.
2. ‘dark’ 조절 손잡이로 계기를 ‘0’에 맞춘다.
3. 파장 선별기로 원하는 빛의 파장을 선택한다.
4. 시료 용기에 바탕 용매를 넣고 빛세기 조절 손잡이로 계기가 100 %의 투광도 (흡광도, 0)를 나타낼 때까지 격막 구멍을 조절한다.
5. 시료가 든 용기를 넣고 흡광도를 측정하다.
6. 이어서 분광광도계의 감도가 시료 측정 동안에 한쪽으로 치우치지 않았는지를 점검하기 위해 바탕 용매로 과정 4를 다시 확인한다.

주의

1. 측정 전에는 시료 용기를 깨끗이 닦고 시료 용액으로 씻어낸다.
2. 입사광의 파장을 바꿀 때마다 바탕 용매로 100 % 투광도를 재확인한다.
3. 시료 용기에 손자국이나 지문을 절대로 남기지 않도록 주의한다.
4. 파장을 새롭게 바꾸기 전에는 언제나 빛의 세기를 최소로 하고, 파장을 바꾼 후에는 100 % 투광도로 증가시킨다. 갑작스런 100 % 투광도 이상의 빛에 의해 측정 광전관이 손상을 입을 수 있다.

일반화학실험 개정판

가격 : 16,000원

초 판 발 행	1997년 2월 05일
개정판발행	2005년 2월 10일
2판7쇄발행	2012년 1월 13일
2판8쇄발행	2013년 3월 29일
3판1쇄발행	2015년 2월 27일
3판2쇄발행	2016년 2월 26일
3판3쇄발행	2020년 3월 31일
3판4쇄발행	2021년 2월 25일
3판5쇄발행	2022년 2월 22일
3판6쇄발행	2023년 2월 03일
3판7쇄발행	2026년 2월 26일

저 자	박규순 박찬량 김석찬 유연규 도영락 정용주 임상규 윤성호 장성연 정상택 김형민
발 행 인	정승렬
발 행 처	국민대학교 출판부
주 소	서울시 성북구 정릉로 77
전 화	(02) 910-4242
팩 스	(02) 910-4240
등록년월일	1975년 6월 17일
등 록 번 호	제6-33호
인 쇄	동방인쇄공사

ISBN 978-89-7812-345-7 03430